后浪出版公司

Douwe Draaisma

记忆的风景

我们为什么想起,又为什么遗忘?

(荷)杜威·德拉埃斯马 著 张朝霞 译

Waarom het leven
sneller gaat als je
ouder wordt.
Over het
autobiografische
geheugen

北京联合出版公司
Beijing United Publishing Co.,Ltd.

目　录

第1章 "记忆像一条狗，躺在让它怡然自得的地方" 1

联想与回忆实验（伦敦） 4

揭示"怀旧效应"的第一人 5

量化记忆实验（柏林） 6

遗忘的速度先快后慢 7

数据的最初胜利 8

主流记忆研究模式：可验证性 9

新旧记忆研究的更迭 11

联想实验重出江湖 12

为什么要探究记忆之谜 14

答案不只存在于心理学中 15

第2章 黑暗中的闪光：最初的记忆 17

留在记忆中的一碗冰 20

m和n的区别 22

弗洛伊德如是说 23

　　　　最初记忆的语言　26
　　　　故事还是记忆　27
　　　　记忆与个人感情：弗吉尼亚·伍尔夫的童年记忆　30
　　　　记忆在亲吻中苏醒　31

第3章　嗅觉和记忆
　　　　追寻逝去的时光　35

　　　　新鲜的锯末　38
　　　　实验室里的气味和记忆　42
　　　　嗅觉剖析　46
　　　　味道和气味的恒久性　48

第4章　刻骨铭心的记忆
　　　　羞耻是用永不褪色的墨水记录下来的　51

　　　　受辱经验为什么让人记忆深刻　52
　　　　回想受辱经历时你会看见自己　54

第5章　闪光灯记忆
　　　　肯尼迪总统遇刺时，你身在何方，跟谁在一起？　55

　　　　脑海中的"现在打印"指令　57
　　　　闪光灯记忆＝照片？　59

第6章　记忆的方向
　　　　记忆的录像为什么没有后退的功能？　61

　　　　时光倒流的想象试验　63

第7章　博尔赫斯笔下的绝对记忆
幻想与现实中的记忆超人　69

现实中的记忆超人　72

视觉化记忆法：7是留小胡子的男人　74

通感记忆：文字有颜色、味道，甚至痛感　76

绝对记忆的缺陷　78

绝对记忆＝没有记忆　80

失眠：绝对记忆的折磨　81

第8章　学者综合征
天才与白痴的距离有多远　83

算术超人：乡下农夫巴克斯顿　86

"万年历计算天才"：戴夫　90

图像记忆：史蒂文·威尔特希尔　93

音乐天才　99

陨落的天才？　102

脑功能单侧化　106

第9章　盲棋大师的记忆之谜
与托恩·西杰布兰兹的对话　109

运用代码减轻记忆的压力　111

高度选择性的记忆　114

第10章　脑损伤和记忆

身心的巨大创伤对记忆的影响　119

特雷布林卡集中营　122

辨认德米扬科　125

脑损伤和记忆　131

犯罪现场：苏比堡　138

后　记　142

第11章　记忆不可察的生命风景

时间都去哪儿了？　145

从圣诞晚餐看人生风景的沧桑变化　147

其他诠释人生历程的手法　152

第12章　狄更斯笔下的似曾相识　155

狄更斯笔下的似曾相识　156

面纱脱落的那一瞬间　160

幻影成真——梦境与现实相伴而行　162

你曾身处险境却绝处逢生　164

似曾相识感就像电影预告片？　165

左右脑的交接班失误　167

似曾相识和人格解体　171

似曾相识、精神分裂症和癫痫症　176

椭圆镜　183

第13章　怀旧情结　189

怀旧效应　192

童年记忆中的痛　194

"就好像发生在昨日"　199

"在整个广袤的世界里我只见琳娜一人"　203

震惊世界的是你20岁时发生的事　211

"我站在那里，在我的出生地，一个失落的灵魂"　216

第14章　为何生命随年龄的增长加速流逝　219

街道下面是地下街道　222

普鲁斯特和托马斯·曼笔下的时间感　227

时间的方向感　230

望远镜现象　235

怀旧效应　237

心理钟　239

青春长，老年短　243

第15章　遗　忘　247

记忆和遗忘　249

被遗忘的遗忘　252

黑暗中的书写　254

空白的恐惧　256

第16章　我看见生命从眼前闪过　261

　　海蒙的坠崖经历　267
　　"跌进了天堂"　270
　　潜意识何时取代意识　272
　　《美国丽人》片尾的全景记忆　277
　　全景记忆案例统计　281
　　关于幻觉产生的阐释　283
　　濒临死亡　289

第17章　来自记忆

　　肖像静物画　291

延伸阅读　297

出版后记　311

第1章
"记忆像一条狗,躺在让它怡然自得的地方"

"Memory is like a dog that lies down where it pleases"

记忆有其自身意愿。我们对自己说:"我必须记住这件事情,我必须铭记这个时刻,必须记住这个表情、这种感觉、这种爱抚。"然而不出几个月,或者只不过寥寥数日,我们发现记忆已不再像希冀中那般,在被唤醒时有着斑斓的色彩、诱人的味道和甜美的芳香。作家西斯·诺特波姆(Cees Nooteboom)在诗作《仪式》(*Rituals*)中有这么一句:"记忆像一条狗,躺在让它怡然自得的地方。"

只要从未听过、见过、经历过和体验过,只要所有的一切统统可以忘却,记忆就不会留意。但是这种规律无从把握,在宁静的夜晚,当我们辗转反侧、夜不成寐时,记忆总会不期而至。记忆真的是一条狗,它找回我们刚刚丢弃的东西,摇着尾巴。

自20世纪80年代以来,心理学家们一直在探讨与记忆相关的问题,**自传体记忆**(autobiographical memory)是记忆的一种重要形式,是指个人对于往事的回忆。自传体记忆可以说是人生的一部编年史,一部浩瀚的纪录片,不管谁在什么时候问起我们最初的记忆,问起我们孩提时居住的屋子外观或是问起我们最近读过的一本书,都可以从自传体记忆里找到答案。自传体记忆和忘却是同步的。这就好像你让一位缺乏责任感和领悟力的秘书记录你的人生,有意义的、重大的事情他也许没记下来,而那些无关紧要、你宁可忘记的东西他却十分认真地整理。在你过得最精彩时,他会装模作样地卖力干活,而实际上他手上钢笔的笔帽还没拿掉呢。

自传体记忆遵从一些神秘的自身规律。为什么我们三四岁以前的记忆几乎是一片空白呢？为什么令人伤怀的事情总是会被用永不褪色的墨水记录下来？为什么蒙羞和受辱可以有如案件记录般不折不扣地铭刻在心、经年不忘？为什么记忆总是在暗淡昏沉的时刻，在阴霾密布的事件中启动？抑郁和失眠将我们的自传体记忆变成了一个悲伤的故事：每一个不愉快的记忆通过一张网络与其他不愉快的记忆联系起来，而这张网络是承前启后的、压抑性的。我们会冷不防地被自己的记忆吓一跳。某种嗅觉会让我们突然记起30年来想都没有想过的事情，7岁时见过的某条街道现在看来已经变窄变小、陌生不已，人生迟暮时对年少时的记忆好像比40岁正当年时要清晰得多，而那不过是些稀松平常的记忆罢了。或许你还想搞清楚，为什么你依然清楚地记得从何处听到英国戴安娜王妃遇难的消息？似曾相识是怎么回事？为何生命在随着年纪的增长加速流逝？

直到近些年，心理学家们才明确了诸如"自传体记忆"这样的概念，这看来有些不可思议，因为我们常说的"记忆"正是储存个人经历的工具和事后回忆起这些经历的能力。个人记忆还可能包括"个人经历"以外的其他东西吗？关于这个问题存在着一种误解。每一本心理学方面的教科书都将记忆划分成数十种不同的类型。有些类型以记忆储存的时间划分，比如**长时记忆**（long-term memory）和**短时记忆**（short-term memory）；也有的根据将不同类型的记忆联系在一起的官能划分，比如**听觉记忆**（auditory memory）和**映像记忆**（iconic memory）；还有的是根据记忆储存信息的类型划分，比如**语义记忆**（semantic memory）、**运动记忆**（motor memory）或**视觉记忆**（visual memory）。所有这些记忆类型都有其自身的规律和特点，记住一个词义的方法和记住驾车时的脚下动作是不同的，记住勾股定理和记住上学第一天的情形也是大相径庭的。细想起来，直到20世纪80年代初期，在各种不同类型的记忆中一个表示储存个人经历记忆的专有名词才应运而生，也就不足为奇了。人们不禁会想，关于自传体记忆的研究为何会启动，又为何如此滞后呢？

自传体记忆早期研究之一：联想与回忆实验（伦敦）

自传体记忆的研究本可以在一个世纪前就轻轻松松地展开。世界上第一个关于自传体记忆的实验是1879年由英国科学家弗朗西斯·高尔顿（Francis Galton）所做的。高尔顿对自己的联想能力一直怀有浓厚的兴趣。沿着帕尔摩街漫步的时候，他将注意力集中在所看到的物体上，同时将其引发的联想用笔记下来。结果，高尔顿惊奇地发现，那些联想千差万别，并且往往是对一些忘却已久之事的回忆。在研究自己的意识活动时，高尔顿偶尔会碰到"持续凝视某物而思维却随意游走"的难题。针对这种情况，高尔顿先让心绪放松一会儿，浮想联翩，然后屏息凝神静待几个念头涌现在脑海之中，接着，他猛然将注意力转到那几个念头上，"仔细观察并记录它们准确的样子"，就像突然捕捉或搜索什么东西一样。散步过后，高尔顿决定用一种更为系统的方法来重复这个实验。他草拟了一份有75个单词的单词表，这些单词的选择似乎切合他自身的情况，比如"马车"、"修道院"和"下午"。高尔顿将这些单词写在几张纸上，将其中一张纸压在一本书下，纸摆放的位置使得他要俯身才能看得到纸上的下一个词。接下来，实验按部就班进行。高尔顿俯身向前，看见了某个单词并按了一下秒表，等头脑中出现关于这个单词的几个联想后再按下秒表。他将那些联想以及产生那些联想所需的时间都记录了下来。

"很快我就习惯了用这种系统、自动的方式来记忆单子上所有的单词。"高尔顿解释说："在某个单词在眼前显现之前，要保持心态平和，不过也要专心致志，可以说是严阵以待，一触即发。"这并不是说高尔顿喜欢这个实验。恰恰相反，实验枯燥乏味、令人生厌，而他不得不坚持下去。高尔顿先后4次在不同的场合研习了这份单词表，每次时间间隔在一个月左右，最后共产生了505个联想，总耗时为660秒，这就等于1分钟产生50个联想。高尔顿认为，这比在自然的空幻状态下产生联想的速度要慢得多。而且这505

个联想的内容有所重复，实际上联想数量还要更少，只有289个。

这大大出乎高尔顿的意料，因为他在帕尔摩街散步时所做的初次实验，结果是那么的丰富多变。他的联想就像演员在一个望不到头的人行队伍中表演，他们从队伍的一头跑回台后，又加入到另一头。联想不断重复出现，证实了"我们的思维轨迹有其一成不变的定式"。

揭示"怀旧效应"的第一人

高尔顿还发现，有不少联想都与他少年时期的事情相关，这部分所占的比例不小于39%。有几个单词让高尔顿想起了小时候他在一位熟识的化学家的实验室里玩耍的情形。相比之下，关于近来发生之事的联想比例要小得多，只有15%。研究结果还表明，"旧的"联想即是联想不断循环往复的根源所在：有1/4关于童年往事的联想在先后4次实验中出现过，换句话说，后3次实验所产生的联想重现了第一次实验的有关联想。还有一个发现是，教育背景和培养锻炼对成年人的联想起着重大决定作用。尽管高尔顿阅历颇丰，且以开拓者的身份闻名，但是他惊异地发现自己的联想是典型的英国式联想。的确，当高尔顿审视那份单词表时，他发现它反映了自己出生和成长的社会环境特点。

实验完成之际，高尔顿心满意足。通过实验，他证实了人们可以将转瞬即逝的联想记录下来作统计分析之用，也可以将联想分类整理并标注日期。他洞察了大脑中"朦胧而深邃"的东西。他在实验报告中写道："联想以其奇特鲜明的方式揭示了人类思想的基础，将自我的心智活动更形象化、更真实地展现出来，当中有些内容我们可能不愿意公之于世。"实验给高尔顿留下的总体印象是："就像我们不少人曾经有过的经历一样，只有在对房屋地下室进行全面修缮时，我们才第一次意识到，那些下水道、煤气管、水管、暖气管、电铃线等是多么复杂的系统，而平时那些东西只要不出问题，我们就视而不见，置之不理。"

通过这个实验，高尔顿本可以当之无愧地成为自传体记忆心理学的奠基人。他是第一个阐明**怀旧效应**（reminiscence effect）的人，他认为，当人步入60岁之后（高尔顿做实验时57岁），总是会回忆起年少时候的事情。他首次设计了一种进入大脑各部分的方法，在他之前，从未有人就此系统地做过研究。不过，高尔顿的实验未能取得轰动效应，因为另外一个人的存在掩盖了他的光芒。在高尔顿做实验的同时，也就是1879年左右，还有一个人也正忙于有关记忆的实验，所用的也是作为记忆材料的单词表和记录时间的秒表。此人就是德国人赫尔曼·艾宾浩斯（Hermann Ebbinghaus，1850—1909）。

自传体记忆早期研究之二：量化记忆实验（柏林）

赫尔曼·艾宾浩斯是一位哲学家。他早年曾在英国和法国任私人教师，之后奉召回到柏林在宫廷辅导华德玛王子，华德玛王子于1879年不幸患白喉病逝。王子死后，艾宾浩斯决定改变职业生涯，去尝试做一名私立大学的哲学讲师。其实，艾宾浩斯在普鲁士宫廷辅导王子的时候就开始了关于记忆的实验研究。像高尔顿一样，他也是独立自主地研究自身的记忆活动。

艾宾浩斯设计了自己的记忆材料。他发明了**无意义音节**（nonsense syllables，尽管有些音节是实意词），无意义音节是由两个辅音夹一个元音构成，如"nol"、"bif"或"par"。艾宾浩斯把辅音和元音一切可能的组合写在卡片上，总共得到了2,300个音节，然后他从这些音节中随机抽取用来记忆的音节。具体的实验过程是这样的：在每天的同一时间，艾宾浩斯将秒表放在桌子上，随机抽取几张用来记忆的音节，并将卡片上的音节抄在一个笔记本上。接着，他开始拨弄手上的一串木头珠子，每次数到第10个珠子时，他就将其涂成黑色。然后，他开始以每秒两三个音节的速度飞快地读出那些音节，直到将它们默记于心。

每一组音节的初次实验后，他会间隔一段时间（长短从20分钟到6天不等，有时甚至长达1个月），然后使用相同的音节重复实验。艾宾浩斯用初次记忆那些音节所需的重复记忆量扣除再次记忆那些音节所需的重复记忆量，从而获得了一个他所谓的"节省指数"（saving）：再次记忆比初次记忆所需的重复记忆量小，但是小多少取决于初次记忆和再次记忆之间时间间隔的长短。

遗忘的速度先快后慢

通过这个实验，艾宾浩斯找到了量化记忆的间接方法。虽然这种方法无法直接检测已经遗忘的内容，但却可以获知再次记忆所需的重复记忆量。特别值得一提的是，艾宾浩斯通过曲线的方式来解释其研究成果：曲线在头20分钟急速下滑，一个小时后趋于平缓，一天后变为水平。这就是著名的艾宾浩斯遗忘曲线（forgetting curve）：时间间隔越长，遗忘的东西越少。另一个发现是，记忆材料所需的重复记忆量随着音节数量的增大而不成比例地增加，换句话说，记忆的内容愈多，所用的时间就愈长。如果要记忆的音节数为7个，那么只需一次就可以记住它们；如果音节数为12个，那就需要17次重复记忆才能记住它们；如果音节数为16个，则重复记忆量会增加到30次。这种不成比例记忆量的增加就是著名的"艾宾浩斯法则"（Ebbinghaus law）。

1880年，艾宾浩斯向柏林大学的物理学家和数学家赫尔曼·冯·赫尔姆霍兹（Hermann von Helmholtz）提交了关于上述实验的研究报告，作为竞聘该校讲师教职的论文。赫尔姆霍兹对这份报告予以肯定，并对艾宾浩斯的研究方法和统计处理表示赞赏。尽管他认为实验的结果"并没有多令人震撼"，但他还是承认这样的结果事先是无法预料的，他最终决定聘用这个"聪明的家伙"做一名不领薪俸的讲师。实现了做一名大学讲师的心愿后，艾宾浩斯继续在学校研究记忆，他重复早期的研究，并补充了新的内容。他继续充当自己的实验对象，除此之外别无他法。他写道："这要求实验者耐心、专注地数月重复这样一件十分令人厌倦的工作——识记那些音节，凭良心说不能奢望任何其他人有这样的韧性。"艾宾浩斯就这样每天早上端坐在那里，拨弄着那串木珠，口里嘟哝着那些音节。功夫不负有心人，他终于在1885年出版了著名的《论记忆》(*Über das Gedächtnis*) 一书。

数据的最初胜利

高尔顿和艾宾浩斯的实验方法有许多相同之处。他们都研究自身的记忆，都采用系统的工作方法，都试图用量化的形式和百分比得出精确的结论。二者首要的相同之处在于，他们都为打开记忆的实验研究之门而欢呼雀跃。高尔顿在研究报告中写道，通过实验他洞察了隐秘的思维活动中深邃的东西；艾宾浩斯则认为他有幸发现了一处"自然科学和实验测量两大杠杆"都能派得上用场的地方。

不过，两人的实验研究还是有区别的，虽然二者的系列实验均以研究记忆为内容，但是只有高尔顿的实验研究了回忆。

艾宾浩斯的"遗忘曲线"让我们无从得知他的青春岁月，不知道在他大脑地下室的地板下能找到些什么。从一开始，高尔顿在猛然捕捉和"登记"之前敞怀拥抱的联想就不是艾宾浩斯实验研究的内容。艾宾浩斯刻意发明了无意义音节来研究自己的记忆。因为，只有在一个空荡荡、亮堂堂、没有任何干扰的环境下才能发现记忆、重复记忆以及节省和遗忘的规律。最好的素材本身不引发什么回忆，亦不揭示什么，它们不过是一系列短短的、毫无意义的刺激物。高尔顿研究的对象对艾宾浩斯来说不过是个干扰因素。正是由于艾宾浩斯严格控制了实验条件，所以他的研究成果具有一种高尔顿研究所缺乏的品质。艾宾浩斯从记忆中再现的内容，能够拿来跟原始的记忆素材比对。他能用比例来阐释其研究发现和成果，包括初次记忆和重复记忆之间时间间隔的影响、所列音节的长度、早先记忆过的音节的作用等。鉴于刺激物被记录下来的事实，一切的一切都可以用非常精确的量化方式加以分析。高尔顿的研究方法是无法做到这一点的。毫无疑问，高尔顿的联想只是再现了之前某个时间进入记忆之中的东西。如果他在小时候没有去过别人的实验室，那么他日后就不可能回想起曾经有过那么一段经历。高尔顿的联想不能拿来做数据比较，而艾宾浩斯通过自己的量化方法可以反复地对有关数据进行比较，他对记忆进行测试和量化研究的方法弥补了他的人造音节在意义和内容上的缺失。

高尔顿和艾宾浩斯对彼此的研究工作大加赞赏。如果他们在1885年就能够预测到二三十年后的未来，鸟瞰记忆研究之景观，一定会惊愕不已。虽然两人在实验的设计和方法上不尽相同，各有长短，但是在当时具有同等的价值。然而，进入下个世纪之后，那种等价荡然无存。艾宾浩斯的实验研究风格迅速开掘了心理学研究的河床，越来越多的支流汇聚其中，直到最终变成记忆研究之主流。

主流记忆研究模式：可验证性

艾宾浩斯式的记忆实验遵循一种模式，1913年出版的《来自实验心理学和教育学实验室的报告》(*Aus der Werkstatt der experimentellen Psychologie und Pädagogik*)一书中的一幅照片堪称经典。照片所述的实验是在德国的一个实验室里进行的，具体地点和时间不详。就算知道了实验的具体时间和地点，情况也不会有太大的变化。因为关于记忆的实验已经模式化、程序化了，所以实验设备和流程甚至实验室在某种程度上都可以互相替换。想当年艾宾浩斯是在家中的桌子上进行实验的，当时除了一系列写有音节的卡片、一串珠子和一只怀表,没有任何其他实验仪器。而后来者则要幸运得多,他们是在配备了精良测试仪器的实验室中进行实验的。艾宾浩斯仍然集实验者和实验对象于一身,而下面的照片则说明了实验者和实验对象的分离,照片中的小女孩是实验对象,而另外两位是实验者,他们正全神贯注地操作仪器测试小女孩的记忆。如图所示,记忆实验已经严格机械化了,记忆材料的提供仰赖各式各样的"记忆计量表"(mnemometer)或"记忆仪器"(memory instrument),放在女孩面前的就是其中的一种。桌上的小盒子里盛放了一个机械装置,它按标准间隔时间向小女孩输送刺激物。可见,所有的实验器械构成了一个闭合回路,而小女孩就是这个回路的组成部分。记忆线索一出现,女孩左手边钟形玻璃容器里的极微时间测定器(chronoscope)就开始运转,女孩一对所给出的单

图1 艾宾浩斯式的记忆实验

词作出反应，极微时间测定器就会停下来，其工作原理是女孩面前的感光膜感受到女孩声音的振动后切断了极微时间测定器。极微时间测定器过去曾是心理学中精确度的象征，它以精确到毫秒的速度捕捉作出反应的时间。图1中的挂图为希谱（Hipp）牌极微时间测定器的回路图。

当年，艾宾浩斯在一间位于柏林的书房里嘟嘟哝哝地发出音节，以自己为实验对象进行最初的记忆研究。30年以后，一切都发生了巨变：实验地点、实验者和实验对象的分离、先进的仪器设备以及标准化的实验流程。尽管如此，在小女孩身上所做的实验还是严格按照艾宾浩斯的传统方法进行的，实验研究的对象虽说换成了小女孩而非实验者本人，但记忆的材料也不外乎是两个辅音中夹一个元音，如没有意义的"kad"。

新旧记忆研究的更迭

高尔顿关于联想的实验的命运很快有了定数。他的实验成果因为记忆心理学的兴起而黯然失色。记忆心理学是在艾宾浩斯实验的基础上发展起来的新兴学科，它的研究方法和方式更为先进，研究物也得到了发展。这也正应了那句老话：没有金刚钻别揽瓷器活。新动态使记忆心理学发展成为一门真正的科学。当今大部分的教科书确认，许多关于学习、记忆、识辨和再现的知识是在20世纪积累起来的。如今，心理学家仍然在开展关于音节的研究，所不同的是此类研究法只是形形色色的、应用于多样化信息类型的诸多技术方法中的一种。一个多世纪以来，关于记忆研究的内容和形式的变化可谓多种多样，而这百多年来始终不变的是研究者们对可用精确的量化方法来解答问题的青睐，以及与之同步进行的、努力解释进入记忆之物的尝试。我们所记忆和再现的记忆材料自记忆心理学问世以来就被称为"信息输入"和"信息输出"，而对"信息输入"和"信息输出"进行量化比较的可能性依然是记忆研究不言自明的要求。

使用量化比较法所付出的代价是：有些难以通过实验和测量来研究的课题暂时或永久地被排除在研究日程之外，而这些课题对于自传体记忆的研究有着重大的影响。我们个人的命运不会碰巧最先被记录在笔记本上，也不会像"bif"或"kad"等无意义音节那样简单。在正常情况下，用比率来表示记忆是行不通的，理由很简单，因为等式的一边缺失了。

直到20世纪70年代才出现了逆早期记忆研究而动的新流派。要交待这一转折出现的背景会使我们离题甚远，但是一个重要的因素是主流记忆研究所感兴趣的话题和那些我们在日常生活中可能会遇到的、关系到记忆活动方式的问题可谓差之千里。众多的学者，如伊丽莎白·洛夫特斯（Elizabeth F. Loftus）、奈瑟（Ulric Neisser）、巴德利（Alan David Baddeley）、鲁宾（David Rubin）、康威（Martin Conway）以及荷兰的瓦格纳（Willem Wagenaar）都将他们的注意力转向奈瑟所归纳总结的"日常记忆"（everyday memory）研究上，也就是在自然条件下记忆的活动方式。新方法最显著的成就就是大力地推进了自传体记忆的研究。

联想实验重出江湖

始料不及且具有讽刺意味的是，先前曾用于自传体记忆研究的实验方法竟然在新的记忆研究中大有作为。举例来说，心理学家克罗维兹（Herbett Crovitz）和希夫曼（Harold Schiffman）想知道高尔顿的联想方法有没有可能适用于他们自己的研究，他们选择了近100名学生作为研究对象，并给这些学生提供了20个单词，要求学生记下每个词所唤起的最初记忆，并尽可能准确地记录事件发生的时间。研究结果表明，记忆发生的频率随着时间有规律地递减：大部分记忆都是关于最近发生的事情（几小时前或几天前发生的），除此以外的记忆量锐减。克罗维兹和希夫曼在研究报告中写道，考虑到实验对象的年龄因素，他们的研究成果可能与高尔顿的实验结果没有什么有意义的可比之处,不过这正间接地证实了高尔顿的观点,也就是他们实验中一个极其出乎意料的发现——那群20来岁的学生不能唤起对遥远往事的回忆!克罗维兹和希夫曼的研究成果于1974年发表在《心理规律学会公报》(Bulletin of the Psychonomic Society)上,该杂志所关注的焦点,或多或少放在量化研究和实验心理学上。两位心理学家的论文标志着"高尔顿线索法"(Galton cuing technique),也就是我们现在常用的自传体记忆实验研究方法的起源。

还有一个例子是瓦格纳的"日记式研究"。瓦格纳在37岁时开始研究自己的记忆,课题历时6年之久。每天瓦格纳都会记下生活中发生的一件事,记下发生了什么,事件所涉及的人物以及事发的时间和地点。他还用5个刻度来记录自己感情的强烈程度,以及所记录的事物不同寻常或令人愉悦的程度。此外,他还记下事件中最重要的一个细节,用于日后检验自己是否真的记得该事件。1979—1983年,瓦格纳共写下了1605篇个人经历小报告。1984年,瓦格纳从浩瀚的记录中随机挑选了一个线索——何人、何时、何地——并努力回忆相关的事件。如果一个线索无助于回忆,他就选取第二个线索,若有必要还可选取第三个,直至能想起所记录的事件为止。与前辈高尔顿和艾宾浩斯一样,瓦格纳发现这部分实验是极其枯燥乏味的。每天瓦格纳最多只能回忆起5件事,这也是为什么他花了整整一年的时间才完成实验。实验表明,"事件涉及的人物"和"事件发生的地点"这两条线索最有效,而"事情发生的时间"则用处甚微,不管日期在社会意义上多么至关重要,但在记忆里事件发生的时间变得无足轻重。瓦格纳注意到,短期内,想起开心的事比不开心的事容易,但是时间一长,就没有这种区别了。遗忘(用想起一件事需要多少个线索来定义),似乎证实了自艾宾浩斯以来已广为人知的规律:遗忘相对先快后慢,即使是自传体记忆也不例外,遗忘曲线先急速下滑,继而趋于水平。瓦格纳在研究报告中指出,他和艾宾浩斯研究的最大不同之处在于,艾宾浩斯一个月后就忘记了自己发明的那些无意义音节，而他却能回想起每一件久远的事情，不管是费尽周折还是需要仰仗当时在场的人相助。

如此一来，关于自传体记忆的研究融合了最早的成果和最新的发现。一个多世纪后，自传体记忆研究还是沿用19世纪的那一套方法，所不同的是研究结果的处理使用了最先进的统计方法。早在实验心理学崛起之前就已经提出的问题自此在研究中获得稳固的地位，它们成为自传体记忆研究的基础。研究结果无法量化，这在所难免。记忆一词有着其陈旧、普通、丰富的意义内涵，所有研究记忆的人都在致力于研究艾宾浩斯为追求准确性而被迫牺牲的东西，也就是记忆的意义和内容。

为什么要探究记忆之谜

自传体记忆是我们最亲密的伙伴，它与我们一道成长。自传体记忆在我们5岁、15岁或60岁等不同年龄段的表现是各不相同的，哪怕变化的速度缓慢到令人难以察觉的程度。自传体记忆提出的一系列问题必须被嵌入生命以及本书的时间轴。从最初的记忆到年迈时的忘却，从记忆的形成到记忆的磨蚀，从记忆能力尚未健全到记忆能力的丧失，此间的种种问题注定会摆在我们每一个人面前，因为我们拥有记忆。面对陪伴自己终生的某样东西我们无法不感到好奇，而诸多问题的答案必须通过记忆研究而得出。值得欣慰的是，记忆研究无论在规模、热衷程度还是范围（自传体记忆研究）上都在飞速地发展。

不仅如此，对于许多心理学家（包括我本人）来说，优先考虑那些适用于现行实验工具的问题已成为第二天性。我们据此设计实验，并辅以调查问卷、相关的生理学和神经病学过程的测量，以及更近时期的具象派技术，如正电子发射断层扫描仪（PET-scan）和其他一些工具。这些方法界定了我们的研究领域，在此领域外的其他问题我们宁愿置之不理，它们也不属于我们研究的范畴。

答案不只存在于心理学中

本书试图抵制这种反应：我们对于记忆的体验大部分落在时间坐标上，无法用实验研究来体现。有些现象太过短促而无法被记录下来，比如有时"似曾相识之感"会突然而至，而当你意识到的时候，那种重温生命片段的美好感觉却经已消逝。相对的，随着年龄的增长，我们会产生时间过得越来越快的错觉，这也是一个无解的问题，因为没有什么实验可以涵盖人的一生。而另一些体验，如"濒死体验"，是在不容实验研究的情况下出现的，濒死体验者在性命攸关之际脑海中会闪现过去生活的一系列图像。如何来测试实验室条件下的这一类体验呢？我们面临着一个两难的困境：将这类问题束之高阁，或者通过非实验的方法来寻求答案。而我个人的选择反映在了本书的书名里。即使在直接的实验研究不可行的情况下，我们通常也可以收集到一些能提供部分答案的资料。有时候，答案不只存在于心理学之中，神经学家和精神病学家也有关于记忆的著述，作家、诗人、生物学家、生理学家、历史学家和哲学家也从事过这方面的研究。他们的研究成果有时甚至超越了那个时代心理学的界限，尤其是艾宾浩斯之前的先人们，虽然他们对记忆懵懂无知，虽然他们除了个人的经历和观察外一无所有，但是他们探讨的话题是在现代研究计划中不可能再看到的。

读者对本书的着眼点跟作者是对立的。对读者而言，本书着眼于未来，而对作者而言，本书着眼于过去。回顾起来，笔者发现本书更多地体现了高尔顿而非艾宾浩斯的思想，而"久远的"联想往往让笔者遥想起自己刚开始接触心理学的早年时光。正是出于这个原因，本书的书名《记忆的风景》也成了怀旧效应的代名词。每个人都曾经拥有一段美好的旧时光。

第 2 章

黑暗中的闪光：最初的记忆

Flashes in the dark: first memories

生命是否以失忆为终结尚有待考证，不过可以肯定的是，生命是从有记忆那一刻开始的。大多数人最初的记忆可以追溯到2—4岁时发生的事情，而在2岁之前和4岁之后都有记忆的延伸。这些最初的记忆并不标志着失忆的终结，反而更强调了失忆的存在。因为最初的记忆是零星的、彼此毫无关联的影像，我们回想不起这之前的任何事情，在这之后的记忆也有很大一段空白。纳博科夫（Nabokov）在著作《说吧，记忆》(*Speak, Memory*)一书中写道："在探究我的童年的时候（这仅次于探究你的永恒），我看到了意识的觉醒是一系列间隔开的闪现，间隔逐渐缩小，直到形成了鲜明的大块的感知，提供给记忆一个并不牢固的支撑点。"[①]

但是记忆片段之间的盲点从何而来？三四岁孩子的记忆功能似乎已经非常成熟了，他们能够学习并记住事物百态。也就是在这个年龄段孩子的词汇量呈爆炸式地增长，他们对发生在自己身上的事情可以喋喋不休，他们的一举一动告诉我们，他们对自身的经历和给他们留下深刻印象的事情是有所思考的。对孩子们来说，过去仍然是漫长而混沌的"昨天"，不过毫无疑问的是他们记得昨天的情形。可是，这些记忆几年之后几乎又消失得无影无踪，只剩下一些闪光的片段，藏在黑暗之中。

弗洛伊德（Freud）将这种形式的失忆称作"婴儿失忆症"（infantile

[①] 引自《说吧，记忆》，上海译文出版社，2009，王家湘译。

amnesia）。根据他的理论，"婴儿期"是指出生到六七岁的这段时间。"婴儿失忆"这个术语原意是中性、纯技术性的，不过在日常用法中获得了其他含义。目前规范的术语叫做"童年失忆症"（childhood amnesia）。弗洛伊德认为，人们对童年失忆这种现象充耳不闻、漠然处之："我认为，一直以来人们对这个事实不够诧异。"究其原因，如果几岁前的经历对一个个体的发育成长至关重要的话，那么我们为什么把早年的岁月完全抛诸脑后呢？弗洛伊德最早明确地提出了这个问题，由此推动了心理学最初的发展。关于这方面的研究最早始于1895年，至今仍在继续。20世纪心理学各种思想和流派如雨后春笋般不断涌现，它们都曾针对童年失忆症提出过各种各样的理论。

大多数思想和流派都不谋而合地研究了闪光的记忆片断，而非记忆中的盲点。其中的原因是显而易见的：我们希望最初的记忆实质能够为揭开记忆丧失之谜提供解释。对纳博科夫来说，他最初的回忆和些许穿透黑暗的记忆源于一种苏醒的时间意识。他在著作《说吧，记忆》一书中写道，这种醒悟是在1903年8月的某一天发生的，那一天恰好是他母亲的生日，阳光明媚，温馨的一幕上演着。他牵着父母的手沿着圣彼得堡附近的乡间住宅的小路漫步。那时候他已经开始学数数，于是他问父母自己的年龄和他们的年龄有多大。得到答复后，他才知道自己4岁了，而父母也与他一样有年龄，为此他感到"非常震惊"。"在那一瞬间，我深切地意识到，那个二十七岁、穿着柔和的白色和粉红色衣服、拉着我的左手的人是我的母亲，而那个三十三岁的、穿着刺眼的白色和金色衣服、拉着我的右手的人是我的父亲。"而在此之前，父母的形象一直湮没在他模糊的婴儿世界里。"在以后的好几年里我对父母的年龄一直保持着强烈的好奇，不断要人家告诉我他们的岁数，好像一个心情紧张的乘客为了对一只新表而询问时间一样。"

留在记忆中的一碗冰

1895年,法国心理学家维克多·亨利(Victor Henry)和他的妻子凯瑟琳将他们设计的关于最初记忆的问卷调查表刊登在国际最负盛名的5大心理学期刊上。这是为开展比较研究而搜集充足资料的最初尝试。填好的问卷陆续寄回莱比锡,也就是维克多在德国著名心理学家威勒姆·翁特(Wilhelm Wundt)的指导下开展研究工作的地方。一年后,亨利夫妇在《心理学年报》(*L'Année Psychologique*)杂志上发表了他们的调查结果。回收的问卷共123份,其中77份来自俄罗斯(圣彼得堡大学的一位哲学教授要求他的学生参加了问卷调查),35份来自法国,来自英国和美国的回复少得可以忽略不计。在回复的人中,有100人称他们能够确认某个具体的记忆是他们最初的记忆,而其他20人称他们最初的记忆共有两三个,但不知道哪一个更早。根据所收集到的数据,亨利夫妇用表格列出最初记忆发生时的年龄,结果发现,年龄最小者不足一岁,从一岁半起,记忆量快速增长,两周岁后达到高峰。总的来说,80%的最初记忆发生在二到四岁之间,不过发生在五六岁时甚至七岁时也是正常的。在接受问卷调查的人当中,大部分人最初的记忆和第二、第三个记忆之间有一个相当长的时间间隔,有时可长达一年。到了七岁左右或更大一点的时候,记忆的片段才开始联成连贯的故事,故事的时间先后顺序和发展方向一清二楚。通常,从记忆的片断到连贯的故事这个过渡是以某一事件为标志的,而它可以具体到时日,比如,"我们何时搬到X地"或者"我何时上了Y年级"。

亨利夫妇还保留了被调查者记录下来的对最初记忆的感触。感到快乐和兴奋之感的人数最多,共10人;其次是悲伤和痛苦,各6人;感到诧异和担心受冷落的共有5人;感到羞耻、后悔、好奇和愤怒的各有一两人。对具体事件最初的记忆的分类研究显示,弟弟或妹妹的出生给人印象最为深刻(共6例),其次是死亡(5例),然后是疾病或火灾(4例)、节日庆祝(3例)

和上学的第一天（2例）。

亨利注意到，最初的记忆几乎总是以图像，而不是嗅觉或声音的形式存在。那些被调查的人记得别人的长相，有时甚至记得他们说过的每一个字，但却想不起他们的声音。他们记得聚会上的灯光，但却记不起当时播放的音乐。他们记得事故后的惊慌失措，但却记不起事发时的尖叫声。在所有的回复问卷中，只有一例最初的记忆是与声音有关的。当事人回忆说，她当时正在玩洋娃娃，这时候她听说自己有了一个小妹妹。消息是从信上得知的，她的父亲给她念着信，并告诉她刚出生的妹妹名叫霍顿瑟。每当她想起这件事的时候，霍顿瑟这个名字的发音就会在她的记忆里回响。

在亨利夫妇的调查报告问世后不久，又有几份类似的研究报告发表了。美国心理学家科尔格罗夫（F. W. Colegrove）对100人进行了访谈，其中大部分人是年长者。他发现这些人最初的记忆主要属于视觉类型，关于嗅觉的记忆少得可怜，即使是人到晚年情况也是如此。伊莉莎白·巴特利特·波特文（Elizabeth Bartlett Potwin）也进行了一项关于最初记忆的调查，受调查者是100名学生，调查结果也发现视觉的记忆比其他形式的记忆要多得多。伊莉莎白进一步认为，在几乎所有最初的记忆里，受调查者都是以事件的执行者或亲身经历者的姿态出现，而非旁观者。上述最初记忆研究的具体贡献主要在于，调查者收集到了大量的第一手资料，并且对最初记忆进行了分类。亨利夫妇未就调查结果进行任何分析，所以我们也就无从得知惊讶之类的反应主要出现在早期还是稍晚的最初记忆中，或关于特定事件的最初记忆发生频率如何与事件本身发生的频率产生关联。除此以外，亨利夫妇在调查结果中也没有说明年轻的受调查者是否与年长的受调查者有不同的早期记忆，或者前者的最初记忆是否比后者的出现得更早。尽管如此，亨利夫妇还是在调查报告的页边空白处作了两条重要的评述。一是不少受调查者在回忆中看到了他们自己。"我站在海边，母亲把我搂在臂弯里。我好像局外人一样看着这一幕场景。""在病中，我看见了自己，就像个局外人一样。"亨利夫妇总结道："人总是将自己看成一个孩子。""某人看见了某事发生，而事件中有一个孩子出现，此人明白：那个孩子就是我。"亨利夫妇的第二条重要评述就是并非所有的最初记忆都带有强烈的感情色彩。看来难以解释的是为何一些事情能够进入记忆，而同时期发生的、对孩子们来说可能极具视觉冲击力的事件却被忘得一干二净。亨利夫妇调查研究的参与者中有一位哲学教授，他在问卷上写道，他最初的记忆是站在一张桌子前，桌子上放了一碗冰，而当时他的祖母刚去世不久。他的父母告诉他当时他为祖母的辞世感到非常伤心。但多年以后，这位哲学教授对祖母的葬礼和父母的悲痛已全然没有记忆，他所记得的就是那碗冰。亨利夫妇的这两条评述引起了维也纳一位读者的关注。

m和n的区别

一位24岁的年轻人这样描绘他最初的记忆："我坐在夏季别墅花园里的一把小椅子上，姨妈在他身边教他认字母表中的字母。对于字母m和n他有点犯糊涂，于是请教姨妈如何区分二者，姨妈告诉他m比n多一笔。"这就是年轻人最早的回忆，4岁那年发生的天真无邪的一幕，没有什么特别之处。但是这个年轻人为什么会想起那件不起眼的小事呢？这是不是意味着这件小事背后暗藏着什么重要的事？上述场景的真正意义直到人们明白它的象征性意义后才显现出来，它象征着"小男孩的另一种好奇心"。在他努力搞清楚了m和n的区别之后，又开始琢磨男孩和女孩之间的差异。尔后年轻人发现，"男孩和女孩之间的差异与m和n之间的区别相似，同样地，男孩比女孩多出了点东西。当他后来获取这方面知识的时候，就会勾起对类似的童年好奇心的回忆。"

弗洛伊德如是说

早在1898年3月,也就是在读过亨利夫妇的调查报告不久之后,弗洛伊德在一封写给朋友威勒姆·弗里斯(Wilhelm Fliess)的信中指出,生命早年的记忆失落与神经病症状的机理一样,目的就是避免痛苦的记忆和刺激进入我们的意识。弗洛伊德在不同时间、不同场合,包括在讲座、论文和著作中都详细阐述了他的上述观点,最早的论述是1899年发表的、题为"屏蔽记忆"(screen memories)的一篇文章。小男孩和姨妈的故事摘自弗洛伊德所著的《日常生活的精神病理学》(The Psychopathology of Everyday Life)一书。我们在最初的记忆中所见到的实际上是事发很久以后重建的、已经被大脑大幅度编辑加工过的版本。弗洛伊德认为,记忆重建发生在我们在记忆中看见自我之后,正如亨利夫妇所述。事实上,我们绝不可能亲眼看见过那种景象,所以回忆不能被视作真实事件的可靠再现。同样令人不解的是,很多最初记忆的真实性都无法证实。这些记忆通常平淡无奇、微不足道,让我们纳闷为什么记忆要费事抓住它们不放。弗洛伊德在进行更为细致深入的研究或者说更准确的心理分析之后指出,最初记忆的作用是掩饰其他记忆,也就是说它们是"屏蔽记忆"。与梦境相同,最初的记忆有着非常显著的视觉特征,它们通过联想机制与被抑制的回忆联系起来。弗洛伊德带空白页版(供批注用)的《日常生活的精神病理学》一书中有一页记有弗洛伊德关于那些联想由来的笔记。弗洛伊德这样解释关于"冰"的记忆:"实际上是勃起的对立象征物,冰块是遇冷才变得坚硬的,不像阴茎,是在热(或兴奋)的状态下变得坚硬。死亡让东西变得僵硬这个想法会常常让人把性欲和死亡这两个对立的概念联系起来。那位哲学教授在最初的记忆里看到一碗冰,其实是对祖母之死的屏蔽记忆。"

当然,那个为亨利夫妇提供资料的、毫无戒备之心的人当时不是这样表述的,但这个例子阐明了弗洛伊德的思想。三四岁大的孩子是具有强烈性意识的个体,他索要、渴盼和寻求满足感和快乐,而孩子稍大些时,他的冲动行为受制于个人和社会的约束,关于那个阶段的记忆显得痛苦而耻辱,所以我们的意识设置了一道自我保护的屏障。那些星星点点的记忆之所以能成功地摆脱记忆丧失并进入意识里,归因于它们外表单纯的特质,如同姨妈告诉那个小男孩 m 多了一笔,以及那个哲学教授看到的一碗冰。

值得注意的是,弗洛伊德将被亨利夫妇当作特例的事情看成确凿的证据,这也表现了弗洛伊德在对待证据上一贯随意的作风。根据亨利夫妇的调查结果,绝大多数的最初记忆都能唤起受调查者本人强烈情感的事件,只有几个人的最初记忆是鸡毛蒜皮的小事。继亨利夫妇之后,教育家布隆斯基(Blonsky)、达迪卡夫妇(the Dudychas)和心理学家沃德佛格(Waldfogel)等人先后于1929年、1933年和1948年开展了关于最初记忆的调查研究,并证实了亨利夫妇的观点。

前苏联心理学家布隆斯基的研究直接对记忆丧失的心理分析学阐释作出回应,不过他的研究结果或多或少地指向了相反的方向。布隆斯基从他的学生中收集了190个最初的记忆,被调查的学生年龄在20—30岁之间,与此同时,布隆斯基还从一群约12岁的儿童中收集了83个最初的记忆。调查发现,儿童的脑海中留存着更早的最初记忆。十几岁的受调查者一切3岁以前的记忆都荡然无存,而二十几岁的受调查者就连3—5岁的记忆都消失得无影无踪了。不过,让布隆斯基特别不解的是,大学生和儿童都更多地回想起了险恶情况下发生的事情。首当其冲的"记忆术因素"(mnemonic factor,布隆斯基的说法)就是恐惧或震惊。在所有被调查者的最初记忆中,几乎有3/4与令人恐惧的经历有关,包括无人陪伴、在繁华的集市与母亲走散、森林里迷路、突然一条大狗冲到面前、在暴风雨袭来时一个人被留在家里……令人痛苦的经历排在第二位,包括:从床上掉下来、切除扁桃体、被烧伤或咬伤(早年记忆调查所提及的事故有助于我们对不愉快的经历画个时间轴:19世纪的婴幼儿从保姆的怀中掉下来,半个世纪后孩子们从秋千上摔下来,而现时的记忆也正被储存起来,从立体攀爬铁架上摔下来也许会被未来的调查者视为典型的家庭事故)。从最初记忆出发,布隆斯基指出,孩子们对那些令人恐惧、震惊和痛苦的事件记忆犹新。不少成年学生将对狗和暴风雪的恐惧感归结为最初记忆,仿佛当时感受到的强烈震撼已经转化为不甚强烈但持久不衰的焦虑。

布隆斯基认为,上述结论不符合弗洛伊德记忆失落的概念,反而证实了人类记忆有助于自我防护的进化理论。为了避免日后重现痛苦、危险和令人惊恐的情形,我们不得不记住那些不愉快的经历。那些不愉快的经历并没有被强塞进我们的潜意识,消散在记忆丧失的黑暗中。相反,它们常常是记忆所储存的最初图像。而且那些不愉快的图像里没有太多带象征性的东西,现在怕狗和回想起4岁时一条大狗向你扑来之间的联系不需要任何心理分析方面的解释。许多最初的记忆只是因为太凶险而不能被看做可靠的屏蔽记忆。

乔治·桑(George Sand)在她的自传《我毕生的故事》(*Histoire de ma vie*)中谈及自己最初的记忆。事情发生在1806年:"当时我只有两岁大,抱着我的女佣不慎失手让我跌落在壁炉台角上,我吓坏了,额头也碰破了一道口子,鲜血直流。这一摔让我的神经系统大受刺激,让我感到自己是个活生生的人,当时我清楚地看见我的血染红了壁炉台的大理石,清楚地记得女佣那惊恐的表情,即使到了现在,那一切仍历历在目。"乔治·桑的这一段回忆属于布隆斯基定义的最常见的那一类最初记忆,也就是对令人恐惧、痛苦和绝望的事件的回忆,这一类记忆与那些无关痛痒、充满童趣的回忆完全是两码事儿,而根据弗洛伊德的思想,后者才是能够幸免于记忆失落的。

乔治·桑本人以及布隆斯基大部分被调查者的最初记忆都是关于不愉快往事的,这是对弗洛伊德提出的"婴儿失忆"这一理论的重大驳斥,也正反映了一个暗藏的反讽。直到19世纪最后25年,"创伤"(trauma)一直是个严格意义上的医学术语，指生理上的伤害（这一定义被各大医院的创伤外科沿用至今）。不过在日常用法中，创伤一词已从一般的医学术语变成了精神病学和心理学的专业术语。现在这个词的含义是指心理上的伤害和精神上的创伤。创伤一词的含义发生了转变，在这一方面弗洛伊德功不可没，是他将创伤心理学化了。正是由于弗洛伊德之功，许多人才就下面的观点达成了共识：对于创伤性事件的回忆可能因为自我防护而被挤出意识。在弗洛伊德看来，同样的压抑性机制构成了婴儿失忆的基础。具有讽刺意味的是，太多的最初记忆似乎都与事故、伤害、擦伤、烧伤和咬伤这些19世纪意义上的创伤性事件有关。这些令人不快的记忆非但压制不住，反而成了最早记录下来的自传体记忆。

最初记忆的语言

曾参与布隆斯基调查的学生几乎无人健在。如果他们尚在人世也有90岁高龄了，比以前任何时候都更加远离他们的最初记忆。最初记忆不单展现个人生活的图像，也是对那些图像出现的环境的反映。布隆斯基的调查对象曾经与父母和兄弟姐妹一起，为生平头一次收听收音机广播而狂喜。同样令人怀念的是，布隆斯基当时在调查表上列出了"父亲所做的让人兴奋的事情"这个特别的问题，答案五花八门：父亲谈论无穷大的数字，父亲和一条黑玉色的狗突然出现在眼前，父亲有个古怪的收藏习惯——他总是在书桌的抽屉里存放红色的铅笔，父亲夜里在寂静的屋子里拉小提琴。

任何关心最初记忆最新研究成果的人都会看到更多的范例和不同的分类、分析，但最重要的还是与过去截然不同的研究方法。在关于记忆研究的现代文献中，传统的调查问卷已被答案可验证和量化的问题所取代。调查结果也改用图表、柱状图和曲线图来表示，这在亨利夫妇和布隆斯基的研究结果中是完全没有的，这种方法在20世纪60年代以前也相当罕见。在最新研究中,最初的记忆本身几乎已消失殆尽,残存下来的有时只是笔记上寥寥几个关键词。许多研究重在考察最初记忆的"可信度"或"有效性"(如盎格鲁-撒克逊研究资料所称),而实验心理学家们也会用这样的术语来判断一项测试能否达到预期的实验目的。

心理语言学家凯瑟琳·纳尔逊(Katherine Nelson)认为,早期通过问题和访谈而取得的研究成果仍具有效性。诸多关于最初记忆的研究基本上印证了同样的年龄规律和记忆种类。其中心理学家亚瑟(Usher)和奈瑟(Neisser)开展的研究可谓经典。

他们的研究方法完全反其道而行之。他们首先选定了四大类可用具体的时间标明和验证的事情,包括弟弟或妹妹的出生、因病入院、一位家庭成员去世和搬家,然后借助一份调查问卷对这四类事情所唤起的回忆进行分析。

调查问卷上共有17个问题,被调查者必须一一作答,问题包括"你妈妈躺在产床上时谁照看你?""是谁告诉你有了个弟弟或妹妹?""是谁把你妈妈从医院接回来的?"等。尽管某件事勾起的回忆比其他事情勾起的回忆时间更早(弟弟或妹妹的出生和因病入院这两件事所唤起的记忆发生得较早,而家庭成员去世和搬家这两件事所唤起的记忆发生得较晚),但其大致模式跟早期研究相差无几,即人们很难想起两岁以前发生的事情,大多数人最初的记忆不会早于3岁。经向亲戚求证核实之后,最初的记忆一经形成似乎就相当精确地定格下来。更何况,最初记忆的"可靠性"这一问题也有待商榷,也许你认定的最初记忆在别人嘴里就完全不是那么回事了。

故事还是记忆

就此而言,一个不争的事实是:最初的记忆可能是完全不可靠的。瑞士发展心理学家让·皮亚杰(Jean Piaget)非常幸运地拥有一个令人兴奋的最初记忆，那是在他两岁时发生的事情。皮亚杰回忆道，"我坐在婴儿车里，女佣推车走在香榭丽舍大街上，这时一个男人试图上前绑架我。因我被车上的带子紧扣着，所以那个男人一时未能得逞，而此时女佣也勇敢地走上前保护我，那个家伙朝她脸上乱抓，我现在还依稀看得见她脸上的抓痕。然后一大群人围过来，一个穿着短大衣、拿着白色警棍的警察也朝这边走来，那个家伙见势就溜走了。至今我还能看见整个事件的过程，清楚地记得事发现场在地铁站附近。"让·皮亚杰快满15岁时，他的父母收到了当年那位女佣的来信。女佣在信中说，她皈依了基督教并加入了救世军，她对过去犯下的罪行表示忏悔。她承认当时编造了打劫孩子的故事，为博取信任还故意把自己的脸抓伤。女佣随信退回了当年奖励她英勇行为的手表。显然，让·皮亚杰小时候听大人说起过自己险遭绑架的这个故事，并将其中的情节悄然变成了自己的记忆。用皮亚杰自己的话说，这是"记忆的记忆，但却是虚假的"。

最初的记忆往往不能与在家庭中流传的故事脱离干系。在尼古拉斯·马特西尔（Nicolaas Matsier）的自传体小说中，叙述者特吉特（Tjit）给我们讲述了一件事，他无从断定这件事是他最初的记忆还是母亲讲了无数遍的故事，他本人倒是希望那是他最初的记忆。在最初的记忆里，特吉特站在门口，送奶工刚把三量壶牛奶倒进他母亲的锅子里，正当她准备回屋拿钱的时候，送奶工说话了：

"喂，孩子，你叫什么名字？"
我径直望着他的脸。
"亨德里克。"

特吉特的母亲给了钱，关上房门，惊奇地望着他说："你说你叫亨德里克？"不过，他母亲的说法多少有些出入，问话的人不是送奶工而是杂货店主，她也没有回去拿钱，而是看看还需要什么。没过多久，叙述者再也无法确定到底发生过什么事情：他母亲讲述的事情的发生地点不是在诺德胡夫德街上的杂货店吗？

这种混淆在最初的记忆里相当普遍，也存在于后来的记忆当中。不过，纳尔逊认为，故事和回忆的混淆也让人们注意到一个对自传体记忆的形成具有重要意义的因素。最初的记忆与童年失忆症的慢慢减退与语言技能的发展密切相关。孩子的词汇量快速增长，他们开始掌握并运用语法关系。他们知道动词过去式指的是已经发生了的事情，于是他们开始谈论过去的事情，这跟"重复"的效果一样，增加了他们记住这些事情的机会。小孩子们也不是总对别人说话，他们喜欢喃喃自语。纳尔逊曾研究过蹒跚学步的孩子在临睡前发出的咿咿呀呀声，她发现，小孩子喜欢将他们所经历的事情说给自己听。随着其他抽象技能的发展和语言能力的提高，孩子们日渐成熟，他们开始分门别类地处理自己的经历，并形成与类似的经历相关的记忆，而非具体事件。

因此，语言技能等的发展对自传体记忆还有另一个方面的影响。许多回忆会和具体事件交织在一起，形成常规事件或程式。一个在3岁生日那天头一次去动物园的小孩子可能会在一段时间内清楚地记得参观动物园的情形。但是如果那个孩子几个月后又和祖父母再去动物园，之后又在学校组织的郊游中第三次参观同一家动物园，那么那个孩子就会把几次参观动物园的记忆融合成一个"参观动物园"的整体印象。因此，更为抽象的程式的形成起着消除记忆的作用。在这个方面，儿时自传体记忆与年长时自传体记忆的表现没有什么两样，年长时回忆起在法国布列塔尼（Brittany）度假的经历已不经意地与小海港、海湾、沿着峭壁行走和穿着条纹运动衫的海滨之旅的总体印象交织在一起。然而，记忆的融合也会产生一种与之相对的效应，即背离原貌、不合常规和令人始料不及的事情会在记忆中更加深刻。这种说法的关键在于，最初记忆的建立需要一个由重复与常规事件构成的背景，但我们直到3岁左右才会发展出重复的能力。

记忆与个人感情：弗吉尼亚·伍尔夫的童年记忆

童年失忆症通常是由神经病学上的病因造成的。人脑，特别是经脑损伤研究证实：对记忆起关键作用的海马体（hippocampus）（大脑中海马状突起部位），被认为在几岁前还相当不健全，以至于不可能把早期经历的痕迹保存下来。其实孩子们在很小的时候就能记住很多东西，这与神经学的解释不一致。纳尔逊则由此提出了新的理论：**记忆来自事实**，后来却被吸纳进了更为抽象的结构里，于是不再可能单独浮现。童年失忆症的产生不是因为大脑功能不完善或其他"硬件"的问题（心理学家们常用"硬件"来描述 80 多岁老人的失忆问题），而是程序、"软件"的问题。

抽象的概念让记忆丧失了一些功能并最终让记忆完全消失，前人对这一事实已有所涉猎，不过并非发表在心理学杂志上。1939 年春，英国女作家弗吉尼亚·伍尔夫（Virginia Woolf）开始撰写自传《忆旧》（*A Sketch of the Past*），两年后她投河自尽，《忆旧》一书是在作者死后出版的。当时弗吉尼亚的姐姐范奈莎（Vanessa）鼓励她及时开始撰写自己的记忆，让她不要像可怜的小说家斯特雷奇夫人（Lady Strachey）在风烛残年时才开始写名为《漫漫人生路的点滴回忆》（*Some Recollections of a Long Life*）的自传，结果只写了十来页就撒手人寰。弗吉尼亚的自传一开篇就描述自己的最初记忆："那是我妈妈黑底衣服上红色和紫色的印花。妈妈坐在火车或者公共汽车的车厢里，我坐在她的腿上，我清楚地看见她衣服上的印花。至今我仍然看得见她那黑底衣服上紫色、红色和蓝色的花朵，我想它们是银莲花吧。"在书中稍后处，作者提到了另外一个记忆（用弗吉尼亚自己的话说，"这也好像是我最初的记忆"），说的是她躺在海港小镇圣艾夫斯（St Ives）自家度假住宅育婴房的床上，听着海浪拍打沙滩的声音。弗吉尼亚在书中写道，这两个记忆的奇怪之处在于，它们是那么简单朴实："也许这就是所有童年记忆的特征，也是童年记忆的力量。后来我们往那些记忆中添加了很多个人情感,那些情感让童年记忆变得更加复杂,让它们不如原来那么强劲有力。这样一来,即使童年记忆没有失去原有的力量,也会不像原来那么孤立、完整了。"正是因为添加了个人感情等东西,童年的记忆不再那么独立,从而增加了记忆消失的可能。

记忆在亲吻中苏醒

关于童年失忆的解释可以归结为两大类。第一类观点认为,在生命头几年里根本就没有记忆被储存下来。这一类观点包括两种假说:一种是大脑在几岁前还相当不健全以至于不能存留持久痕迹;第二种是,储存记忆需要语言的帮助。

根据第二种观点,虽然童年的记忆被储存起来,但是它们后来变得无法提取。关于记忆的这种不可提取性不同的理论给出了不同的理由。弗洛伊德认为,幼年的记忆被屏蔽了,而其他人则认为幼年的记忆之所以不可提取是因为它们与常规性、程式性的概念交织在一起,或者是因为成人感知和解读现实的方式与蹒跚学步的孩子大相径庭,以至于后来的联想无法回到这些早期记忆中。在你个头及膝高时所看见的世界已经消失了。一个成人重返他儿时待过的房间,哪怕里面一切照旧,那个房间也不再是先前的房间了。儿时的目光平视只看得到椅子腿和桌子的下面部分,而现在这一切都消失了。

童年失忆是笼罩在我们童年之上的面纱,心理学对此的最新解释是,孩子缺乏自我意识(self-consciousness)是童年失忆的缘由。只要没有"我"(I)或"自我"(self),经历就无法作为个人回忆被储存起来。心理学家马克·豪威(Mark Howe)和玛丽·卡瑞基(Mary Courage)认为,作为一个独立的自我,幼儿必须首先积累足够数量的关于自我的认识,然后才能发展像自传体记忆那样的能力。一个没有"自我"的记忆如同没有主人公的自传一样不可思议。幼童自我意识萌生的最初迹象在他们过了1岁生日以后才可以被很好地观察到。婴儿对他们的镜中影像具有反应能力，他们会伸手去够自己的镜像，对着它微笑和喃喃自语。快满1岁时，他们对镜子的功能有了一个模糊的概念，于是他们会转身去抓镜中看到的物体。直到1岁半左右的时候他们才明白是自己被反射在镜子里，也就是在那个时候他们会惊奇地伸出小手摸摸镜中自己的鼻子，因为鼻子上不小心沾上了口红印。曾有人对阿拉伯贝都因（Bedouin）地区的幼童作过研究，那些孩子在接受实验前从未照过镜子，实验表明有没有照过镜子并不会造成差异。没有照过镜子的孩子也是在1岁半左右或再大一点的时候才能指认出照片中的自己。如果是因为心理缺陷或自闭症等原因造成孩子发育迟缓，那么萌生自我认知（self-recognition）的时间肯定也会相应推迟。只有在1岁半的思维水平上，孩子作为"我"才能形成对自身的理解。

自我意识（self-awareness）萌生的另一个迹象就是主格的"我"（I）和宾格的"我"（me）的使用。这两个词是小孩子最早说出的人称代词，之后几个月才会说"你"（you）。不过正确使用这两个词并非易事。正如某个地方在远处时叫"那里"（there），而走近时就改叫"这里"（here）一样，"我"和"你"是随着说话人视角的变化而变化的：对于一个不到两岁的孩子来说，谈到自己时用的是"我"，而当别人对他说话时却称他为"你"，会让他感到十分困惑。世界上有许多其他人也称自己为"我"同样让他感到不解。人称代词的正确使用预示着了解了自己和他人之间的区别。几乎所有的孩子在两岁左右时已解决了这一问题，并能在既定时刻区分"我"、"你"和宾格的"我"。

只有有了一个把经历融合到个人记忆里的"我"，自传体记忆才能得到发展。自传体记忆一旦启动，身兼自传作者和主人公双重身份的某人的信息接着就会被记录下来。豪威和卡瑞基的假说与纳尔逊的假说有共同之处，那就是并非记忆本身发生了变化，而是记忆被处理和储存的方式发生了改变。究竟是自我认知启动了自传体记忆,还是自传体记忆导致自我认知的萌生?恐怕这并不是最重要的问题。这两个过程都缺少明确的开端,也不只往一个方向开展,甚至连主要开展方向都无法确定。可以肯定的是,在许多自传体记忆的文本中,最初的记忆是与自我认知联系在一起的。对纳博科夫来说,最初的记忆就是发现了他和父母年纪的不同。他在《说吧,记忆》一书中写道,这种认知是与"我是我、父母是父母的内在知识"联系在一起的。对美国女作家伊迪丝·华顿(Edith Wharton)而言,她最初的记忆是在纽约一个明媚的冬日随着"意识和女性自我的萌生"而出现的。她在自传《往事回眸》(*A Backward Glance*)中写道:

> 小女孩最终成了我,但还不是我或者其他什么人,不过是一个柔弱普通的小东西。这个有着我的名字的小女孩与父亲一起散步,这个情节就是我能够想起关于她的最早的事情,因此我将个人身份的诞生定在了那一天。
>
> 小女孩总是穿着她那件最暖和的外套,戴着漂亮的白色丝质帽子,围着"一块手工精细的设得兰群岛羊毛薄面纱"。散步时女孩的父亲碰到了堂弟亨利和他的儿子丹尼尔。"小男孩长得胖墩墩、红扑扑的,看见小女孩他也好奇地转过身来,突然伸出胖乎乎的小手,撩开了小女孩的面纱,并大胆地在她脸颊上印上了一个吻。小女孩第一次发现被人亲吻是一件非常令人愉悦的事情。"

没有比这更迷人的开局了——记忆的面纱如天启一般被开启,在亲吻中苏醒。

第 3 章
嗅觉和记忆
追寻逝去的时光

Smell and memory

任何描写嗅觉和记忆的人似乎都得从与法国文豪马赛尔·普鲁斯特（Marcel Proust）一起品茶着手。每一篇关于嗅觉的心理学论文都会套用普鲁斯特的名著《追寻逝去的时光》(*A la recherche du temps perdu*)中的一幕。这一幕曾无数次为人转述，最多的也不过3行字，并且删改得已经几乎与原版面目全非：主人公喝着茶，将一块小点心泡在茶里，突然一种味道将他带回了贡布雷（Combray）的童年时代。在普鲁斯特的原著中，这一幕用了整整4页纸来描述，作家用细腻的笔触描写了主人公在情感方面遇到的问题，在一个冬日他回到家中，神情沮丧。母亲给他倒了一杯茶，拿了一块扇贝形被称作"小玛德莱娜"的松糕。

  天色阴沉，看上去第二天也放不了晴，我心情压抑，随手掰了一块小玛德莱娜浸在茶里，下意识地舀起一小匙茶送到嘴边。可就在这一匙混有点心屑的热茶碰到上颚的一瞬间，我冷不丁打了个颤，注意到自己身上正在发生奇异的变化。我感受到一种美妙的愉悦感，它无依无傍，倏然而至，其中的缘由让人无法参透。①

叙述者试图搞清楚这突如其来的快感来自何处，不过他没有找到答案。他觉得应该是与茶水和小点心的味道有关。他又啜了一口，接着又是一口，

---

① 译文引自《追寻逝去的时光》（第一卷），2004，周克希译。

但是抿第三口时感觉告诉他已味不如前了。他对自己说,"该停一下了","这茶的美妙之处正在消减"。那种感觉就像他体内的什么东西被唤醒,而他却没有捕捉到。他放下了茶杯,回忆品茗第一口的那一刻。他试图排除一切干扰和杂念,为避免隔壁房间噪音的干扰他用两手捂住了耳朵,但是这一切努力都是徒劳。于是他尝试放松心情,先想了想别的事情,然后再集中精神和注意力,作了最后一次努力。这次他"骤然感到周身一颤,觉着脑海里有样东西在晃动,在隆起,就像在很深的水下有某件东西起了锚,我不知道这是什么东西,但它在缓缓升起。我感觉到它顶开的那股阻力,听到它浮升途中发出的汩汩的响声。"现在,他确定在他脑海深处搏动着的东西就是那个画面,是与茶水和小点心的味道联系在一起的视觉记忆。不过那个画面不断向他的内心深处滑落,变得难以捉摸,他不得不将这一实验重复不下10次。

骤然间,回忆浮现在眼前。这味道,就是小玛德莱娜蛋糕的味道呀,在贡布雷,每逢星期天(因为这一天我在望弥撒以前不出门)我到利奥尼姨妈屋里去给她道早安时,她总会掰一块玛德莱娜蛋糕,在红茶或椴花茶里浸一浸,然后递给我。刚看见小玛德莱娜,尝到它的味道之前,我还什么也没想起来。也许是由于后来我虽说没再吃过,却常在糕点铺的货架上瞥见它们,它们的形象就脱离了贡布雷,而与最近的其他时日联系在了一起。也许是由于这些被抛出记忆如此之久的回忆,全都没能幸存,一并烟消云散了。

就在叙述者感受到味觉的时刻,其他的记忆也同时复苏了。他又一次看见了姨妈房子后面的那座小屋,看见了小镇和广场,想起了他帮大人跑腿时经过的街道,想起了他常在晴朗的日子里漫步的小道。

这很像日本人玩的一个游戏,他们把一些折好的小纸片,浸在盛满清水的瓷碗里,这些形状差不多的小纸片,在往下沉的当口,纷纷伸展开来，显出轮廓，展示色彩，变幻不定，或为花，或为房屋，或为人物，而神态各异，惟妙惟肖。现在也是这样，我家花园和斯万先生苗圃里的所有花卉，还有维沃纳河里的睡莲，乡间本分的村民和他们的小屋，教堂，整个贡布雷和它周围的景色，一切的一切，形态缤纷，具体而微，大街小巷和花园，全都从我的茶杯里浮现了出来。

在记忆心理学中，"普鲁斯特现象"（Proust phenomenon）表示唤起幼年记忆的嗅觉能力。这一现象通常是一个飞快的、稍纵即逝的过程。从这一点来看，有着玛德莱娜蛋糕的那一幕绝非"普鲁斯特现象"，因为叙述者花了很长时间才将他的茶水和蛋糕碎屑与储存在脑海中的图像联系起来。在此时到彼时的瞬间萌生的东西是一种带有愉悦感的联想，与记忆中的形象本身还相差一段遥远的距离。

同样令人不解的是，当时叙述者本人是在"品尝"而非"闻嗅"茶点，但普鲁斯特所描述的那种感觉却一直被当做嗅觉和记忆之间的经典联想而传世。这个错误是可以理解的。我们的味觉只能感受甜、酸、苦、咸这4种味道，其他的味道都掺杂了嗅觉。总的来说，我们的味觉跟嗅觉相通。而另一方面，一些心理学家怀疑像"普鲁斯特现象"这样的东西是否真的存在，而偏偏该现象涉及的问题也是不明朗的。该现象针对的主要是童年的记忆吗？还是只能通过嗅觉联想提取的记忆呢？抑或是我们显然已经忘却了的记忆呢？从定义来看，这些问题区别不大但很关键。嗅觉和记忆的研究成果也因"普鲁斯特现象"版本的不同而具有不同的说服力。

新鲜的锯末

早在普鲁斯特之前，嗅觉能够唤起童年记忆这一事实就已是众所周知了。艾克曼（Ackerman）告诉我们，查尔斯·狄更斯称："只要一闻到粘贴瓶子上商标的浆糊的味道,一种无法承受的力量就会唤回他儿时所有痛苦的回忆,那时父亲破产,被迫将他遗弃在地狱般的仓库里,而那里也是个瓶子的制造工厂。"诸如此类的模糊记忆不但令人想起了久远的画面,而且也唤回了那时的情感,快乐的或者不快乐的。为了收集更为可靠的资料,科尔盖特大学(Colgate University)的心理学实验室于1935年开展了一项研究。该实验室向254位"声名显赫的男士和女士",包括作家、科学家、律师和政府官员发放了一个问卷调查表。参与调查的名人们的平均年龄为50岁出头。这项研究的调查报告由唐纳德·赖德博士(Donald Laird)撰写并发表在《科学月刊》(Scientific Monthly)上,该报告读起来很有趣味性,主要是因为那些成功人士与气味相关的记忆体验。绝大多数的被调查者称是嗅觉让他们找回了遥远的记忆。以下是比较有代表性的沃尔特·E·邦迪博士的经历:

> 新鲜锯末的气味总是让我想起孩提时父亲工作的那个锯木厂。只是看见锯末并不能勾起我对童年往事的记忆,但是只要一闻到新鲜锯末的气味,我就会想起过往那栩栩如生的画面,再一次回到从前。如果我试图通过有意识的思维活动来唤起关于那个锯木厂的一些记忆,虽说我可以把这个或那个东西,此人或彼人摆放进画面里,但是这样的做法所重建的记忆缺乏生命力,画面也会很朦胧。而当我闻到新鲜锯末的气味时,特别是在我还没看到锯末但光凭其气味便知其存在的时候,往事就会历历在目,活灵活现。

邦迪博士补充道,没有什么刺激物能像气味一样突然打断他的思绪。类似的经历好像比比皆是,一位被调查者在问卷上表示小时候他要做不少照看马匹、清扫马厩的农活儿:"20岁那年的一天,我沿着乡间小路散步,看见前面约90米处有一辆装满粪肥的马车。粪肥的气味一下子就让我想起了幼年的时光,我不禁愕然,呆在那里一动不动。"有些嗅觉和记忆的联想是会持续一生的。一位74岁的在康涅狄格工作的保险代理人称气味让他想起了4岁时发生的事情,"也就是占领弗吉尼亚的诺福克的时候"(这位老人想起1865年他4岁时的事情,也着实把我们带回了美国内战的最后一年)。气味能够让人的情绪出现较大波动,情绪变化突如其来,神秘异常。一位女士在问卷上这样写道,"有一次我乘火车旅行,四周是欢声笑语,而我却突然感到泄气、为难和不快。这时我闻出了一位旅客使用的香水味,一幕生动的场景立即出现在我眼前:在一个大型的舞蹈课上,一位法国舞蹈教师正费力地教我走步子,而我却笨手笨脚,他当时的态度让我感到很沮丧,而今我又一次体验到了那种少女的沮丧。"另外一位被调查者的经历是这样的:她当时正在看书,突然一阵寂寞感袭来。她后来意识到,小时候她曾在英国生活,那时她所有的书都是在伦敦印刷的,英国印刷的书和美国印刷的书的气味是大不相同的。气味所唤起的不仅仅是往事或图像,而且还有当时的情绪或情感,不错,正是那种童年光阴的感情色彩。一位女士这样描述她的经历:丁香花的气味让她想起了12—18岁的那段岁月,"特别是那段岁月的情感,非常浓烈。"

研究发现,气味所唤起的记忆大部分都是快乐的,虽然偶尔也有令人不悦的时候,但它从来不是中性的。因为这些回忆会带给人欢乐,有些被调查者甚至想尝试"留住"那些气味。一位在内华达矿山小镇长大的律师后来迁居到了潮湿多雨的城市,从那时起他就"时时刻刻思念昔日的明媚阳光以及和煦清新的空气,那柠檬色沙漠的独特气味,还有那一望无垠的迷人景色和满眼明亮艳丽的色彩"。有一次律师在塔霍(Tahoe)地区住了一个夏天,回家的时候他带了一束三齿蒿,并把它小心地放在瓶子里。每当他闻到这棵植物的气味,"沙漠景致就会异常清晰地呈现在眼前,而美妙的情感也随之在心底滋生。轻轻地嗅一下它的气味,那种怀旧之情就会更加浓烈。"

许多被调查者非常在意气味的追溯年份。一位被调查者在问卷中写道，新的气味可以唤起暂时性的联想，但还是最早记住的气味所产生的联想会反复地自我印证。这位被调查者一闻到羊毛的气味就会想到兰姆叔叔，兰姆叔叔在他很小的时候就过世了。他记得，兰姆叔叔那时刚刚开始行医，穿着一件新的羊毛大衣。后来那位被调查者的一位朋友也买了一件那样的大衣，如此一来，闻到羊毛的气味就会让他想起那位朋友。再后来，那位朋友有了他"自己的"气味，也就是烟草和香烟的味道，于是再闻到羊毛的气味就又想起了兰姆叔叔身上那熟悉的气味。那位被调查者认为，我们经常闻到的气味（比如说土耳其香烟的气味），可能是和太多的记忆牵扯到了一起，和那些记忆相互抵消了。他认为，最终是最早记住的气味所产生的联想会在这场新旧的较量中获胜："我认为我的同龄人或比我年长的人特别容易通过气味的联想而唤起童年时候的记忆，因为后来暂时性的联想过于繁多，它们相互纠缠在一起并被人忽视和遗忘。"

除了茶和蛋糕碎屑混合的味道，浆糊、锯末、肥料、香水、三齿蒿、丁香花和羊毛等的气味也唤起了带有感情色彩的回忆。气味唤起记忆这一过程的发生好像有两种情况，一种情况正如普鲁斯特书中所描述的那样，需要经过两个阶段。某人不经意间闻到了一种气味，通常在还没有反应过来之前他的情绪就发生了突变，对此他感到愕然和不解，并努力探究是什么记忆让他的情绪发生了变化。只有找到了答案，他才可以将该气味与某个记忆联系在一起。

还有一种情况是，气味唤起记忆这一过程的发生如迅雷不及掩耳，以至于似乎闻到某种气味就会想到某一件往事，而其中没有联系二者的情绪变化。在这样的记忆里，气味似乎凌驾于其他所有的感觉之上。在视觉和嗅觉均能刺激记忆的情况下，比如说一堆新鲜的锯末或几枝三齿蒿，结果总是嗅觉占据上风。光看看三齿蒿是不够的，还必须得闻闻。光看见锯末可能也不那么顶用，正是由于这个原因，普鲁斯特虽常在糕饼店里看到玛德莱娜蛋糕，但由于没有品尝,也就无法唤回过去的记忆,长此以往,蛋糕这一形象日后就可能会和新鲜的记忆联系在一起并最终与旧的联想隔绝。

实验室里的气味和记忆

气味所唤起的记忆真的更为久远、生动吗?比起那些与所见、所闻、所感联系在一起的记忆,气味所唤起的记忆与我们情感的联系更加紧密吗?参与唐纳德·赖德博士的调查研究的人认为情况正是如此,不过他们也许只是响应了一个经不起严格实验检验的流行看法而已,毕竟赖德博士和他的同事们没有就气味唤起的记忆的新旧以及嗅觉之外的感官刺激所唤起的记忆进行深入的研究。当代的心理学家们喜欢对个人的体验进行分类,正如接受赖德博士调查的人的体验(不错,还有那个借名字给"普鲁斯特现象"的人的体验),分类是在"轶闻证据"(anecdotal evidence)标题之下进行的,而这种做法没有受到什么推崇。为了进行更可靠的研究,在实验室里对"普鲁斯特现象"进行实验和比较更有益处,因为在实验室里可以通过实验方法对"普鲁斯特现象"加以控制。不少人作过这样的尝试,其研究结果也是毁誉参半。

大卫·鲁宾(David Rubin)和他的同事们给实验对象提供了多种气味或是相关的物品名称,比如樟脑球的气味或是"樟脑球"一词。实验者总共使用了15个刺激物,包括咖啡、宝宝爽身粉、薄荷、花生酱和巧克力等气味以及相关的物品名称。实验者让实验对象闻某种气味或看某个物品名称,之后要求实验对象写下该气味或物品名称所唤起的最初记忆。实验者要求实验对象用7个评估等级给他们所唤起的最初记忆的生动或清晰程度以及现在和当时他们快乐或不快的程度进行评分。实验者还要求实验对象记录下他们是否在记忆中看到了自己(弗洛伊德认为,在记忆中看见自己是早期记忆的重建特性的明证)、所唤起的记忆是否就是先前那个被唤起的记忆以及最近一次出现这个记忆离当前有多长时间等。记录下所唤起的记忆，实验对象紧接着必须尽可能准确地给记忆标注上日期，如"上周"、"去年"或"我10岁时"。

上述实验是专为测试"普鲁斯特现象"而设计的，鲁宾和他的同事们期望看到气味所唤起的记忆要比其他感官或刺激物所唤起的记忆要更加生动、更令人愉悦，更重要的是记忆发生的时间更久远。也许它们是实验对象在其中看见了自己的那些记忆，这样才能进一步证实记忆所发生的时间。不过事与愿违，实验结果表明，气味所唤醒的记忆与其他方式所唤醒的记忆的唯一不同之处在于，对于实验对象最近一段时间以来想都没有想过的事情，气味驻足的机会要稍大一些，或者可以说实验本身让他们头一次记起某些气味。作为"普鲁斯特现象"的实验证据，这一结果是非常糟糕的。

"普鲁斯特现象"果真存在吗？鲁宾的实验无法证实它并不存在。实验室条件从一开始就对唤起普鲁斯特式记忆大大不利。气味和遥远的记忆之间的联系因人而异。对某位实验对象来说，苹果派的味道会让他想起周日的午餐，而对隔壁的另外一位实验对象来说，是李子和奶油蛋羹的味道让他想起了同样的事情。因此，同是周日享受一顿美味午餐的感觉可以通过不同的气味表现出来。指责鲁宾没有将这些气味统统囊括在他的刺激物清单之列是不合理的，但是如果普鲁斯特效应果真存在的话，那么鲁宾实验的失败之处在于它没能让这种效应发挥出来。即使是换了普鲁斯特本人也会在这个实验中做得一塌糊涂，这主要不是因为没有菩提树茶和松糕之故，而是因为他花了太长的时间才找回昨日的记忆，而在他开始撰写关于贡布雷的故事之前实验就该结束了。

心理学家楚（Chu）和唐斯（Downes）运用了一种更为成功的实验方法。早期使用提示词方法进行的记忆研究表明，60岁左右的实验对象会想起很多关于童年和青少年时代的事情。这种"怀旧效应"对15~25

岁之间的记忆的影响尤为明显,如显示不同年龄段的记忆百分比的图2所示。实验中,楚和唐斯采用了与鲁宾一样的步骤:给实验对象提供诸如醋、爽身粉、墨水、止咳糖浆、薰衣草等气味或是相关的物品名称。楚和唐斯的实验与鲁宾的实验最关键的不同之处在于实验对象的年龄:鲁宾的实验对象平均年龄约为20岁,而楚和唐斯的实验对象平均年龄为70岁。实验结果也因此大相径庭。由物品名称所唤起的记忆在老年组的实验对象中以一种怀旧的形式表现出来,也就是11~25岁间的记忆量最大。从图2来看,在不同的年龄段由物品名称所唤起的记忆(黑色柱状体),其分布有着明显的起落特征:开始时呈增长趋势,然后达到最高峰,继而逐渐下降。而由各种气味所唤起的记忆的情形就大不一样了,6~10岁间的记忆量达到最高峰(白色柱状体),然后逐渐下降。可见,气味所唤起的记忆和物品名称所唤起的记忆是有很大差别的。从记忆存在的那一刻开始,也就是童年失忆症时期过后,老人由气味所唤起的记忆量几乎是物品名称所唤起的记忆量的两倍。

在上述研究成果中有个自相矛盾的地方。对70岁的古稀老人来说,其辨别气味的能力已大大退化,最多只能达到年轻时辨别力的百分之几。

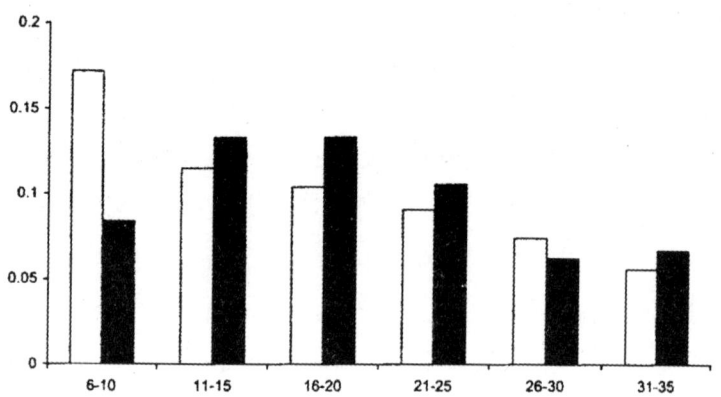

图2　不同年龄段自传体记忆平均分布图。白色柱状体代表气味所唤起的记忆,黑色柱状体表示相关物品名称所唤起的记忆。

人类的嗅觉能力在20岁后大幅下降，知觉阈限（perception threshold）却持续增长，知觉阈限是指引起某种知觉的刺激量。不过研究结果发现，正是嗅觉唤起了老人儿时的记忆。有些作者认为，这并非自相矛盾，而是解释的一部分。关于这个问题的解释很可能是，因为"旧的"联想不再受到新的联想的干扰，所以一直能够保持原样。我们能闻到的气味越来越少是因为我们的嗅觉记忆40年、50年或60年一成不变。其他的实验结果也说明，气味在记忆中留下的痕迹是相当顽固的。我们的记忆里储存了大量的东西，增加任何新的内容都会对以前储存的东西产生干扰作用，而这种干扰作用对于气味的影响则要小得多。正因为如此，现在学会辨别一系列新的气味对于以前学会辨别的气味几乎没有任何影响。一旦辨别了某种气味，其痕迹就会在记忆里保留相当长的一段时间，甚至可能持续终生。

另一种变相的解释是我们不再接触某种气味或味道。就像名车从街上急驰而过你毫不在意，而只是在碰巧看见路边停放的名车（比如一辆带画中画功能的甲壳虫车）时你才会记住它们一样，气味和味道会从你的生活中消失，有时是暂时的，有时则是永远的。这种情况可能发生在常见的婴儿食物（如：混有香蕉泥和橙汁的米饭布丁）上，也可能发生在孩提时可能每周都吃而过后再也没吃过的某些菜式上。其中的原因或是离开了家，或是烹调口味发生了改变，抑或是新式甜点几乎在一夜之间取代了一成不变的老式样。随着水果酸乳酪和调味奶油蛋羹登上了餐桌，大麦粥、酪乳粥、西米和木薯粉也就退出了我们的食谱，所以这些东西的气味和味道也就从记忆里消失了。那肯定一去不回的味道是混合了剩在碗里的番茄汤汁的布丁的味道，如果日后鬼使神差我们又尝到或闻到了相同的味道和气味，旧的联想还是那个老样子，而联想也会不费吹灰之力地引领我们回到童年的记忆之中。

嗅觉剖析

时有发生的是，神经病学上的发现与很久以前在截然不同的领域所开展的实验研究结果极为相似，所以一个融合了二者发现的理论可能会不可避免地出现,其原因主要是二者相互印证。目前心理学界普遍接受的关于"普鲁斯特现象"的解释就是这种情况。谈到对"普鲁斯特现象"的解释，首先得讲讲嗅觉和人脑的起源和发展问题。

从进化的角度来看，嗅觉是一个原始的感官，它是由神经管的两个凸出部分即嗅球产生而来。大脑中比较幼嫩的部分（如新皮层）包住了嗅球。嗅球只占到大脑总容量的不足千分之一，由鼻黏膜和嗅球之间的嗅质覆盖的通路非常短。鼻腔上部有嗅上皮，两个小的黄褐色片，每个面积为$1cm^2$。嗅上皮中存在600万~1,000万个嗅觉细胞，这个数字和牧羊犬共有2.2亿个神经细胞或是人类视网膜有大约2亿个感光细胞相比好像算不上什么。嗅上皮的颜色源于嗅觉细胞的纤毛，用黛安·艾克曼（Diane Ackerman）的话说，"它们径直伸出来，在气流中摆动，就像珊瑚礁上的海葵。"嗅上皮的细胞将来自嗅质的信号传输给其后面的两个嗅球，传导神经穿透颅骨内筛骨的齿孔，将感觉信息传送到大脑中枢系统，在那里感觉信息被处理和分析。用解剖术语来说，这好比位于脑前部的两个嗅球滑至鼻腔去迎接嗅觉刺激物。

嗅球的传导途径很短，因此很容易追踪。嗅球与大脑深层的区域，即大脑边缘系统，有着直接的联系。嗅球与其他部分（如新皮层）的联系是很少的。大脑边缘系统还有个大脑原始的系统发生部分，它由一些能唤起警觉和情感的结构组成。嗅觉和海马体之间也有直接的联系，海马体是脑内海马体状突起，是储存记忆非常重要的一个结构。嗅觉不是一个反应特别迅速的感官：我们首先要区分气味是好闻还是难闻，然后再花一些时间辨别出这是什么气味，不过嗅觉信号从到达到被储存之间的径路很短，而且没有任何旁路。嗅质如同一个大案要案嫌疑犯，正通过一个专用通道被带往法庭。

有了这个专用径路的代价是没有了与负责掌控和生产语言的大脑部分之间的接触。一旦被带到法庭上，嗅质就会安静下来。气味被认为是"沉默的感觉"（silent sense），它很难用语言来描述和形容，通常也难以从产生该气味的物体上找到参考答案。用词汇可以毫不费事地描述我们所见的一个橙子：圆的、橙色的、直径7.6厘米左右、皮上有些小坑。而我们闻到的橙子的气味只能描述成一个橙子的气味。在描述诸如甜、酸之类的气味时，常用的方法是借鉴其味道的文字描述，或是描述成对该气味的反应：令人愉悦、令人厌恶、美好或是可憎。十八世纪，瑞典植物学家林奈（Linnaeus）对植物的气味进行了分类，分类的主要标准是好闻或不好闻，总共有7类，包括芬芳的、特别芳香的、甘香的、刺鼻的、有大蒜气的、令人厌恶的、恶臭难闻的。一个引人注意的事实是，尽管盲人的嗅觉不是很灵敏，但他们辨别气味的能力还是比有视力的人强。这有可能是因为他们发觉定位某种气味来自何处比较困难，所以迫使自己全神贯注于该气味的品质。总的说来，由于气味源有限，分类和萃取不足，所以关于气味的词汇屈指可数。

正如上一章所述，自传体记忆是随着语言的发展而形成的。个人记忆的记载和保存似乎要求一定的抽象能力，或许这是出于语言本身的需要，或许是作为语言的副作用而发展起来的某样东西。从三四岁开始，失忆症逐渐消退，不过即便那时出现了"最初的记忆"，更明晰的、按时间顺序发展的记忆的呈现还需要几年的时间。楚和唐斯的柱状图代表了大多数记忆的研究成果，即自传体记忆的真正发展是从10岁左右开始的。这两位调查者还发现，气味所唤起的记忆，其峰值要比词汇所唤起的记忆量的最大值早出现几年，究其原因，可能是那个时期的记忆还没有运用到语言。由于大脑中嗅觉的特殊"装配"，嗅觉被直接引向海马体，所以它们只能沿着那条特别路径被激活。这或许可以解释为什么某种气味常使人想起的只不过是一种氛围、一种难以言表的情绪,到了后来,有时还要花很大力气,我们才能发现实际上是记忆在起作用。事件的发生过程与嗅觉的工作程序是非常匹配的:先是闻到某种气味,随即马上联想到该气味使你感觉适意或压抑,然后会花些时间辨识和确认。从这个观点来看,所谓的"普鲁斯特现象"不过是一场进化论和神经学的合谋。

味道和气味的恒久性

令人信服的解释就像犯罪动机一样,绝不能和证据相混淆。有些心理学家只有通过实验得出有说服力的证据,才会相信诸如"普鲁斯特现象"这样的东西存在,他们的怀疑不是完全没有理由的。气味是否果真能比其他感官唤起更早的记忆只能通过全面的比较研究找到答案。任何人,只要是选对了刺激物就会唤起童年的记忆,哪怕是通过其他的感觉。在尼古拉斯·马特西尔的自传体小说中,主人公看着弟弟杰安的一张照片,杰安不幸幼年夭折。照片中杰安微笑着,穿着一件用旧的羊毛线织成的条纹套衫。主人公看着杰安左肩上的环扣。"在左肩上,没错吧?我诧异地将双手放在杰安的左肩上,我注意到自己的双手,47岁了,手上已爬满了皱纹。是的,现在我想起当时我们在杰安的左肩上用手指玩排兵布阵的游戏了,通过环扣的环孔,我们钻进了最后三四个环扣——你真的不能把它们叫做扣眼。"在这里,一个手势、一种蕴藏指间的情感唤起了主人公那忘却已久的童年细节。在杂物拍卖活动上,一部旧款收音机的神秘绿光可能会让你突然想起瑞士一个名叫"伯诺蒙斯特"(Beromünster)的小站。看见一个针线盒也会让你浮想联翩,你会想起母亲特意清理过的桌子,并在上面放了从《妇女周刊》上摹画下来的衣服式样。物品和记忆之间的联想是短暂的,而刺激物是意外偶然的。这两者之间的共同点是它们很难通过实验的方法获取。联想和刺激物过于短暂,过于个性化,与某一特定的年龄群体或社会圈子的联系过于紧密。所以说量化的实验结果是无法表明普鲁斯特现象的。

甚至在普鲁斯特那里，气味也不能垄断早年的记忆。在《追寻逝去的时光》一书的后面部分，主人公跳出电车道时几乎失去平衡而摔倒，这让他想起了很久以前在威尼斯参观过的一座教堂里不对称的地砖。还有就是他用一张浆硬的餐巾纸擦嘴，让他马上想起了孩提时在暑期入住的巴尔贝克（Balbec）酒店里的浴巾。即便如此，还是气味唤起了更久远的记忆，这也是为什么嗅觉总是让普鲁斯特陷入冥想的原因。在书中，就在他想起了很久以前利奥尼姨妈泡在茶中的蛋糕之后不久，他思忖着："曾几何时，遥远的过往无一幸存，人逝物非，但是依然有东西存在，它们孤零零的，更加脆弱，但是更加生动，更加持久稳固和忠诚，而气味和味道就像灵魂，长久地守候着，准备给我们以提示，在其他的东西灰飞烟灭之时，等待和期盼着属于它们的时刻到来……"

第4章

刻骨铭心的记忆
羞耻是用永不褪色的墨水记录下来的
Yesterday's record

在14岁左右时,我常代表留瓦顿基督教中学(Christian High in Leeuwarden)参加校际国际跳棋比赛。虽然棋术不是特别好,也谈不上有什么专业技巧或天分,可是我很迷恋下棋。参加跳棋俱乐部的人,在上第一堂课时就被警示要小心开局圈套,我却置若罔闻,所以早早就成了不受欢迎的角色。校队中棋下得最好的是约翰·凯佩尔,第一盘棋都是他来下,水平仅次于约翰的棋手下第二盘棋,依此类推,最差的棋手下最后一盘棋。

有一天,我们迎战镇上一个高年级学校。该校的头号棋手名叫哈姆·威尔斯马,虽然他只有13岁,但已是弗里斯兰省(Friesland)响当当的传奇人物。比赛开始前,队长把我们召集起来,说他想了一个办法。"这个威尔斯马太厉害了,"他说道,"用我们最棒的棋手和他对阵真是浪费和可惜了,因为任何人和他下都会输。约翰和对方的第二盘棋手下会更好。"我们都在顺着他的思路往下想,这时候有人开口说话了,"但是这样定的话,那个人,嗯……",他的话还没说完大家全都明白了。有五六个人同时转头看着我,霎时我的脸涨得通红,我点头示意明白并坐到了第一盘棋手的位置上。

受辱经验为什么让人记忆深刻

为什么我们对羞耻有着如此清晰的记忆呢?

问问某人他是否记得一个让他感到羞耻的时刻,你可能会得到一个非常生动而具体的答案,就好像那人一直都保留着有关那档子事的专门记录。

羞耻是用不褪色的墨水记录下来的，它们绝不会随着时间的流逝而消失。即使我们老去，它也会如影随形。

德国著名心理学家威勒姆·翁特在88岁的时候写了一本自传《经历和所知之事》(*Erlebtes und Erkanntes*)，他清清楚楚地记得小学头几年里被同班同学欺负的情形，他还记得上中学的时候，有一次一位老师在全班同学面前向他大吼，说有教养的父母（翁特来自牧师和学者家庭）生养的孩子并非个个都能成器，还说也许邮差这份工作最能让他发挥长处。75年过去了，翁特还记得这件事，恍如昨天发生的一样。

在对自身的记忆进行了数年的日记式研究之后，瓦格纳对那些"特别令人不快的事件"（在这些事件中他本人是主要当事人，他称之为"我最严重的罪过"）的回忆作了一个特殊的分析。

所谓"特别令人不快的事件"是指使人面红耳赤或是让人感觉自我形象公然受损之类的耻辱。在4年的实验研究中，瓦格纳一共记下了1605件事情，而其中有11件可以被归为这类事件。在一篇日记中，瓦格纳写到他曾傲慢地斥责一位将车子停在他家门口的妇女，就在那一刻他发现她原来是个残疾人，而她也是经过特许而前来拜访他的邻居的。实验证明，这一类记忆比其他任何类型的记忆都更容易被唤起，比如与它相对的特别愉悦的记忆（他本人是主要当事人），以及另一种特别不快的记忆（他本人不是主要当事人）。尽管总的来说瓦格纳忘记不快的事情比忘记快乐的事情更快，但是那些最令人不悦的记忆似乎已经被精心地保存下来。

瓦格纳假设，我们之所以清楚地记得不快的事情是因为我们需要前车之鉴来不断完善自我形象，而我们的记忆也特别擅长储存那些最有损自我形象的事情，这可以确保我们的自我形象不会与现实偏离得太远。在这个意义上，我们"最严重的罪过"与羞耻的经历都有着一种隐秘的作用力。羞耻的经历能够长年保鲜，威力一如当年。有些当众受辱的经历不止损害了我们的自我形象，还会让我们的生活发生巨变，而随后这些经历也被保存在记忆里。但即使是那些我们在回顾人生时并不特别看重的受辱记忆也有一些特殊性。

回想受辱经历时你会看见自己

当人们描述起曾经当众受辱的经历时，其情之深、之切就好像事件已经被活生生地储存在记忆里了。想起和描述那些当众受辱的经历和当时事发的经过一模一样："那个家伙没敲门就走进来，一屁股坐在我的书桌边上，我望着他，他很冷静，说道……"这样的记忆让我们想起了早期的电影，当时的编导制作水平还处于起步阶段。当众受辱的经历就像卢米埃尔兄弟（电影和电影放映机的发明人——编者）制作的许多早期电影短片，通过我们记忆的放映机放映出来。

人们记得当众受辱的经历是因为事情的发生超出了当事人的承受能力，只要达到无法承受的尺度，人们就会一而再、再而三地作出同样情绪的反应。我曾见过古稀老人因为70年前所受的侮辱而面红耳赤。即使是过了半个多世纪，想起以前所受的屈辱人们还会气愤得浑身发抖或是狂怒地捶打椅子的扶手。一说起以前那些尴尬事，你就想再次捂上眼睛或是将脸扭过去。

关于当众受辱的记忆还有一件令人称奇的事情，那就是回想那段经历时你可以看见自己。想起曾经受辱的事情，你会看见自己当时因情绪激动而涨红的脸，看见自己在极力掩饰被伤害的情感，你还会看见其他人幸灾乐祸或是怜悯的神情。这一切就好像你并不是亲自记录下了当时的情景，而是这个情节中的一个旁观者。回想起当年屈辱地迎战对方最强劲的棋手，我依然看见自己点着头，向第一盘棋的位子走去。当翁特想起那位教师侮辱性地给他提供职业建议的时候，他一定看见了自己坐在课桌前的样子。任何自觉受了侮辱的人都会以一个旁观者的身份马上看见自己当时的表情。

或许上述说法还可以解释令人不快的记忆缘何如此生动。作为当事人，你亲历了尴尬、愤怒和疑惑，了解自己的内心感受，而这些被原汁原味地记录在案，同时也被当作对一个外部事件的登记储存下来。该记录记下了其他人，或者你自己，在事发时对你的看法。所有的事情都是以重制叠加的形式储存起来的。在这个记录里是屈辱，而在那个记录里就是下头盘棋的最差棋手。

第 5 章

闪光灯记忆

肯尼迪总统遇刺时,你身在何方,跟谁在一起?

The inner flashbulb

如果有人随便指定五六年前的某一天，比如说1997年8月31日，问你那天在哪里，做什么，和谁在一起，天气如何，你可能回答不上来。你不太可能听到诸如"让我想想，那天是星期天"这样的提示，即使听到了也不会觉得它能帮上什么忙。像大多数久远的日子一样，那天也似乎早就被忘记了。

　　可是你一旦知道1997年8月31日这一天是英国王妃戴安娜因车祸丧生的日子，情况就完全不同了。如果追溯听到噩耗的那一刻，你可能还记得起是谁告诉了你这个消息，是家里的某个人或是电台、电视台播音员，你还会记得当时身在何处，和谁在一起，在做什么，以及你闻讯时的第一反应以及周围人的反应。

　　这种对事件报道以及事发环境的记忆就是我们所说的"闪光灯记忆"（flashbulb memory），这个富有表现力的术语是由心理学家布朗（Brown）和库里克（Kulik）于1977年提出来的。两位心理学家注意到，人们在听到令人震惊的消息时不仅会记住事件本身，还会记住与事件相关的细节。美国总统肯尼迪遇刺身亡就是一个典型的例子。在总统遇刺的每个周年纪念日，美国媒体都会刊载有关人士对惊闻噩耗那一刻的个人闪光灯记忆。在美国传媒界这类题材可谓司空见惯，甚至有些媒体开始用轻松的方式处理这一话题，比如森林里的动物们争相说着当它们听到小鹿斑比的妈妈被猎人射杀时它们身在何处。

　　对于肯尼迪之死最富戏剧性的闪光灯记忆来自一所寄宿学校的老师德瑞克·韦肯。那天放学后，他带了一组学生去射击场练习射击。过了一会儿，韦肯决定回校备课。他请求射击教师,一位名叫凯麦伦·肯尼迪的年轻同事帮他锁好射击场的大门,而这是有违校规的。韦肯把枪和子弹柜的钥匙给了同事后就离开了。当他回到学校伏案工作时,房门被猛地撞开了。一个学生大叫着:"先生!先生!肯尼迪被人打死了!"韦肯带着恐惧和战栗跑到学校礼堂,学生和老师们都站在那儿激烈地谈论着此事。女校长神情严肃地走到他面前,告诉他肯尼迪总统被刺杀了。韦肯终于松了一口气:"饭碗还在,太好了。"

脑海中的"现在打印"指令

尽管"闪光灯记忆"这一术语直到1977年才被提出来,但是该现象的存在已经有很长一段历史了。1899年,有关学者对美国总统亚伯拉罕·林肯被暗杀事件进行了自传体记忆研究。研究结果表明,在179名被调查者中,有127人能够说出闻讯时他们身在何处并在做什么。可见,被调查者对33年前发生的刺杀案有着闪光灯记忆的特征。一位76岁的老妇回忆道,她当时正站在炉边准备晚餐,她丈夫走进来,告诉她那个消息。一位73岁的老人说,"我正忙着修补篱笆,我甚至记得当时站立的具体位置,这时W先生走过来,告诉了我总统遇刺一事,那是早上9点钟左右。"有些人回忆起这件事就像在脑海中放电影一样,所有的场景都清晰而生动。下面是一段回忆,略有节选:

> 父亲和我乘马车去缅因州的某个地方采购我毕业所需的"行头"。当我们从一座陡峭的山上进入市区时,觉得有什么不对劲,一路上行人个个神情哀伤。父亲拽住缰绳停下马车,侧身问路人:"朋友!怎么了?出什么事了?""你没听说吗?"那人答道,"林肯被刺杀了。"缰绳从父亲手中滑落,他的眼泪夺眶而出,他坐在那里,一动不动。这时我们已离家很远,而且有很多事必须办,最后我们办完了事,心情还是格外沉重。

布朗和库里克使用"闪光灯"这一比喻的本意不是暗指记忆像一张照片，多年以后还可以研究这张照片大大小小的细节。他们的本意是：除了当时的场景以外，这种记忆往往还包含各种各样偶然进入照片的细节。比如，那个告诉你林肯被刺消息的人，他当时神色慌张，穿着一件用松散的毛线织成的毛衣。布朗和库里克在研究报告中写道，这就好像你大脑中某个地方有个"现在打印！"的装置，该装置被激活后，事件也被原原本本地展现出来。

就肯尼迪总统遇刺或戴妃之死这类事件来说，这种闪光灯装置似乎点亮了全世界人民的记忆，而有些事件只能唤起全国性的闪光灯记忆，比如瑞典首相帕尔梅1986年遇刺，英国首相撒切尔夫人1990年辞职。其余的就是个人的闪光灯记忆了，比如，你听到所爱的人的坏消息。在布朗和库里克所做的调查中，他们研究了有可能引起闪光灯记忆的10件大事，其中包括肯尼迪总统、肯尼迪总统的弟弟罗伯特·肯尼迪、黑人民权领袖马丁·路德·金等著名人物遇刺，福特总统等人的谋杀未遂事件，以及西班牙独裁统治者弗朗哥将军等人的自然死亡等。这些事件所唤起的闪光灯记忆的数量是不等的，正因为如此，被调查者中似乎只有半数的人对罗伯特·肯尼迪之死有闪光灯记忆。从被调查者的人种来看，参与调查的美国人中有40位黑人和40位白人，这好像也对调查的结果产生了影响。

在参与调查的美国人中，黑人对黑人活动家马尔科姆·X遇刺的闪光灯记忆要比白人对此事件的闪光灯记忆多。对马丁·路德·金遇刺的闪光灯记忆也是如此。闪光灯记忆相差最大的案例是黑人民权领袖梅加·埃弗斯遇害事件，埃弗斯在1963年被一位白人种族主义者射杀。调查发现，没有一位白人对此事件有闪光灯记忆。而对福特总统谋杀未遂事件和弗朗哥之死，白人的闪光灯记忆要比黑人的多。乍一看，人们可能会对乔治·华莱士谋杀未遂事件引起的闪光灯记忆的调查结果感到不解，华莱士是一位黑人极端右翼政客，按照逻辑，黑人对该谋杀未遂事件的闪光灯记忆应该比白人的多，但实际情况恰好相反，其原因可能是华莱士所倡导的运动受到黑人更强烈的抵制。

闪光灯记忆＝照片？

为什么会有导致闪光灯记忆的机制存在呢？为什么我们不只是记得事件的报道，就像在大多数事件中所见、所闻的一样？布朗和库里克试图从神经生理学的角度来寻求答案：情感的突然奔涌，告知大脑必须在短时间内储存比平时更多的细节资料。他们认为"现在打印！"的指令是一个进化的痕迹，它的发展先于语言或其他抽象交流形式的发展：如果你突然从一个时刻被甩到另一个时刻，被置于一个不得不接收有着深远影响的信息的情境里，那么重要的是要尽可能多地记住该情境各方面的情况，只有这样才不致于再次陷于这样的境地。对此解释有人驳斥道，如果人们真的身陷危及性命的情境，比如说成了武装劫持的受害者，他们的视野似乎会变得更加狭隘，所以他们事后回想得起当时看到劫持者的喉结紧张得上下移动，但却记不清劫持者是否穿了外套。

遗憾的是，布朗和库里克无法评估调查对象的闪光灯记忆的可靠性。不过，自从他们发表了第一篇研究报告之后，闪光灯记忆的可靠性就成了热门的研究。闪光灯记忆果真是像照片一样逼真的副本吗？它们是抵制遗忘和歪曲事实现象的可靠论据吗？心理学家奈瑟否认以上两点。他认为，闪光灯记忆并不如"现在打印！"机制所示的那样依赖于一种特别的信息编码方法，而是基于我们加工处理这些记忆的态度，那些令人震惊的消息和事件让我们有更多的机会与别人一起回顾和谈论它们。回顾和反复谈论使我们能够妥善地将对该事件的记忆储存起来，以便在日后轻易地提取它们。由此看来，记忆不是置身于脑海中的照片，而是我们常对自己和别人讲的一个故事，讲得多了，自然也就不会被忘记。在奈瑟看来，以上观点还可以解释为什么记忆会逐渐沿用叙事的结构，包括在哪里发生的，谁告诉我的，都有谁在场，我是如何反应的，而这些都是一个被人讲烂了的故事的要素。

故事，哪怕是我们对自己讲的故事，也是不断变化的。让我们来看看一个闪光灯记忆的案例吧。1986年1月,也就是美国航天飞机挑战者号升空爆炸后的24小时之内,奈瑟和他的同事哈奇(Harsch)给100多名学生发放了一份问卷调查表。学生们要回答从哪里得到的消息、当时身在何处、在做什么等问题。32个月后,这些学生又回答了同样的问卷,结果和第一次的大相径庭,甚至对从哪里得到的消息和当时都有谁在场等问题的答案都与第一次的回答有很大出入。一个普遍的错误是,在第一次调查中不到9人称是从电视上看到的消息,而在第二次调查中这个数字增加到了19人。显然,有关挑战者号失事这一事件在事发后曾被多次提起,并对闪光灯记忆造成了干扰。在第二次调查中,有四分之一的学生弄错了主要事实。奈瑟总结说,闪光灯记忆和其他的自传体记忆没有什么不同,它们也是有可能被忘却的。

著名的自传体记忆研究专家马丁·康威(Martin Conway)对奈瑟的结论持不同观点。康威将之前10—15年间所做的关于闪光灯记忆研究的一份报告编入自己的著作《闪光灯记忆》(*Flashbulb Memories*)中。他认为,奈瑟的理论无法解释那些不重要的细节,也就是布朗和库里克曾经评论过的关于机会事件的记忆为何能够被长期保存下来的问题。毫无疑问,与个人经历(如女人想起月经初潮)相关的闪光灯记忆是由各种不相关联但却生动的细枝末节构成的,而这些细节的东西正是其他形式的自传体记忆所没有的。康威在著作中写道,比起"普遍的"记忆,闪光灯记忆更像一个连贯的整体,而普遍的记忆通常是由局部性重建和阐释构成的。自传体记忆所唤起的是那些日渐鲜明和完整的回忆,闪光灯记忆却如同照片一样,任我们随时随地、随心所欲地提取信息。

由此看来,我们的直觉似乎是正确的。回想起惊闻戴妃香消玉殒的那一刻,我们会马上记起当时自己身在何处,甚至可能想起当时自己是站着、坐着还是躺着。所有这一切在我们消化接收到的信息之时,就被囊括进大脑正忙于储存的形象里。脑海中的照片,或者说电影短片,或许最终难逃被遗忘的厄运,但是它肯定比其他大多数的记忆更加经久不衰。试问,还记得你在1997年8月30日或9月1日那一天在做什么吗?

第6章

记忆的方向
记忆的录像为什么没有后退的功能?

'Why do we remember forwards and not backwards?'

抛开网络，重新从纸本收集资料的乐趣之一，是你可能得到意想不到的收获。翻阅某期刊全年的资料，无论从前面的目录还是从后面的索引，都可以找到你想要看的内容，你会出其不意地发现，这种早已过了时的研究方法可能带来的收获有时会比想要搜寻的东西更有价值。刚才我还在翻阅1887年的《心理》(*Mind*)杂志，为的是找一篇评论文章，这时一篇文章的标题猛地跃入眼帘："为什么我们的记忆是前进而不是后退的？"起初我对这个问题不以为然，本来我已经带着那篇想要的评论文章的复印件离开了图书馆，突然脑海里又闪现出这个问题，于是我又折回头，通读了那篇文章。

文章不足4页，作者是弗朗西斯·赫伯特·布拉德利（Francis Herbert Bradley, 1846—1924），一位牛津大学唯心主义哲学家。布拉德利用寥寥几段话语就说明了对一个简单的问题不能总是给出一个简单的答案。

关于记忆的方向性问题，简单的答案就是记忆复制了事件的过程：首先有X，然后有Y，你可能希望按照这样的顺序记住它们。但是细细想来却不甚明了，这也是为什么我折回图书馆的原因，为什么回忆的顺序应该与储存事件的发生顺序一致呢？回忆往事时我们总是一成不变地从另一头进入，可以说：在记忆的归档机制里，最近发生的事件放在最上面，就像文件夹里的银行账单最新的放在最上面一样，如果要翻看记录，你会先看到Y，然后才是X。那么为什么我们的记忆是前进而不是后退的呢？

现在，一个无可争议的事实是我们的记忆是前进的。我想起了1986年在墨西哥举办的世界杯上马拉多纳踢进的第二个球。当时马拉多纳在后场得球后10秒内疯狂突进50余米，连过英格兰队三名后卫，然后虚晃一枪骗出对方门将后起脚破门。我只能向前记住这个经典进球的过程，无法让球从射门命中飞回到马拉多纳的脚上，马拉多纳飞速地倒退（却弓身向前），连过往后移动的对方球员，最后回到记忆开始的地方。我的记忆录像里没有"后退"功能。运用上述比喻，我可以将录像带倒回该场比赛早一点的时刻，即第二个进球前4分钟马拉多纳用一记"头球"攻破了对方的球门，也就是闻名世界的"上帝之手"。但是如果我再次重温"上帝之手"这个破门杰作，记忆还是会以"播放"的形式往前进。阅读布拉德利的文章之前，我从未意识到这个事实，即记忆诚然可以在时间上带你后退或向前，但是回忆往事时只能是按照事件本来发生的顺序。

时光倒流的想象试验

只有通过想象实验（thought experiment）的方式才能将记忆倒转，不过即使在这样的情况下所测试的也是想象力而非记忆力。你一定看过倒带播放的电影，见过某人挣扎着跃出湍急的水面挥手求救，然后只剩下水面一片平静的场景。倒转记忆就像倒车，你做得到，但是你知道车子可不是为了倒退而制造的。倒退着生活只是在诗歌和小说中才有的事儿。在简·汉洛（Jan Hanlo）的诗作《我们出生了》(*We are born*)中，灵车用缰绳将马拖回了太平间，在那里哀悼的人们折回到大门口。几天后，死去的人在灵堂里醒过来了。身体复原之后，他开始工作。要做的事情太多了：桥梁必须摧毁，城镇要夷为平地，煤和石油得重新埋回地下，工作是刺激的，食物在炉子上冷却。学校放学后，椅子在站着等我们呢："学校让我们忘记了所有已经学会了的东西。"不过在这首诗中，所有的人物只是有动作却没有语言。只要有人一开口，时光倒流的想象实验就不会再按原样进行。这种想象实验最大胆的尝试是马丁·阿米斯（Martin Amis，英国当代作家）的小说《时间箭》（Time's Arrow）中，小说以主人公之死开头，然后采用独特的倒叙手法。尽管对话是倒叙的，但是小说中人物所使用的词语和句子却不是颠倒的。没有人能够理解颠倒着说的语言。赫瑞特·克罗尔（Gerrit Krol）在一篇有关时间的论文中写道，倒叙的话就像扭转了指针方向的指南针。"只要一松手，它又会弹回到原来的位置。同理，不管你如何改变，每个句子都体现着觉察不到但却普遍存在的标准时间力，每个句子都会自动地采纳一个按时间顺序扩展的故事方向。"对常规的离经叛道不可能完全背离其准则。

　　布拉德利试图从大脑的生物学功能的角度寻求记忆向前发展的原因。"生命是一个不断衰退和修复的过程，是自始至终与危难进行抗争的过程，如果我们要活着，我们的思维就必须向前走。"那时，达尔文去世还不到5年，人们对思维功能（mental function）的阐释也带有达尔文式进化论的色彩。我们的大脑在记录个人感知和经历时，也会同时着眼于未来。只有在一种情况下，我们才会把过去发生的事情当回事，那就是该事件能够让我们预计到前面有什么东西在等待着我们。从这个角度来看，记忆并不专注于已经发生的事情，而是着眼于将要发生的事情，这也就是为什么我们的记忆是面向未来的。我认为这个解释很有说服力，也很合乎常理。我们的记忆显然是被设计过的，这样它所关注的就是未来的变化。回忆是服务于期待的。

　　一开始读布拉德利的文章时我对文章所述的记忆的方向性问题不甚了了，直到我将之"翻译"成一个比喻才恍然大悟：记忆就像一部你可以快进或快退，但是在回放时只有按前进才能观赏的影片。布拉德利的文章写于1887年，距离电影技术问世还有8年，文中他用了一个经典的比喻来说明问题：时间就像一条河，事件就像河流中的物体。不过这个比喻有时很难行得通。河流本身是没有方向的，所谓的方向只是相对于外部的某个点而言的，比如河岸或某位旁观者。我们习惯性地认为时光之河向前流淌，朝着未来的方向，但是在我们经历事件时，却感觉事件好像是在从未来走向我们。布拉德利在文中总结道，关于记忆的方向性问题实际上应该这么问："既然事件总是倒退的，那么关于这些事件的记忆为何总是选择另外一个方向呢？"

为了让读者更加容易理解和明白自己的观点，布拉德利打了一个比方。他说记忆像照相机，先拍X，后拍Y，且只有按照这样的顺序才能冲出底片。如果布拉德利的文章写于10年后，也就是电影技术发明之后，他完全可以运用电影这个比喻。1887年，静态的照相机这个比喻依然是记忆理论研究领域的宠儿。该比喻支持了这样一个观点，即记忆是一个像影印一样原汁原味地储存图像的工具，换句话说，这个观点与"照相记忆"（photographic memory）这一术语紧密相联。在当时，神经病学认为记忆是恒久不变的痕迹记录，该记录可以根据人们的意愿"冲洗"成一个静态的光学照片。正如在一个感光照相板上冲洗照片一样，图像是根据"develop"这个词的双重含义（"冲洗"和"发展"）而定格在记忆里的。这就是为什么布拉德利这位撰写记忆的方向性之人其实用不着照相机这个比喻的原因，因为静止的东西是没有方向的。

电影诞生于1895年，是由法国的卢米埃尔兄弟发明的。卢米埃尔兄弟在里昂经营一家生产相机底片的工厂，取得了一系列以其名字命名的照相技术专利。19世纪90年代初，各种快速连续放映单个图像以说明活动过程的技术相继出现了。1891年，爱迪生发明了"活动电影摄影机"（kinetograph，即摄影机）和"活动电影放映机"（kinetoscope，即放映机），但是活动电影放映机每次只能放给一个人看，而且所放映的人物动作也很呆板。卢米埃尔兄弟于1894年参加了在巴黎举办的一个活动电影放映机展，之后他们决定研制一种更好的摄影和放映方法。

活动影片的发明中最关键的一步是卢米埃尔兄弟设计的活动摄影机。

活动摄影机通过一个咬合装置牵动赛璐珞的打孔条带,可以让曝光时间减少到1/25秒。这个装置也被应用在放映过程中,放映时图像在放映灯前停留的时间为每一转的2/3,这个时间刚好足够将图像清晰地投射到银幕上。1895年12月28日,卢米埃尔兄弟在巴黎公映了他们的第一部电影,放映地点是卡普辛路14号大咖啡馆的"印度沙龙"。这个世界电影的处女秀取得了巨大成功。两年后,卢米埃尔兄弟共拍摄了385部短片,每部的胶片大约有17米长,放映时间约为1分钟,随着放映速度的不同而略有差异。卢米埃尔兄弟自拍的第一部短片名叫《工厂的大门》,讲述的是工人们离开里昂的工厂去吃午饭的情节。卢米埃尔兄弟俩的寿命很长,这也使得他们能够亲历电影技术发展史中许多振奋人心的事情,哥哥路易斯·卢米埃尔和弟弟奥古斯特·卢米埃尔先后于1948年和1954年去世。

电影放映机的诞生也赋予了视觉记忆一个新的比喻。1902—1903年间,法国哲学家亨利·伯格森(Henry Bergson)在法兰西公学院(Le Collège de France)作了有关时间的系列讲座。在讲座上,伯格森提出了一个支持布拉德利观点的问题。他说,如果我们的经历确实由无数独立的感知组成,那么我们怎样把握这些感知的运动和变化?也就是说,我们的感知是由一套"由意识拍摄的现实快照"所组成的,但我们意识中的图像却是活动的——这是个未解之谜。伯格森的讲座时间是在卢米埃尔兄弟活动电影机首映的8年之后。与布拉德利不同,伯格森充分地运用了电影放映机这个发明来说明静态摄影比喻所欠缺的技术上的类比性和概念上的可能性。假设某人想再现行军中士兵的活动图像,伯格森认为有效的方法就是"拍下行军中军团的一系列快照,然后将这些即时的图像一幅接一幅快速地投射到银幕上"。在每一张快照上,士兵是站立不动的。士兵动不起来,是因为"将静止和静止并列,无论有多少张图像,也绝不会制造出活动的效果"。要让图像动起来,必须借助相关的设备:"因为电影放映机的胶片被卷动了,剧情的各个图像依次导出,连续不断,这样剧情中每个演员就恢复了动感。"正是这种静态图像的快速连接制造了活动的效果。伯格森在讲座中总结道:"这就是电影放映机的工作原理,同样也是我们大脑的认知原理。"电影放映机帮助我们解决了"运动创造于静止之中"这一自相矛盾的说法。

面对一台古色古香的、伯格森时代的电影放映机,凝视着这个装有板条、玻璃、放映灯、链条、齿轮和卷盘的柜子,我们真的很难想象这个东西如何与人类的记忆有相似之处。一位技术史家可能会这样来打消我们的疑虑,他会说电影放映机对于生平头一次有了活动图像记忆的公众来说,其影响是深远的。电影的魅力曾经是巨大的,这一点可以从那个时代的日记、信件和报纸报道中找到佐证。不过所有的这一切仅仅是再现而已。对于在数字时代成长的年轻人来说,即使有心了解先人对于摄影术或电影术的惊叹,也不可能体验那种惊叹之情。在卢米埃尔兄弟的电影首映100年之后,当初对电影的狂热和迷恋已不复存在。历史的记忆似乎印证了布拉德利关于人类记忆方向性的论述——只能前进。

第7章

博尔赫斯笔下的绝对记忆
幻想与现实中的记忆超人

The absolute memories of Funes and Sherashevsky

阿根廷短篇小说家、评论家及诗人豪尔赫·路易斯·博尔赫斯（Jorge Luis Borges）在他的一篇扑朔迷离的小说中，向读者介绍了一个名叫伊雷内奥·富内斯（Ireneo Funes）的人物，这个名字的意思是"走出黑暗"。1884年的一个夜晚，叙述者和他的表兄贝尔纳多在乌拉圭遇上了暴风雨。天空乌云密布，南风劲吹。黑暗中突然出现了一个男孩的身影。表兄大声朝他喊道："伊雷内奥，几点了？"伊雷内奥既没看表也没看天色就回答道，"贝尔纳多·胡安·弗朗西斯科，差四分八点。""宛如高精密计时器般的富内斯"似乎对时间有种分毫不差的感觉。

叙述者几年后回到乌拉圭，他听说富内斯不慎从一匹桀骜不驯的马上摔下来，落了一个终身残疾，只能在行军床上度日。自从堕马后富内斯有了令人咋舌的两大绝活：细致入微的观察力和绝对记忆力（absolute memory）。富内斯能看见、听到和感知一切，并且经久不忘。堕马事故让他的记忆变成了一个完美的存储器。叙述者决定前去拜访富内斯。当他穿过铺了花砖的院子走进富内斯的房间时，他听见有人在背诵拉丁文文章，此人正是伊雷内奥·富内斯。这个残疾的孩子并不懂拉丁文，他是在床上记忆下来的。他背诵的那几段摘自古罗马著名学者普林尼（Pliny）编著的《自然史》（Naturalis Historia），更准确地说是第17卷第24章的内容，说的是波斯帝国的开国君主赛勒斯（Cyrus）大帝、本都（Pontus）王国的米特里达梯六世（Mithridates Eupator）和古希腊诗人西摩尼得斯（Simonides）等人的惊人记忆力，赛勒斯大帝记得军队中每位士兵的名字，米特里达梯六世会说王国里所有22种语言，西摩尼得斯则是记忆术的发明者。在其他人看来，这些人的记忆力足以让人瞠目结舌，而对富内斯来说，这不过是世界上再平常不过的事情了。

在博尔赫斯看来，富内斯能够背诵描述伟大人物非凡记忆力的篇章，其实是个镜像效应（mirror effect），不过他还是用这个事实来说明富内斯的超凡记忆力在历史传记记录中是绝无仅有的。这个孩子的记忆力是绝对的："他记得1882年4月30日早晨南边天空上乌云的形状，在记忆里他将之与只见过一次的一本书大理石印花装帧页上的纹路相比较。"他见过一匹小马身上杂乱的鬃毛，见过一团不断变化的火焰，在漫长的守丧期间也见过一位死者的多张脸孔，这一切都铭刻在他的心里。他记得"不仅仅每片森林里每棵树上的每片树叶，还有每次对那片树叶的感知或想象"。富内斯躺在床上说道，"我本人的记忆比开天辟地以来所有人类的记忆还要多。"他觉得自己在堕马前就是个盲人和聋子，什么也看不见，什么也听不到，瘫痪在床就是为自己获得的绝对无谬的观察力和记忆力付出的一个小小代价。

不过，从叙述者与富内斯的对话来看，展现在我们面前的富内斯是个身体有残障、心理有缺陷的孩子。他的绝对记忆力与其说是福不如说是祸。为了尽量减少外界事物的影响，他一直长期把自己禁锢在黑暗里。只有夜晚来临的时候，富内斯的床才被挪到窗边。他的记忆让他没有片刻的安宁，他夜夜失眠："躺在小床上，在房间的昏暗处，富内斯可以画出墙上的每一道裂缝，周围房子的每一个线条。"为了能够入睡，他想象一些从未去过的黑屋子，并全神贯注于那些黑屋子一模一样的漆黑。这种令人难耐的局面一直持续到1889年，那一年富内斯死于肺淤血水肿，死时不满21岁。

富内斯的故事最早发表在1942年的《国家杂志》（*La Nación*）上。1944年，博尔赫斯在作品《虚构集》（*Ficciones*）中又收录了这个故事。可以说，伊雷内奥·富内斯就是一个能行走的想象实验（如果有人可以用伊雷内奥·富内斯这一短语来描述一位瘫痪者的话）。绝对记忆所带来的后果是什么呢？记忆对一个能永远运用记忆的人来说意味着什么呢？博尔赫斯作品的主要翻译者贝尔-韦拉达（Bell-Villada）称，富内斯的故事实际上是一篇关于知识和记忆的哲学文章，只不过是以文学作品的形式加以表现罢了。他说得没错。富内斯这个故事就是博尔赫斯对以下问题给出的答案："假设某人什么都能看见，什么都忘不了，那么他的思想、行动和经历该是什么样子的呢？"通过富内斯的故事，在此借用一下贝尔-韦拉达巧妙的比喻，博尔赫斯从幻想的棱镜里看到了正常的心智生活的现实。由于博尔赫斯在写这个故事时没有任何关于绝对记忆的文献可供参考，所以他的这一想象实验的结果可以用下面的案例研究来检验。

现实中的记忆超人

在世界的另一头，在另一个世纪，有一个人真实拥有像富内斯一样的记忆。他的名字叫作所罗门·舍雷舍夫斯基（Solomon Shereshevsky），系犹太裔俄罗斯人，出生年月不详。俄罗斯神经心理学家亚历山大·卢力亚（Aleksandr Lurija，1901—1977）以舍雷舍夫斯基为主要对象作了一个案例研究，关于此案例研究的脑神经文学著作于1965年夏面世，1968年英译本出版，题为《记忆大师的心灵》(The Mind of a Mnemonist)。卢力亚在20世纪20年代中期结识了舍雷舍夫斯基，当时舍雷舍夫斯基年届30岁，在一家当地的报纸当记者。舍雷舍夫斯基具有超凡的记忆力，卢力亚用了长达30年的时间来观察和研究这个案例。

舍雷舍夫斯基的故事与博尔赫斯的文学虚构有着异曲同工之妙。其相似之处不仅在于舍雷舍夫斯基和富内斯都有着超凡的记忆力，还在于博尔赫斯和卢力亚二者研究领域的密切相关性（顺便一提，他们都不了解对方的作品）。博尔赫斯所做的是关于人的智力本性的文学和哲学研究，留给人的印象是真实可信、近乎科学性的。而卢力亚的案例研究则是他所谓的"浪漫科学"(romantic science)的一个实例,案例研究或者"浪漫科学"是一种旨在研究经验主体性(subjectivity of experience)而非归纳简化抽象规律的科学形式。不管是博尔赫斯科学性的小说,还是卢力亚文学性的科学,都共同描绘了一个有趣的现象,那就是没有什么能够逃脱记忆。

一天舍雷舍夫斯基(卢力亚的书依照临床传统简称其为 S)前来拜见卢力亚,要求卢力亚对他的记忆进行测试,实验从此开始。他所在报社的编辑让他来做测试,那位编辑早就注意到舍雷舍夫斯基即使在细节最多、情况最复杂的吹风会上也不作笔记。舍雷舍夫斯基本人没觉得这有什么大不了的,当他发现并非人人都能记住吹风会的内容时,甚至有些吃惊。那时,卢力亚不过20岁出头,在故乡喀山(Kazan)研究心理学,对弗洛伊德的思想极为推崇。逐渐地,卢力亚把研究工作的重点转向了人类行为中情感的作用,而这一领域是与心理分析联系在一起的。卢力亚曾写了一篇关于心理分析的专论,并且与弗洛伊德互通了几封信件。后来,心理分析研究在前苏联逐渐走向衰落,《真理报》(*Pravda*)也把心理分析作为"唯生物学""带意识形态敌意"的对象加以批判。根据形势的变化,卢力亚很快调整了自己的研究方向。他调到莫斯科大学,开始了漫长而卓有成效的神经生理学研究。

当舍雷舍夫斯基来到卢力亚的心理学实验室时,他看上去与众不同且心不在焉。卢力亚先给他做了一些常规测试。测试的内容是给他看不同长度的单词、数字和字母,然后让他复述出来。刚开始时测试内容比较简单,但很快就让人眼花缭乱,而不管卢力亚的测试材料有多么长——含有30、50,甚至70个字母或数字——舍雷舍夫斯基总能一字不差地复述出来,即使是倒着复述或是任意从某处开始复述也没有问题。经过第一次测试,卢力亚完全困惑了,连测定实验对象的记忆力这么简单的事情都做不到。问题不是实验对象记忆力的极限在哪,而是它根本就没有极限。

几天后，卢力亚又对舍雷舍夫斯基进行了新一轮的测试，结果证实舍雷舍夫斯基的记忆力不受正常记忆法则的支配。大多数人的记忆广度（memory span）为7位数字或7个单词左右（记忆广度是指向被测者呈现一次测试材料，被测者按呈现的顺序所能正确复述或写下来的最长系列），而舍雷舍夫斯基能够复述含数百个字母或数字的系列。一般人记忆有意义的单词比无意义的音节组合要容易得多，而舍雷舍夫斯基可以不费吹灰之力地记起一串串无意义的音节组合。如果在测试前或测试后记忆同样的测试材料，一般人的记忆效果会越来越差，而舍雷舍夫斯基对材料的记忆却是始终如一、精确无误的。舍雷舍夫斯基似乎有着绝对的记忆力，这种记忆的痕迹不是片面暂时的，而是完整永恒的。

　　卢力亚反反复复地使用大致相同的方法对舍雷舍夫斯基进行测试。具体的做法是卢力亚缓慢地读出一串单词或数字，这时舍雷舍夫斯基闭上眼睛或两眼茫然地望着远处，等卢力亚读完后，舍雷舍夫斯基先凝神几分钟，然后按照卢力亚所读材料的顺序复述出来。还有就是，卢力亚在黑板上画出一个有50个数字的表格，舍雷舍夫斯基用两三分钟的时间用眼睛慢慢从表格各栏扫过去，然后很快地背诵出这个表格。不管是从上至下，还是从下至上，或是按对角线，舍雷舍夫斯基都能精确地回忆起该表格内容，而且每次所用的时间几乎没有差别。即使是数月或数年后再回忆该表格对他也不是什么难事。唯一的差别就是他需要更多的时间回想实验环境，包括实验室、卢力亚的嗓音以及他自己凝视黑板的样子。

视觉化记忆法：7是留小胡子的男人

　　在案例研究的头几年里，舍雷舍夫斯基的记忆有自发性特征。测试结果表明，他对记忆有视觉偏见（visual bias）。舍雷舍夫斯基这位记忆大师所凭借的记忆术是一种图像思维，即每一个单词都能自发地唤起一幅牢牢

$$N \cdot \sqrt{d^2 \times \frac{85}{vx}} \cdot \sqrt[3]{\frac{276^2 \cdot 86x}{n^2v \cdot \pi 264}}\ n^2b = sv\frac{1624}{32^2} \cdot r^2s$$

图3　卢力亚向记忆大师展示的模拟等式

铭刻在他记忆里的图像。以下是1936年卢力亚和舍雷舍夫斯基之间的一段对话："当我听到绿色这个词的时候，眼前就会出现一个绿色的花盆；听到红色，我就看见一个穿红恤衫的男人向我走来；听到蓝色，就看到有人从一扇窗里挥舞着一面蓝色的小旗子。"即使是数字也能让大师想起图像。"数字1代表一个高傲自信、体格健美的男人；2是一个兴高采烈的女人；3是一个忧郁的男人（为什么这么说，我也不知道）；6是一个肿了一只脚的男人；7是一个留小胡子的男人；8是一个臃肿肥胖的女人——浑身赘肉、鼓鼓囊囊的那种。如果是87，我所看到的就是一个胖女人和一个抚弄胡子的男人。"以下一段内容摘自卢力亚的测试报告，从这段文字可以看出舍雷舍夫斯基是如何将一个科学公式的一部分（此例中是一个模拟等式）转化成视觉图像并储存在他的记忆里的（见图3）。

尼曼（Neiman，N）走出来，用手杖（cane，·）戳着地面。他抬头望着一棵很高的树，树很像平方根符号（√），他思忖道："难怪这棵树枯萎了，根部也开始暴露在外面。不管怎么说，我曾在这里建了两座房子（d^2，dom=house）。"他又一次用手杖（·）戳着地面。然后说："这两座房子已经旧了，我得把它们处理掉（×），卖房子得的钱会比当初投资的多很多。"他最初为建房子投资了85,000（85）卢布。然后我看见屋顶裂开了（—），在房子下面的街上我看见一个男人正在弹奏泰勒明电子琴（*Termenvox*，*vx*）。

这种图像很容易就会出现在舍雷舍夫斯基的头脑里，而且会连成一个完整的故事。卢力亚在报告中写道，舍雷舍夫斯基可以在1949年和15年后不假思索地精确复述出这个公式。

结交了卢力亚几年之后，舍雷舍夫斯基决定放弃新闻工作，专注于记忆术的研究。正因为如此，卢力亚也得以频繁地观察他记忆中的变化。渐渐地，舍雷舍夫斯基原来运用的自发式回忆（spontaneous recall）方法被专业的记忆术——"轨迹法"（the loci method，也称位置记忆法）所取代。轨迹法是一种传统的记忆术，古希腊人曾运用这种方法来作没有讲稿的冗长演讲。演讲者在头脑中想象一座房子或一条街道，在思维漫步之时，沿着一条有象征性视觉形式的小径放置演讲话题。到了演讲时，演讲者会重复走这条路线，在合适的时间到第一个点、第二个点上提取演讲的话题。舍雷舍夫斯基把莫斯科的一些地名用到了他的轨迹法中：他通常从马雅可夫斯基广场的高尔基街走起。话题一般会放在门口、商店橱窗、窗台、墙脚、花园和楼梯间等地。通常，他会一直走到孩提时曾住过的小镇托索克（Torshok）的某个地方才停下来。

令人称奇而又可以理解的是，就记忆结构而言，舍雷舍夫斯基寥寥可数的错误不是因为记忆出了差错而是因为观察上的偏差。当他背诵看过的一个表格时，他犯了常人可能犯的那种错误，比如说把一个写得很潦草的3看成了8。运用轨迹法时也会出现类似的错误：当舍雷舍夫斯基把一个图像放在黑暗的地方或置于一个不适宜的背景上，比如说一面白色的墙上放了一个鸡蛋，那么当他回忆走过的那段路时就可能忽视这个点从而遗漏一些东西。

通感记忆：文字有颜色、味道，甚至痛感

舍雷舍夫斯基除了绝对记忆力以外还有一个非凡的能力——极端的"通感"（synaesthesia，又称感觉相连症），也就是说，他身体各个感官的印象是相通的。比如，单词会让他感觉看见某种颜色、尝到某种味道甚至感受疼痛。从他很小的时候起，"一篇希伯来祷文是以蒸汽或水花的形式扎根

在他脑海里的"。舍雷舍夫斯基在接受测试时对卢力亚的同事维果斯基说："你有着多么脆弱的黄色声音啊。"有一次听过俄罗斯著名导演爱森斯坦（Eisenstein）的讲话后，舍雷舍夫斯基对卢力亚说："就像一团吐着火舌的烈焰正向我扑来。"单词让舍雷舍夫斯基联想到声音，也同时联想到味道和颜色。他无法想象像"svinya"这么一个音律优美、文雅的词指的是一头猪。在餐厅里，他会根据单词的味道来点菜。当卖雪糕的人操着嘶哑的嗓音问他要什么口味的雪糕时，他能"看见"她嘴里流出一股黑色的煤渣，这让他胃口全无。

乍一看，这种通感使舍雷舍夫斯基的记忆力更加令人捉摸不透。从一个名词派生出来的两个迥异的联想怎么可能并发在同一个人的身上呢？是偶然发生的吗？卢力亚认为，通感并不是记忆大师第二大神秘的看家本领，应该说，正是因为有了通感，大师才有了非凡的记忆力。我们都有过这样的经历：记住了事发时的环境有助于我们找回记忆。当我们想提醒某人某事的时候，我们都会用到下面的话：的确，记得吗，我们曾在某某地方，都有某某人。在这种情况下，环境的作用就是给联想以提示。舍雷舍夫斯基不仅将无穷尽的数字系列以及演讲时必须记住的东西与具体的视觉图像自发联系起来，还把这些元素化解成声音、颜色和味道储存到记忆里。正是有了联觉联想（synaesthetic association），舍雷舍夫斯基才拥有了超乎寻常的联想能力。他之所以能在10年、15年后重述以前看过的测试材料是因为他能够回想起当时场景的"味道"。事隔多年后再次接受测试时，他会先凝神几分钟，然后再回忆当初测试的感觉印象（sensory impression）。

不过，联觉联想在舍雷舍夫斯基的记忆中还有另外一个功能。当一般人借助图像来回忆他们曾识记的单词记忆材料时，偶尔他们想起来的是某个词的同义词而非原来那个词。以"船"（boat）这个词为例：先将一艘船视觉化，后来回想该图像，思考一下，没错，是一艘船（ship）。这种错误在舍雷舍夫斯基身上是不可能发生的。对他而言，"船"（boat）这个词所唤起的不仅仅是一个视觉图像，而且还是一个与"船"（ship）这个词有差别的、特别的联觉联想。通感称得上是一个控制机制，为舍雷舍夫斯基的绝对记忆保驾护航。对于他非凡的记忆力，心理学上的一些条条框框可能都派不上用场，不过也不是没有章法可循，各种与常规的偏差共同形成了一个协调一致的结构，受其自身法则的支配。

绝对记忆的缺陷

有着近乎绝对记忆力的生活是什么样子呢？在与舍雷舍夫斯基谈话和信件来往的过程中，卢力亚得出一个结论：舍雷舍夫斯基的视觉联觉法使他在应付某些事情上更加游刃有余。他有一种方向上的现象感（phenomenal sense）：他所走过的每一条路线都可以被打通，宛如脑海里有一幅意境地图（mental map），持续不断地扩充相关资料。卢力亚在他的自传里回忆道，有一天他和舍雷舍夫斯基准备去拜访生物学家沃贝利（Orbeli），他问舍雷舍夫斯基是否还记得去沃贝利家的路。舍雷舍夫斯基答道："我怎么可能忘记呢？喏，这就是围墙，它的味道很咸，摸起来很粗糙，另外，它的声音也很刺耳，极具穿透力……"他对物体视觉化的非凡能力让他一刻也不得闲。他提到有人给他出的一个关于蛀书虫的谜语："书架上有两本书，每一本都有400页。一条蛀书虫从第一本书的第1页啃到第二本书的最后1页，问这条虫啃了多少页书？你会毫不犹豫地回答800页——第一本书有400页，第二本书也有400页。不过我马上就知道了正确答案！这条虫只是啃了两本书的封皮而已。我所看到的是这样一幅图像：两本书立放在书架上，第一本书放在书架左侧，第二本书放在第一本书的旁边。虫子从左至右一路咬过来。但是虫子看到的只是第一本书的封底和第二本书的封面而已。所以你看，虫子除了两本书的封皮什么也没啃到。"说不定有不少人知道了这个答案后还得亲自用两本书来验证一下，而舍雷舍夫斯基仅凭其心智之眼（mental eye）就破解了这个谜语。

不过，这种图像式思维是有缺陷的。对于抽象的概念舍雷舍夫斯基就束手无策，比如说"无"这个词，他就无法将它与一幅图像联想起来。对一般人来说，这样的概念只不过是逻辑思维里的一个口头禅。与常人相比，舍雷舍夫斯基的思想有些孩子气，他总是把东西具体化和视觉化。他对比喻或者诗歌无动于衷。这一点，对于一个能从文字或语言联想到具体画面和感觉的人，可能有些不可思议。但如果我们进一步对舍雷舍夫斯基进行研究，其实这个问题并不难解释。要理解比喻，必须先有一个可以参照的意义，但舍雷舍夫斯基所看到的只是意象（imagery）中的图像。诗人迪克霍诺夫（Tikhonov）在自己的一首诗作中描绘了一位农民正在用葡萄榨汁器造"一条酒之河"，这在舍雷舍夫斯基看来就是一条红色的河流在远处流过，诗中比喻的真实寓意已经被图像所取代。

视觉联想成为舍雷舍夫斯基理解正常人讲话内容的障碍。当他听某人讲话时，他意念中产生的声音和生动的图像会自发地让他偏离了原话的本意，过后他无法将那些图像整合成有意义的文字。一个很能说明问题的例子就是他与卢力亚对话的一段节录："以短语'字斟句酌'（weigh one's words）为例。词语怎么能够用磅秤来称呢？当我听到磅秤这个词，我就看见一个大的托盘天平秤，就像我们瑞吉萨店里的那个一样，店员把面包放在秤的一边，另一边放上秤砣。称盘指针先是指向左边，然后停在中间……但你这里有什么？真的把字拿来称吗？"

舍雷舍夫斯基的心智生活近乎病态。他的意识一定与我们有时候睡觉时的那种意识状态很相似：许许多多快速的、能够产生联想的图像，像一部剪辑杂乱的影片中飞逝的镜头一样。那些不知道舍雷舍夫斯基的人，就像卢力亚初遇这位记忆大师时一样，会把舍雷舍夫斯基当成怪人，他总是把一个东西想成另外一个东西，就像脑子出了毛病。尽善尽美的记忆是一种残障。舍雷舍夫斯基和博尔赫斯小说中的富内斯何其相似，这种相似也让人倍感沉重，因为他们都有着绝对记忆，就连心智上的缺陷也是共有的。

舍雷舍夫斯基经常抱怨记不住别人的相貌："它们太变化无常了。一个人的表情是由偶尔相遇时他的情绪和周围的环境所决定的。人们的相貌不断变化，正是表情里不同的阴影混淆了我的视线，使我很难记住那一张张脸。"富内斯也碰到同样的问题。每当他在镜子中观察自己的脸，都会觉得很诧异。别人看到的面孔是恒久的，而他看到的是变化的。"富内斯无时无刻地感觉到衰老、牙齿老化和疲劳的悄然来临。他看见，或者说他感觉到死亡在逼近，潮湿地逼近。"舍雷舍夫斯基和富内斯的生命是自相矛盾的，正是绝对记忆毁掉了他们的连续感（sense of continuity）。

绝对记忆＝没有记忆

舍雷舍夫斯基和富内斯都给人留下一种稀奇古怪、心不在焉的印象，一副不堪记忆重负的样子。他们都缺乏逻辑思维和抽象思考的能力。"我想……他不擅长思考"，博尔赫斯笔下的叙述者如此评价富内斯。"思考就是要忽略（或者忘记）差异，要归纳并抽象化。在富内斯丰富的世界里只有一系列细节（particulars），它们实际上是直观的细节（immediate），除此以外他一无所有。"让富内斯恼火的是，他得用同一个名词来表示从侧面看到的一条狗和一分钟后从正前方看到的一条狗。同样，对舍雷舍夫斯基来说，生命就是一条长长的、由孤立的图像组成的链子。他无法从一组数字中看出哪怕是最简单的逻辑关系，或者是对单词进行分类；他也无法从一个词汇单中挑选出鸟类名称，除非他事先把所有鸟类的单词都背下来。像富内斯一样，舍雷舍夫斯基"实际上不能进行概括、抽象的思维"。正如瑞内特·拉赫曼（Renate Lachmann）在一篇评论博尔赫斯的文章中所观察到的那样，哲学家尼采（Nietzsche）在《人性的，太人性的》（Human, All Too Human）一书中的那句名言对两位拥有惊人记忆力的人来说再贴切不过了："许多人之所以不能成为思想家，是因为他们的记忆力太好了。"

卢力亚认为他最大的成就就是努力借助自己卓越的才能对舍雷舍夫斯基的个性和行为施加影响。在这一方面，卢力亚的实验报告和博尔赫斯的故事殊途同归。不管绝对记忆的故事是通过文学想象还是科学实验的方式表现出来，它们对于行为的影响力是一样的。对卢力亚这位神经心理学家和博尔赫斯这位作家而言，一个既成事实就是，绝对记忆能够造成严重的破坏，它会让记忆的所有者变成有缺陷的人。卢力亚将舍雷舍夫斯基描述成一个有些孩子气、相当无能的人，他在回答问题或作出举动之前不得不把自己囚禁在联想里。富内斯也有着同样的缺陷，甚至有过之而无不及。贝尔-韦拉达曾说过富内斯的观察力是极其细致的，这就注定了他要成为黑暗中可怜而单调的生物，为了避免感觉印象（sensory impression）的入侵，他只能紧闭着双眼，禁锢着自己的思想。这个看似自相矛盾的说法其实有着更深刻的寓意。对昨天所见到的树木或面孔有着精确的记忆意味着今天所见到的树木和面孔是全新的。对两位记忆超人来说，所有的事物每时每刻都是崭新的。简而言之，他们就像是没有记忆的人。

失眠：绝对记忆的折磨

博尔赫斯在一次访谈中曾无意提到，富内斯的故事其实是他自己饱受失眠之苦的一个写照。他说当你神志清醒地躺在黑暗里，那种"可怕的清醒"可以征服并控制你。他在1936年，也就是富内斯的故事诞生前6年发表的诗作《失眠》(Insomnia)中写道，他的头脑无时无刻地想着自己的躯体、循环系统、牙齿在慢慢腐蚀老化，想着他曾经到过的所有地方、房屋、城镇、泥路。他束手无策，只能等待着"所有一切的土崩瓦解和睡前信号"的来临。闭着眼，他躺在床上等待着。直到天空破晓，他仍然无法入睡。睡眠已被暂忘，他必须舍弃这一奢望，把自己交付给记忆。

每个失眠的人都要忍受绝对记忆的折磨。白天里，在正常情况下，记忆是一位友好的助手，一个亲密的朋友，它经常出现在你的自信里，尽最大的努力给予你帮助。但是到了晚上，当睡眠拒绝来临时，它就换了一副面孔，背信弃义。像富内斯一样，你无助地躺在床上等待着，这时记忆成了一个暴君，用他那永无休止的抑郁故事来折磨你，让你无法入眠，无法解脱，在劫难逃。你只能孤独地与自己的记忆为伴，就好像瘫痪的人因生活无望而死死地盯着呈现于脑际的一切东西。图像，图像，还是图像，整日地浮现，清晰地聚集在你的脑海中，像放电影一样不知疲倦地放映着你恨不得快一点忘却的一切事情。每一位失眠症患者都要暂时忍受绝对记忆的诅咒。在漫漫无助的黑夜里，你变成了伊雷内奥·富内斯，变成了所罗门·舍雷舍夫斯基，变成了一位猛然意识到尽善尽美也是一种病态的痛苦的记忆大师。

第8章

学者综合征
天才与白痴的距离有多远

The advantages of a defect: the savant syndrome

1887年，英国精神病学家约翰·朗顿·唐恩（John Langdon Down）在伦敦医学会（London Medical Society）作了系列讲座。讲座上他向同仁们介绍了30年来他在厄尔斯伍德收容所（Earlswood Asylum）担任主治医生期间遇到的病例和病理学情况。席间唐恩提出了"先天愚型病"（mongolism，亦称"蒙古症"，如今被称为"唐氏综合征"）这种异常心智状态的报告，让这一系列讲座成为精神病学史上的里程碑。在这一系列讲座中，唐恩还引入了另外一个非常经典的精神病术语——"白痴天才"（idiot savant）。唐恩认为，这些人是"普通智能低下，但却有着非凡技能的孩子"。

在唐恩的诊所里，有一些这样的孩子。有个心智有缺陷的孩子，只要看过一遍就能把一段冗长的文字一字不落地背诵下来，尽管他对所记忆的东西并不真正理解。有一次，他在阅读英国历史学家吉本（Gibbon）所著的《罗马帝国衰亡史》（*History of the Decline and Fall of the Roman Empire*）一书时，不小心跳过了第三页的某一行，过了几行后他才回过头再看那一行。当他背诵那段文字时，他重复了那个错误：漏掉了那一行，继续往下背，然后回头再背诵先前漏掉的那一行，仿佛文字顺序本来就是那样。另一个孩子能背诵整本《旧约圣经》中的《诗篇》（*Book of Psalms*），还有一个孩子能在几秒钟内运算两三位数的乘法。唐恩的一些病孩对音乐有着惊人的记忆力，其中有一位看过一场歌剧之后就能把整场演出的所有咏叹调完整地回忆出来。另外还有一个孩子不用看钟表就能准确地说出时间。唐恩解释说,这个孩子在兴奋状态时表现不佳,得"像摇晃一只旧手表一样摇一摇他,然后他才会说出准确的时间"。这种精密计时的天赋和其他特殊的技能不是通过遗传而得来的,唐恩发现这些孩子的父母都很正常,没有特异功能。还有一个惊人的发现就是,唐恩在漫长的职业生涯中没有发现一例女性"白痴天才"。

从唐恩时代至今,又有十几份"白痴天才"的病历被公开。唯一被推翻的是"白痴天才"这一术语的定义:他们不是傻子,甚至在技术意义上也不是(这些人的智商在50~70之间);他们也不是真正的天才,这些"白痴天才"的天赋在很大程度上局限于对事物的重复和模仿。如今,患有学者综合征(savant syndrome)的人就被简单称作"白痴天才"(savant)。

唐恩的天才病人分为三种类型。第一种有着惊人的记忆力。有些天才可以背下来一座大城市完整的公共汽车时刻表,而有些人则对历史事件有着非凡的记忆力,或者可以背下来所有现在和以前共事的同事生日和家庭住址。唐恩注意到这些天才的记忆有个特质,即对具体和简单事物的"顽固不化"。他们对抽象的东西束手无策。天才们发现,记住一整张时刻表比记一张列车接驳说明书要来得容易。第二种人精于计算。这些人中的大多数都擅长年历计算,只消片刻他们就能说出某一天是星期几。第三种人富有艺术天赋。他们的才能是不看乐谱弹奏乐章。他们读不懂乐谱,却都拥有绝对音准(perfect pitch)。有绘画天赋的天才比较少见。一位患孤独症的女孩名叫娜迪亚(Nadia),她从4岁开始就会画动物,特别擅长画马,她捕捉动物动作的能力即使在成人中也是非常罕见的。史蒂文·威尔特希尔(Stephen Wiltshire)也是一个患孤独症的孩子,他可以用令人惊叹的透视画法画建筑和街道。

美国精神病学家特瑞菲特(Treffert)有着与唐恩类似的工作经历,他也曾是一个精神病机构的主治医生。根据他的统计,在过去一个世纪里,大约有100位"白痴天才"出现在医学和心理学文献里。这些天才的男女比例为6 : 1。其中许多人都患有孤独症或与孤独症相关的疾病：模仿言语（echolalia，即"鹦鹉学舌"）、缺乏社交能力、偏执于单调的活动和对环境的改变反应强烈。在已被诊断为孤独症患者的孩子中，大约有10%的人拥有"白痴天才"般的能力。实际上，所有的"万年历计算天才"（calendar calculator）都是孤独症患者。任何看过这些天才的病历，了解他们多样才艺的人几乎都会理所当然地得出一个结论，那就是将这些"白痴天才"划分为记忆大师、算术超人、艺术天才的传统分法有些主观臆断。未来，这种分法很可能会像"堕落的一代"（degenerates）这一命名一样被认为是"愚蠢的清单"。"堕落的一代"是19世纪精神病学家对癫痫患者、酒鬼以及心智不全的人的统称。将"白痴天才"划分为记忆大师、算术超人、艺术天才三大类是基于他们的病症及其特殊的才能，而不是基于促使其发展这些才能的心理过程。在后来的研究中我们更清楚地看到，唐恩所说的"顽固的记忆"（sticky memory）还包括"万年历计算天才"、钢琴家和绘图员的才艺。最后极有可能证明所有的"白痴天才"都有一种隐秘的空间能力（spatial ability）。当代文献中流行的许多假说和理论完全可以适用于某一类"白痴天才"，这些假说和理论本身也是为那些人而发展起来的，不过关于其他类型的天才的研究仍旧是个谜。为了了解天才能力的多样性，在此有必要认识几位"白痴天才"。

算术超人：乡下农夫巴克斯顿

19世纪德国伟大的数学家卡尔·高斯（Carl Gauss）从小就是算术天才，早他一个世纪的瑞士数学家莱昂哈德·欧拉（Leonhard Euler）和晚他一个世纪的新西兰数学家亚历山大·艾肯（Alexander Aitken）也是如此。这三人小小年纪就在数学方面展现了非凡的才能，而这种才能也在他们今后的岁月里被不断地发展和完善。他们终于达成了童年的愿望，成为百万人中选一的数学大师。欧拉、高斯和艾肯这三位数学家的才能都是位于正态分布曲线（normal distribution curve）的极右端。

反过来就不是那么回事了。童年时具有超常的算术能力并不意味着日后就能成为天才人物，甚至可以说大部分时候刚好相反。许多算术超人得放在正态分布的极左端，也就是说，他们属于心智不全的那一类。

英国神童杰迪戴亚·巴克斯顿（Jedediah Buxton）1702年出生于德比郡奥姆顿镇（Elmton, Derbyshire）的一个山村里。他的父亲是小学校长，祖父是教区牧师。杰迪戴亚从没读过书，也没有学过写字，是一位地地道道的农民。根据1754年的某期《绅士杂志》（Gentleman's Magazine）上的一篇传记所述，"巴克斯顿劳苦而贫穷的生活天天都是一个样，毫无光彩，过了一天就好像经历了一辈子所有的事情。对巴克斯顿来说，时间改变的只

图4　算术超人杰迪戴亚·巴克斯顿（1702–1772）

有他的年龄，就连季节也没有改变他的劳作生活，除了冬天用连枷，夏天用镰刀。"传记的作者认为这也许能很好地解释他的无知："他一辈子都在和数字打交道，这妨碍了他获取哪怕一丁点儿其他的知识，他的思考能力好像还不及同一阶层10岁大的孩子。"

巴克斯顿的算术能力的确惊人。他特别精通空间关系的计算，比如说面积和体积。有些运算涉及3个数字而每个数字都有8位数的乘法，他可以倒着说出长达27位数的答案。1751年，《绅士杂志》的一位记者向巴克斯顿提出了一系列问题，要求他作答。记者问："一辆车轮圆周为6码的长途汽车从约克行驶到伦敦的204英里路程中车轮要转多少转？"巴克斯顿用了13分钟就给出了正确答案：59,840转。另外一个问题是："3颗大麦粒长度为1英寸，如果要达到8英里的长度，得需要多少颗大麦粒？"巴克斯顿用了11分钟给出了答案：1,520,640颗。巴克斯顿最了不起的一次表现是对一笔39位数的钱进行平方运算。据记载，心算答案花了他两个多月的时间。答案刊登在1751年版的一份报告上，是一个长达78位数的数字。该报告的作者补充说任何一个读者只要有大量的时间和好奇心都可以做做这道题，不过最后没有一个同时代的人接受挑战。根据电脑的演算结果，巴克斯顿的答案中除了有一位数字有误外，其他的全部正确。

正如我们所看到的，巴克斯顿学过和记住的东西少而又少，他的知识量还不如一位正常的10岁孩子。不过，对于那些让他感兴趣的古怪问题，他的记忆力似乎表现得出奇的好，例如谁请他喝了多少啤酒，他都记在脑子里。1753年，巴克斯顿列出了请他喝过啤酒的人的名单，单上共出现60多人，其中有不少是当地的名流显贵，也包括市长和教区牧师等名人。单单金斯敦公爵就款待了他1209升。除了啤酒外，皇室的一举一动也是让他感兴趣的事情。1754年春，巴克斯顿从村子步行241公里到达伦敦，希望能够面见国王，不巧的是国王外出度假了。虽然未能如愿，但他还是应邀给英国皇家学会(the Royal Society) 表演了他的非凡才能。巴克斯顿对算术的迷恋程度或许可从才艺表演后发生的事情上窥见一斑。表演结束后,他被带去观看莎士比亚戏剧《理查德三世》(*Richard III*)。当有人之后问他如何评价那出戏时,他回答说根本看不懂,他只知道主角在剧中说了多少个字。

这说明巴克斯顿对数字的记忆力非常之好。不过,研究算术超人现象的数学家史蒂文·史密斯(Steven Smith)在他的权威著作中指出,用超强的记忆力来解释算术超人的能力,其实是本末倒置。正是因为数字是这些超人的兴趣所在,所以他们在数字方面有着超凡的记忆力。从我们掌握的情况来看,算术超人的记忆能力有一般的,也有非常糟糕的。法国算术超人蒙迪克斯(Mondeux)的老师1853年在一份研究报告上写道,他的这位学生除了数字以外什么也学不了:"事实、日期、地点这些东西就像照镜子一样经过他的大脑,不留一点儿痕迹。"1894年,法国心理学家比奈(Binet)正忙于研究算术超人因奥迪(Inaudi),他发现自己的研究对象就连5个字母都复述不了,但是只要给他看一遍关于算术问题的记忆材料,他就可以准确地复述出来。对于算术超人而言,他们在头脑里牢记长系列数字的能力是进行大量运算的结果而不是原因。这一事实让下面的假设站不住脚:这些算术超人已经牢记了乘法表,不是像我们大多数人那样只记到12或13,而是100甚至200。记住乘法表中的所有答案需要巨大的记忆量。对算术超人来说,进行乘法运算比永远记住运算的答案要容易得多。

我们必须从其他方面来探究数字和记忆之间的联系。对算术超人来说,数字有着常人所看不到的特征和关联性。数字唤起了赋予它们意义的联想,在这个意义上数字和单词有许多共同之处。超人们是在一种命题语境中来看待数字的。对威姆·克莱恩(Wim Klein)这位在平方根开方领域保持了长时间世界纪录的奇才来说,429就是$3 \times 11 \times 13$的得数,也是雅典黄金时期的统治者伯里克利(Pericles)驾崩的那一年(公元前429年)。当数学家艾肯听到有人只提了一次1961年,他就将该年份换算成37×53之积,或者是44^2+5^2之和,抑或是40^2+19^2之和。以上运算是在他头脑里自发进行的,用不着刻意为之。正是由于这样的联想，数字才有了情感或美学上的意义。这也正是为什么赛姆·马拉斯（Shyam Marathe）首次飞跃美国大峡谷时说，峡谷跨度之巨让他想起了9的20次幂。

数字对于算术超人就如单词和句子对于常人一样是再普通不过的。没有人会把一个单词当做几个孤立的发音或者把一个句子当做一些单词的随机组合来记忆，单词或句子的含义是在我们读到或听到的同时迅速自动添加上去的。我们观察不到含义的添加过程是如何发生的。有了这个过程，我们可以读，可以说，也可以听，但是我们无法探知其究竟。同样的道理，算术超人也搞不清是如何得出答案的。诚然，虽然关于艾肯和小乔治·比得（George Bidder, Jr.）等天才思维工作方式的研究报告已经问世，但这并不能对方法背后的过程作出充分的解释。艾肯甚至在某个场合声称，在他看来，运算是在他心智的更深处进行的，他所做的无非就是核实下意识得出的答案，连更正都用不着。

万年历计算天才：戴夫

大多数算术"白痴天才"都是"万年历计算天才"，而且几乎毫无例外是孤独症患者。如果他们能够表达，他们也无法告诉你是如何得出正确答案的。反省运算方法时，他们所说的话很少超出"噢，一周有7天……"的水平。不过，在过去几年中，有关学者对"万年历计算天才"进行了不少心理学实验，并得出了一些结论。在这些"万年历计算天才"当中，只有极少数的人能够记得住数据，而这种超凡能力最多能维持10年。有些人只不过是熟记了万年历，而有些人则使用"锚定日"（anchor days）的方法，原理是，这些人熟记了几百个日子的日期资料（通常是那些对他们来说比较重要的日子），其他的日子就是通过这个日子向前或向后推算出来的，求得正确答案的时间也取决于所问的日子距离该日子的远近程度。

绝大多数"万年历计算天才"可以用同样快的速度回答有关将来的日子和过去的日子的问题,也就是说,他们不完全依赖自身的记忆。有一种似是而非的假说是,他们通过某种公式来计算答案。万年历建立在规律的基础之上,而这种规律性可以用数学公式表示出来。此类公式的实例可在历书上找到。由此或可推论,"万年历计算天才"们看到过这样的公式或者他们自己推导出这样的公式,然后加以利用。

不过,有不少研究结论似乎都能驳斥上述假说。一般而言,"万年历计算天才"们的数字运算能力都很糟糕,1位数的加减法他们都算不出来,乘法或除法更是让他们无能为力。还有,他们无法运用现有的日历公式,因为一开始他们就掌握不了规则。上面的假说还遭到已知事实的反驳,那就是许多"万年历计算天才"能够回答没有公式的问题,例如,"1960—1970年间哪个月的第一天是星期天?"但是如果不是靠超强的记忆力也不是靠数字运算方面的特异功能,那么"白痴天才"靠的是什么呢?"白痴天才"之谜又当作何解释呢?根据对一位时年14岁、名叫戴夫(Dave)的"万年历计算天才"所做的案例研究,英国心理学家迈克尔·豪威(Michael Howe)和朱莉娅·史密斯(Julia Smith)提出了一种假说,该假说初步解释了"万年历计算天才"现象。

戴夫是一个心智有残障的孩子,智商仅为50左右。他的画画得不错,但是阅读能力只相当于一个六七岁的孩子。在14次实验调查中,他总共也没说几个字。这个孩子表现出了典型的孤独症特征:机械地复述别人说的话、胆子小、性格孤僻。他说到自己时总是用"戴夫"而不是"我"。调查者的提问似乎将这个孩子暂时带离了他那个狭小的世界,而他回答完问题后即刻又回到了那个属于他的世界里。这个沉默寡言的孩子几乎能够准确无误地回答1900—2060年间关于星期和日期的所有问题,这也就排除了使用锚定日的可能性。看来,1900年是个严格的分水岭,因为问起那年以前的问题戴夫给出的答案都是随意的。一种可能的解释是,1900年是闰年法则的一个例外，因为该年份虽然能被4除尽，但却不是闰年（2000年是闰年）。令人称奇的是，戴夫对许多1900年以前的问题所给出的错误答案其实跟正确答案就差一天。

这或许说明了戴夫主要是运用了算术，而且是向前运算，也正因为这个原因，豪威和史密斯首先测试了他的计算能力。戴夫好像无法运算像1973减1908这样的算术题，但是如果问他，"我1908年出生，到1973年时我多大年纪？"他会在一两秒钟内给出正确的答案。问他"如果我出生于1841年，那么到2302年我多大年纪"也是一样。这种情况也经常发生在其他的"万年历计算天才"身上，事实证明，算术超人对于"赤裸裸"的运算是解答不出来的，而对于那些用符合他们思维习惯的术语表示出来的、复杂得多的加减法，他们就能轻易地给出正确的答案。在被问到哪一年的10月9号是星期三的时候，戴夫给出了错误答案，这可以证实他没有运用计算日期和星期的常用方法，因为解决类似问题的算术方法一直没有问世。

在研究调查过程中，豪威和史密斯注意到，戴夫将自己的日历信息以视觉和空间的表现形式储存起来，这样他就可以方便地从记忆中提取这些信息。他的两句自言自语也说明当时他正在提取内部的一个视觉图像："对，在最上面那一行……"和"星期四总是黑色的……"这些话是指戴夫小时候在厨房里见过的那个日历。尽管视觉记忆测试表明戴夫没有一个异常清晰的（通用的叫法是"摄影般精确的"）记忆，不过他似乎能够以那个陈旧的厨房日历为基础，从而构建并"很快地读出"其他年份的假想日历。

根据这一假说，豪威和史密斯设计了更深入的问题。比如"1957年的哪一个月的头一天是星期五？"此类问题对那些非得运用公式计算答案的人比对那些将相关信息以视觉形式储存起来的人要困难得多。戴夫毫不犹豫地说出了上述问题的正确答案。接着，豪威和史密斯给他看了一份测试材料，材料上有几个不同年份的7个不同月份，然后问他哪个月不是大月，他还是毫不犹豫地说出了那个唯一不是以星期五打头的月份。戴夫在回答问题时所犯的错误也说明了他视觉上的方向性问题。如果他对"1931年3月21日是星期几"这个问题给出的答案是错误的,那么他回答关于同年同月的其他问题也是错误的。显然,他对那个月份没有正确的视觉图像。最后一条证据是,戴夫要花好长时间才能发现像9月31日这样的日子根本不存在。对那些运用视觉表现形式的人来说,30天和31天的交叠更替无足轻重,而对于那些运用公式计算日期的人而言,这一天之差至关重要。

豪威和史密斯假说的魅力在于它融合了其他两种假说之长处,即数字运算方面的特异功能和超强的记忆力。戴夫似乎是用图像,以极其简化的数据处理方法来计算日期的。既然每个月份的头一天都是星期中的某一天,那么只存在7种可能的答案。如果我们知道某个月份的第一天是星期几,那么我们就知道了这个月份的其他日子是星期几。另外,同一月份星期分布的循环周期为28年。任何能将这一周期的信息转换成视觉图像的人都能在短时间内回答关于日期的难题。他们计算起来可以不消片刻,而唤起一幅心智之图也不过是一眨眼的工夫。运用这一假说,戴夫的天才能力开始变得有点可以理解了。

图像记忆:史蒂文·威尔特希尔

史蒂文·威尔特希尔(Stephen Wiltshire)也是一个孤独症患者。他几乎不会读书写字,智商仅相当于一个六七岁的孩子。他任由成年人侃侃而谈,很少开口说话,甚至和妹妹也无话可说。除非话题严格控制在他感兴趣的范围内,否则和他谈话一点意义也没有。他所感兴趣的话题是美国汽车、地震和电影《雨人》(*Rain Man*)。他对地震的迷恋源于他对倒塌建筑物的着迷。在他的出生地伦敦,他可以连续数日看着被毁坏的遗迹,好像被施了催眠术一样。他曾与描写荷兰乌特勒支(Utrecht)大教堂的游记作者有过一次谈话,事后他所有能够回想起的谈话内容就是教堂的中央广场在几个世纪前的一次暴风雨中被摧毁，自那以后教堂就分裂成了两部分。

除了患有孤独症和心智不全，史蒂文还是一个"白痴天才"。他很小的时候就会画城镇和建筑，所用的技法就连有天分的艺术家也要花数年时间才能掌握，他娴熟的透视画法尤其令人震惊。自从英国广播电台（BBC）1987年拍摄了一部关于他的纪录片之后，他所作的画也被收集成册相继出版。在《浮城》（*Floating Cities*）一书中，收录了他在威尼斯、阿姆斯特丹、圣彼得堡和莫斯科所作的画。在他看来，阿姆斯特丹比威尼斯漂亮，因为"阿姆斯特丹有汽车"。

史蒂文用一种与生俱来的比例感作画，他动作很快，而且很精确。他

图5　阿姆斯特丹西教堂。作者：史蒂文·威尔特希尔。

用了不到两个小时就画完了阿姆斯特丹西教堂（Westerkert）。他作画用不着图线，完全徒手，不用尺子，不用没影点。任何看过他作画的人都会情不自禁地将他和一台"数据自动描绘器"（plotter）作比较。他作起画来动作娴熟连贯，没有停顿，也不假思索，完全是一气呵成。他也很少从某个距离审视画作以检查各部分的比例是否适当，画作的各部分都是按同样的速度和同样的自信完成的。他作画时发出的哼哼声和嘀咕声更能让人联想起绘图器，如果他偶尔不发出声响，你可能会认为自己正坐在一台图解计算机的打印机旁。

但是，他的画作还是反映了他的局限性。他的画少了一种诠释，一种

图6　阿姆斯特丹西教堂。作者不详。

气氛。有些建筑是在春光明媚的早晨画的，有些是在秋日的午后画的，而这些在他的画中都没有得到体现。他的画里看不到光线，看不到阴影，也看不到被突出和强调的细节。你无法说出建筑的哪一面向阳，也无从知晓是否阳光普照，没有背景，也没有云彩。在史蒂文的写生簿里看不到暮光中房屋荒凉阴郁、凶险吓人的样子。一位不知名的大师所画的西教堂硬笔画明显大不一样，大师的作品充满了生气，而史蒂文画的只是由线条和轮廓所组成的单纯的空间。如果艺术才能指的是对形状施以诠释的能力，那么得说史蒂文的画作不能真正被称为艺术。史蒂文绘制的建筑物外观是与它们的空间结构相符的。他的画作纯粹是具象的、具体的。

有着超凡视觉记忆的人通常被称作是拥有摄影般记忆的人，这些人就像在感光板上储存视觉印象，然后将视觉印象转化成内部印象（internal impression）。研究记忆的心理学家提出了两个与这种摄影般记忆有类同之处的记忆过程：清晰记忆（eidetic memory）和视觉记忆（visual memory）。有着很强的清晰记忆能力的人能够短暂地保留一张在他们脑海中显示的图像，留存的时间最多不过几分钟。该图像与其说是一个识记的图像不如说更像是一个后像（after-image），一种视觉回音。清晰记忆实验通常采取以下的方式：实验者在一个画架上放上一幅很小的画，画架背后是统一的背景，然后让实验对象凝视那幅画，移开那幅画后，实验对象能够把所见的图像"投射"到背景上，他可以"看见"那幅作为外在世界一部分的画。那种映像一旦消失，那幅画也就永远消失了。如果一天后问实验对象有关这幅画的问题，他能够想得起来的东西不会比那些没有清晰记忆的人多。反之，对具有视觉记忆的人来说，他们在看过画的数日甚至数月后还能相当准确地回忆起那幅画。这些人与有着清晰记忆的人不同，他们是在"头脑里"看见了那幅画。正是这种内在的差异说明了清晰记忆和视觉记忆两大记忆过程之间的区别。

询问史蒂文是否从"内在"或从"外在"看见了房屋、桥梁和教堂的图画，没什么意义可言，因为他根本不理解你所提的问题。由于心智不全，他缺乏抽象的思维能力，也无法理解比喻。关于这个问题，实验研究也未能做出解释。英国心理学家尼尔·欧康纳（Neil O'Connor）曾对史蒂文进行过几次记忆测试，实验结果在某种意义上让原本神秘的事情更加扑朔迷离，因为结果表明史蒂文两类视觉记忆都不具备。具体情况是，实验者对史蒂文作了一个很简单的测试，要求他看随机组合在一起的一些素描画和小雕像。实验证明，他对所看到的东西的记忆力并不比同一年龄组的大多数人强。下面的例子也说明了史蒂文对视觉形态缺乏天生的摄影般的记忆力。某人要史蒂文根据记忆写出阿姆斯特丹这个词，他像一个刚刚学会写字的孩子开始拼写这个单词：写每个字母时，他都要在该字母的上面和下面划一条短线，看上去很吃力，伸出舌头，在短线间填上大写字母。他作画时的那种游刃有余已荡然无存，那几个字母硬生生、高低不平地矗立在短线间。为什么他能够根据记忆很准确地画出建筑物而拼写起字母来却如此费力呢？

　　根据观察发现，史蒂文作画时所用的是一种综合的绘画技巧，包括对图像信息的转化处理、娴熟的技巧，特别是对图案的超常感觉。首先来说说信息编码，《浮城》一书的出版相关人士表示，对于那些无法当场完成的画作，史蒂文有时会在画作的底部用一种神秘的笔体作些笔记，并在稍后继续画作时参考那些笔记。无人能够破译他的天书，不过很有可能是他已经对视觉形式研究出了一个为自己所用的编码。关于娴熟性有个窍门儿。绘图员通常先画一座建筑物的轮廓——外墙、屋顶、地板。当要加上房屋前面的窗户时，如果数量很多的话，绘图员就会用一种相当复杂的测量和计算程序把那些窗子放在合适的位置。而史蒂文使用的则是一种截然不同的方法。他只是从左边画到右边，先画一面墙，然后加上窗户和装饰物品，直到所有的东西各就各位，然后他再开始画另一面墙。当然，还是有这样或那样的比例问题，不过，他从来用不着什么计算和测量。

　　然而，史蒂文的特殊才能最重要的方面似乎是对空间关系的感觉。他从来不会搞错有多少扇窗户、多少装饰物品或多少道门。因为他几乎不会数数,所以这一点更让人啧啧称奇。因此,除了编码外他还另有门道。史蒂文似乎有着其他天才们所共有的天赋,也就是那种数都不用数只要瞄一眼就能说出见过东西的数量的能力。事实上,我们每个人都有这种能力,至少在某种程度上拥有这种能力。如果我在地上放5枚硬币,摆放得像一枚骰子上的5个点,任何人数都不用数就会告诉我共有5枚硬币。如果我另外放上4枚硬币,然后再放3枚硬币,也像骰子上的点一样摆放,那么任何人只要看过一眼就能准确无误地将硬币排成的图案画下来。这么做的人无人会留心自己已经画了总共12个元素,他所记录下来的就是由5个点、4个点和3个点构成的图案。也许史蒂文的天才就是这种对图案回忆能力的极度延伸。当然,大多数建筑物的整齐结构和对称的布局也对记忆过程起到了辅助作用。

处理空间图案时所用的信息编码、绘图员的窍门和技能只是故事的一部分,还不能完全说明问题。例如,史蒂文用来解决透视问题的艺术鉴别力依然是个谜,同样他对空间信息的处理能力远远超过他人的原因也未知晓。曾陪同史蒂文造访莫斯科的英国著名神经医学家奥立弗·萨克斯(Oliver Sacks)有一次要史蒂文拼一个很大的智力拼图。萨克斯自己首先飞快地拼好了拼图,然后让史蒂文也来拼同样的拼图,所不同的是这次拼片的图案面朝下,结果史蒂文也很快地拼好了拼图。显然,他把拼片看成了独立的形状,而不是一幅图案的一部分。不管什么时候有人要他回忆所见过的一张照片或一张有图画的明信片,因为将所见物品从三维减少到两维的问题事实上已经不存在了,所以回忆的结果有着近乎摄影般的精确。但是为什么他的空间才能仅限于桥梁、建筑物和广场呢?为什么他的肖像画画得那么蹩脚呢?心智的缺陷使他不可能摆脱绘画天赋上的局限性,他的天赋是对透视图近乎机械性的精确。史蒂文就好像某个运行一个图形程序的人,该程序牢牢地安装在他的大脑里,无法进行进一步的拓展和扩充。

音乐天才

研究音乐的心理学家利昂·米勒（Leon Miller）在1989年出版的《音乐天才》（Musical Savants）一书中向我们介绍了13个"白痴音乐天才"的病例。他首先介绍的是"盲人汤姆"（Blind Tom）。这个孩子1849年出生于一个奴隶种植园，10岁时成为一名巡游钢琴家。汤姆的词汇量总共不到100个，但他却记得上千首音乐会曲目，他是第一个堪称"白痴音乐天才"的代表。"白痴音乐天才"和其他方面的"白痴天才"几无二致。他们大多数是男性，男女比例为5：1。他们无一例外都有绝对音准。他们的音乐天赋在很小的时候，甚至1岁前就显露出来。没有迹象表明他们的才能来自遗传：这些"白痴天才"的父母中大多数人和常人孩子的父母在音乐才能上没什么两样。这些音乐天才们也不是在不寻常的音乐环境里长大成人，不过他们的才能一经发现，通常就会被给予一切机会来发展。"白痴天才"们擅长的是弹奏钢琴，在吉他、小提琴或双簧管等乐器上都没有天分。几乎所有的"白痴音乐天才"的视力都不佳，其原因可能是多方面的。有些"白痴天才"是盲人或只有部分视力，病因是他们的妈妈在怀孕期间感染了风疹。还有一些"白痴天才"在早产后吸收了过多的氧气，以至于血管将血液输送到了视网膜，导致视网膜发生病变。所有"白痴音乐天才"都有严重的语言障碍，就算语言能力的确会有所长进，过程也是迟缓的。"白痴天才"的词汇量少得可怜，即使他们能够逐字复述篇幅很长的一段文字或对话（"盲人汤姆"可以逐字复述长达15分钟的对话），也完全不解其意。几乎所有的天才都只会人云亦云，机械地复述别人的讲话。他们在其他方面的能力要么无法测试，要么还没有发育。抽象思维、比喻和谚语是他们力所不能及的事情。唯一没有迟滞发育的是他们对数字的记忆力，在这一方面他们与同龄的人一样发育完好。也许正是这唯一尚存的能力使他们也拥有其他类型"白痴天才"所拥有的才能：万年历计算。

在相当长的一段时间里，人们认为"白痴音乐天才"的能力只是基于模仿。他们被认为能够回忆起并弹奏曾经听过或为他们演奏过的音乐。19世纪末，"白痴音乐天才"的记忆被比喻为留声机的蜡筒（wax cylinder），如今的比喻是"磁带录音机记忆"（tape recorder view of memory）。这些"白痴天才"的轶事更巩固了这一说法，他们一个音符接一个音符地弹奏曾经听过的音乐，包括那些错误。他们听过一段乐曲之后会不假思索地开始重复弹奏，给人以纯粹模仿之感，就好像精神病患者在模仿他人言语一样。"白痴音乐天才"演奏的只是单纯的音乐结构，没有阐释，也没有情感，所有的是规律性以及节拍感。近期的研究证实了上述观点。米勒认为，较早的文献在描述"白痴天才"的音乐才能和他们智障间的矛盾是有些窘迫的。这一问题通常采取相对的观点来加以"解决"，即天才们要么有音乐才华，要么是心智不全的。米勒进行了一些实验研究，并发表了关于"白痴音乐天才"帕拉维西尼（Paravicini）的多篇论文。他认为，"白痴音乐天才"的能力与真正的音乐天才的能力在很多方面是相同的，这一点比通常人们想象的要多得多。

德里克·帕拉维西尼（Derek Paravicini）是个早产儿，他出生时仅25周，体重一磅多一点。让他维持生命的氧气对他的视网膜造成了无法修复的损伤。他的运动系统也出现了严重的官能障碍。到了两岁左右时，家人发现他对声音的反应力是非凡的：不管他听到什么声音，收音机的声音、鸟鸣声还是玻璃和餐具叮当作响的声音，他都会用自己的声音模仿出来。他可以模仿小型电子琴上弹奏出的曲调。一年后，父母给他买了一架钢琴。德里克的导师亚当·奥克尔福特（Adam Ockelford）是一家智障儿童机构的音乐教师，是他让德里克的才能得到了进一步的发展。德里克9岁的时候已开始和爵士乐演奏组一起举办音乐会。奥克尔福特在有关报告中写道，德里克平日里笨手笨脚，但在接触琴键的那一刹那就完全变了一个人，那双原本连扣纽扣或皮带扣都做不来的手却可以弹奏出最华美的乐章。

学习乐曲需要花费时间，德里克每天得花上一些时间听好几遍才记得住一首新曲子。不过一旦记住了他就永不会忘记。记一首曲子和记另外一首曲子是不相关的。奥克尔福特在一次与维姆·凯泽（Wim Kayzer）的谈话中将德里克的记忆和刺猬作比较。刺猬身上的每根刺都是完全独立的。一旦知道如何接近某一根刺，你就可以把它拔出来。但是如果对刺猬避之不及，那么你永远也抓不住它。正因为如此，德里克无法将《蓝调心情》（*Mood Indigo*）与其他任何与情绪相关的音乐加以联系。

德里克的音乐才能如刺猬身上的刺一样根根独立。他不说话，只是发出声音，事实上与音乐无关的任何东西他都学不了。然而这绝无仅有的才能并非完全一成不变。他喜欢临场发挥。当伴唱者调子没起准时，他会马上顺势转变曲调，无论伴奏是多么复杂。他可以用任一琴键弹奏头脑中所有的乐曲。正如奥克尔福特强调的那样，德里克的才能不是基于即时回忆而是基于一种能够处理音乐结构的健全能力。

米勒在对5个"白痴音乐天才"进行了实验研究之后得出了一个类似的结论。他在一系列音乐测试中将这几个"白痴天才"的演奏和5位成人钢琴家的演奏进行比较，这5个孩子中有4个在他们的老师眼里拥有超凡的音乐才能。米勒研究了音感中出入最大的构成成分，比如说节奏感、对旋律的记忆、在和弦中听出每个音符的能力以及用耳朵判断音程的能力。当测试进行到绝对音准环节时，这些"白痴天才"们的能力发挥到了极致，他们在这个领域有着明显的优势。但是在其他测试中，他们的演奏看起来与对照组的演奏颇为相似。正如米勒所言，"白痴天才"们的音乐理解力"更具技能性而非忠实性"，没有丝毫"磁带录音机记忆"的影子。研究结果表明，与其他的实验对象一样，"白痴天才"们对音乐的含蓄结构，比如和声和韵律是敏感的。当出现违反音乐秩序的情况时，例如不连贯、随机音符、不规律的音程或者不寻常的和弦，这些"白痴天才"的演奏与对照组的类似。他们的听力和记忆力与其他的受验对象一样是有选择性的。米勒总结道，"白痴音乐天才"的才能像真正的音乐天才一样完整无缺。"白痴天才"们在一个有限的领域里拥有某种能力的事实并不意味着这种能力本身是有限的。

在这个重要的方面,"白痴音乐天才"们是独一无二的。一般而言,"白痴天才"们的能力不会与那些非"白痴天才"的能力共享。戴夫和我们之间的差别不是他计算日历的能力比我们强,而是我们根本就做不了。不过,除了这一因素,"白痴音乐天才"们与其他人没有什么两样。他们中大多数是男性,有着孤独症的行为特征,语言能力低下。特别是语言能力低下被认为是对他们技能之源最关键的解释。关于天才综合征发展的理论一节将继续探讨这个问题。

陨落的天才?

任何翻阅这几十份"白痴天才"病例的人都会发现,关于这些天才特征的概括总结都是有失偏颇的。这些"白痴天才"绝大多数是男性,不过女性"白痴天才"也的确存在。不少"白痴音乐天才"是盲人,但也有人拥有正常的视力。大多数"万年历计算天才"是孤独症患者,不过也有例外。"白痴天才"们的本领几乎都是先天的,但也有可能是因为脑损伤,比如脑膜炎而造成的。如果临床医学家成功地开发了"白痴天才"们的其他技能,他们的天分通常就会消失,不过有时候也不尽然。几乎所有的"白痴天才"都存在语言障碍或者根本不会说话,但是也有"白痴天才"能够在相当短的时间内掌握一门外语。对"白痴天才"而言,没有什么条条框框,没有什么规律可循。他们也许符合某些刻板模式,比如说盲人钢琴家或患孤独症的"万年历计算天才",但刻板模式之间也有天壤之别,即使在一个看似统一的分类里也是如此,比如说"万年历计算天才"这一类人的行为和表现就多种多样、各不相同。

为了给学者综合征找个说法,区别对待"白痴天才"们能够干什么和他们为什么做得到的问题看来是合理的策略。回答第一个问题需要做一个调查，调查的内容是他们使用的策略以及这些策略是否基于记忆、计数或者方便的经验法则。回答第二个问题需要一种理论，它能够解释为什么"白痴天才"们可以利用这些策略而其他大多数人则不能。目前，我们还没有一个权威的理论能够解释绘画天才和患孤独症的"万年历计算天才"之间、盲人音乐天才和能够背诵长篇汽车时刻表的记忆大师之间隐含的关系。大多数假说都有其局限性，因为它们只是针对一种类型的两三个"白痴天才"而提出来的，如果超出了那个领域就没有或罕有借鉴的价值。

迄今为止，最老的也是最浪漫的假说是"白痴天才"们命中注定要作为天才来到这个世界，但是在他们出生前或是在降生时出了问题。其结果是灾难性的：因为离奇的事故，他们所有的天分都被破坏或者被永久性地损伤，只有一个才能留存了下来。如果没有那场灾难，他们本可以拥有过人的智力，成为耀眼的天才数学家、作曲家或者艺术家。他们的大脑就像一个灯火通明的宫殿，宫殿内一间间房子里的灯光因为灾难而相继熄灭了，整个楼群变得暗淡无光，直到最后有一道光线从唯一的一扇窗子里放射出来。关于"白痴天才"成因的说法有很多。在18世纪，人们认为如果一个怀孕的妇女突然休克，其后果对她的孩子来说是致命的。在19世纪，有人说孕妇醉得不省人事时怀上的孩子将拥有令人畏惧的心智力量。现在我们知道，在怀孕期间接触到有害物质或是在生产时缺氧都会对孩子的健康造成极大的损害。但是不管什么原因，如果在损害中仅有一种才能得以幸存并完好无缺，就会出现典型的"白痴天才"，"白痴天才"的能力就是在诸多缺陷中傲然独立的一种天赋。

针对这一假说有很多驳斥意见，事实上就是因为反对意见太多了所以大可以忽略不计。"白痴天才"们的天赋绝少是那种聪明的大脑所拥有的天赋。如果意外事件让高斯几乎所有的才能消失殆尽，那么他计算日历的天赋也不会幸存下来。如果艺术大师毕加索（Picasso）被剥夺了几乎所有的天赋，他也绝不会像史蒂文·威尔特希尔那样作画。如果音乐之父巴赫（Bach）的能力几乎全被破坏，他也不会变成德里克·帕拉维西尼。"白痴天才"们的专才是停滞不前的，就好像这些才能一直以来就是他们的全部所有。正因为如此，这种天赋过早地出现，通常是在两三岁的时候，而在那时通常已被认为是定型了。天才们的天赋常常看起来是静态的。娜迪亚5岁时画的画比毕加索10岁时画的画都要好，不过她的水平一直停滞不前，而毕加索的天赋不断地完善发展。史蒂文也一样，他很小的时候就开始作画了，但是他从来没有像正常的孩子那样画画：他不是从画腿上的脑袋或是从画长着耙子般手臂的小人着手的。从一开始，他的画就有着成人画的风范。"白痴音乐天才"也是如此，他们的天分在很小的时候就显露出来，甚至比那些最早熟的真天才崭露头角的时候还要早得多。"白痴天才"们所能做的是拥有仅存的一丁点儿才能。他们失去的是成为凡夫俗子，而不是成为真天才的机会。

第二种假说试图在补偿说中寻找解释和说明。"白痴天才"们无一例外地对他们身边发生的事不感兴趣。有时候感觉障碍会让他们对周围的一切无动于衷，有时候心智障碍，比如说孤独症，会将他们封闭在一个狭小的、尽可能静止不变的世界里。"白痴天才"们一根筋地专注于他们单一的才能。社会习俗和外部世界里发生的一切都不会让他们分神，他们所做的就是把脑筋和记忆放在日历、地图、时刻表、啤酒以及其他能够吸引他们注意力的东西上。剩下来的就是实践和循环往复。乍一看，专注似乎与人们对智障的一般看法是矛盾的，傻子在他们自己独特的小天地里变成了天才。"白痴天才"就是专注、一根筋以及永无休止的重复的产物。

曾对"万年历计算天才"戴夫进行过研究的英国心理学家迈克尔·豪威将这种补偿假说（compensation hypothesis）应用到记忆的工作方式中。他发现，"白痴天才"们在标准的记忆测试中获得的分数要比在其他能力测试中得到的分数略高，但是他们的分数比起正常的实验对象要低得多。那些没完没了的记号、序列号、邮政编码、人口统计数据以及其他毫无意义的数据的记忆材料是如何在他们的记忆里被最后加工的呢？一个正常人会很急切地将某样东西牢记在心，比如说一首诗，因为他所依赖的是对记忆的熟悉程度。他知道用什么方法来记，他一行一行地学习这首诗，不停地测试，不断演练。不过豪威认为，洞察某人自身记忆（metamemory，亦称元记忆）的工作方式不是识记（memorization）的一个先决条件，最重要的因素是注意力（attention）。毫无疑问，"白痴天才"们对储存在他们记忆中的材料是尤为感兴趣的，他们对之给予了高度细致的关注，并且乐此不疲。正是因为他们关注，所以很自然地将该材料准确无误地储存起来。普通人也会对某些东西一时头脑发热，比如飞机、汽车制造或者是机车等，对这些玩意儿很多男孩子从来都是兴趣十足，他们能够很轻易并且很快乐地储存大量再稀奇古怪不过的数据。事实上，"白痴天才"和这些常人的不同并不太在于怎么记，而在于他决定记什么。

既然如此，人们会问：为什么"白痴天才"对那些无趣的事情感兴趣呢？话到此处，我们发现有趣的事取决于我们的其他选择，即能够分散我们注意力的其他东西。如果研究一本日历，我们的思想很快就会走神到其他更吸引人的东西上去了。一些数字会让我们想起生日、庆祝、周年忌日或者是假日。所有这些联想都会把我们从一本光秃秃的日历上吸引开。豪威在研究报告中写道，"在注意力聚焦细节之前头脑相对空空也许是件好事"。豪威将"白痴天才"的这种状态比作孤独的囚禁，即一种即便是正常人也会强迫自己对墙上的砖头数量感兴趣的状态。

关注力假说（concentration hypothesis）没能解释的是"白痴天才"天分的实质问题。"白痴天才"的专才隐藏了一种自相矛盾的关系。一方面，正是那些互不相干、芝麻大的小事常常让他们经久不忘。在这一方面，"白痴天才"们的记忆是非常有选择性的，正如英国精神病学家朗顿·唐恩所说，"白痴天才"们所记的是光秃秃的、肤浅的事实，而不是这些事实之间的联系，也不是这些事实所能划归的类别。另一方面，"白痴天才"们似乎能够获取事实表面下的规律性，比如说日历的顺序、一首乐曲的和声结构或是透视画法的规则。这种获取似乎需要一种在识记过程中能够高度出神的能力，也就是提炼（abstraction）的能力。对"白痴音乐天才"来说，怎么可能对和弦和调式的复杂顺序有感觉，而对言语的结构懵懂无知呢？为什么"万年历计算天才"能够看穿日历背后的潜规则而不是简单乘法运算的法则呢？

脑功能单侧化

哈佛大学的两位神经病学家盖拉伯达（Galaburda）和季斯温（Geschwind）根据一些个案研究提出了一种假说。该假说认为，在胚胎发育的第10—18周内，大脑呈加速度发育和形成。在这个阶段的巅峰期，大脑的发育是爆发性的：每2秒钟会有大约10,000个神经元出现。所有这些神经元都在进行生死挣扎：在婴儿出生后不久，大量未能和其他神经元形成连结的神经元会相继死去。根据对人脑和动物大脑所做的实验，盖拉伯达和季斯温猜想大脑左半球的发育比右半球的发育略微迟缓，因此左半球比右半球更容易受到出生前有害物的影响。雄性睾丸激素的活动是可能的有害影响之一，这些激素在胎儿睾丸形成期间在胎儿身体内循环。睾丸激素水平的增高对皮层的发育起到了抑制作用，至于原因目前尚不清楚。由于大脑两个半球的发育不平衡，其后果对左半球的影响更为严重。在那种情况下，盖拉伯达和季斯温坚持认为那些自由的、还处在孤立状态下的神经元可以从左半球移往右半球。在最极端的情况下，这会导致右半球优势的出现。

就大脑功能区域的分布来说，我们希望在"白痴天才"的身上看到同样的模式：在多数"白痴天才"身上，当某种主要由左脑控制的功能（比如语言的处理和产生）受损时，就会出现与空间信息相关的补偿性转变，例如地图记忆力或图像记忆力。这一假说或许还可以解释男性"白痴天才"比女性"白痴天才"多得多的有趣现象,因为雌性胎儿的睾丸激素水平要低得多。诵读困难这种较轻微的语言障碍绝大多数时候发生在男性"白痴天才"身上,这一事实进一步支持了上述假说。也许该假说最富价值的地方在于,如果神经元的转移是一种渐进的、不完全的过程,那么"白痴天才"的能力的多样性就具有了一个合理的神经学上的解释。

心理学家利昂·米勒已经令人信服地将关于"白痴音乐天才"的发现套用到了大脑功能单侧化这一假说里。他研究的两位"白痴天才"在大脑左半球有神经学上的缺陷。其中一位右脑脑瘫,另一位左脑组织萎缩。几乎所有的"白痴音乐天才"都有严重的语言障碍,由此导致心理功能衰退,而心理功能是比较重要的沟通渠道。这也意味着一种阻碍其他功能发展的潜在方式消失了。在某些方面,语言和音乐是相互对立的两种功能,而语言处于一个相对优势的地位:当音乐作为背景播放的时候我们能够阅读和说话,但在别人说话的时候欣赏音乐就要困难得多。"白痴音乐天才"是在语言发展的关键时期发展了音乐欣赏力。对正常孩子来说,他们会投入精力去扩大词汇量、提高对声音和音准的敏感性、发现单词构造和句子结构的潜规则、掌握阅读、讲话和写作所需的微妙的动力系统以及识别字母和单词图片,而"白痴天才"们则把全部的精力投入到发展和提高其特殊的技能上。如果(实际情况也基本如此)"白痴天才"同时存在视觉上的缺陷,那么他对于音乐的敏感性甚至可能大大增加,其结果是以音乐专才等价交换掌握母语的词汇量、语法和发音的能力。

哪怕是受过最严重的损伤,人脑也有能力恢复受损前的部分功能。没有什么损伤严重到影响引入新秩序的程度。脑阻滞和损伤会导致一个迂回通路、便道和便桥网络的形成。跟在某种缺陷的消极性一面之后的常常是补偿性的积极的一面。在"白痴天才"身上,那特有的才能可以开启一条沟通的渠道。算术超人杰迪戴亚·巴克斯顿的心算能力没有作为一种社会交往的工具发展，更谈不上作为享用免费啤酒的最佳途径，但是它的确起到了这样的作用。"白痴天才"们的才能一旦被发现和发展，就会变成一种沟通的方式，当用语言无法沟通时这种方式更加弥足珍贵。史蒂文·威尔特希尔的画是孤独症铠甲上的裂缝。在一家智障儿童机构任音乐教师的奥克尔福特有时得应对跟德里克·帕拉维西尼不同的智障儿，他们像德里克·帕拉维西尼一样有智力障碍，却并没有把音乐作为一种表达方式。如果某个像那样的智障儿尚存一点理解能力，希望与他人分享他的情感，那么他得到的往往是失望、挫败和侵犯，因为他无法与人沟通。奥克尔福特认为，对德里克来说，音乐是作为与朋友交流的专有方式而存在的。"他绝不会坐下来，在一首肖邦的乐曲或类似的乐章里倾吐他的心声。音乐本身对他来说不是目的，而是一种获取某样东西的方式。"

虽然不无裨益，但狭隘的沟通始终存在着一种危险。"白痴天才"们在家庭或智障机构以外的世界进行日常交流通常会遇到问题。为了帮助智障儿发展更传统的交流方式，比如说语言，在某些案例中培养"白痴天才"能力的做法已经被停止或不予鼓励，在现实中，对"白痴天才"的治疗式介入，结果因人而异。史蒂文·威尔特希尔接受了职业培训，现在的职业是主厨，他的绘画才能没有因为治疗而受到影响。有着画马天赋的娜迪亚在一所专为孤独症儿童开设的学校里学习了说话和算数，但是小时候的绘画天分几乎完全消失。如今，她只是偶尔在布满水汽的窗玻璃上涂鸦。

第9章

盲棋大师的记忆之谜
与托恩·西杰布兰兹的对话

The memory of a grandmaster: a conversation

1999年11月6日早晨9点30分，托恩·西杰布兰兹（Ton Sijbrands）坐在荷兰奶酪重镇豪达（Gouda）一家保险公司的会议室里。在他面前的桌子上放着一盒丹纳曼牌（Dannemann）雪茄，雪茄旁边有一张纸，纸上写有20个竞争对手的名字。在同一座建筑物另一头的一个大房间里，那20个人坐在各自的棋盘后面，这些人是排名全国第一的国际跳棋协会——豪达丹姆拉斯特（Gouda Damlust）的成员，其中6人是一流棋手，其他14个人也是很有实力的棋手。西杰布兰兹刚刚和他们握过手，并祝他们比赛愉快。9点40分，他用一个整场开通的电话线在棋盘上下了他的第一步棋：32–28。整整15个小时后，也就是次日凌晨0点40分，最后一位棋手退出了比赛。这次西杰布兰兹共赢了17盘棋，输了3盘棋。比赛中他的20位对手连大的获胜机会都没有。

西杰布兰兹，这位前世界冠军，在这场比赛中的获胜率为92.5%，他在同步盲棋赛中的个人纪录又前进了一步。他的第一场正式同步盲棋赛是于1982年在海牙举行的，当时他赢了10盘棋中的8盘，创造了新的世界纪录。从那以后，他的纪录一直无人打破。这次在豪达的比赛更是扎扎实实地巩固和提高了自己的战绩。

西杰布兰兹在豪达的整场比赛中总共走了1708步棋，每一步棋都是多种选择和精心计算的结果。在开局之后，一个决策树（decision tree）就构建起来了。到了中局的时候，决策树的分枝（branch）变粗而成为一个完整的树冠（crown）。西杰布兰兹同时应付了像这样的20棵决策树。在长达

15个小时的同步比赛中，一定有好几万种步法经过了他的大脑。他是如何做到的呢？他有着摄影般的记忆吗？他"看见"了所有的步法吗？

大赛半年之后，我对西杰布兰兹进行了一次访谈。上面的最后一个问题让我们的谈话有了一个糟糕的开局。

"我就怕你问这个问题。几天前我对妻子说，我敢打赌他会问我在下盲棋时到底看到了什么。我真的觉得几乎没办法说什么。在思考一步棋时，在你的脑海中到底出现了什么呢？是一幅图像，但又不是很具体。比如说，我不是看见了棋盘边沿，也不是看见了正在下的某个棋子，也不是棋子的颜色。我想我所见的和你在下一盘普通的棋并努力将步法具像化时所看到的没有什么两样。实际上每一位有着前瞻性思维的国际跳棋手都在下盲棋。我能说的就是这些。希望你不要对此感到失望。"

运用代码减轻记忆的压力

于是我改变了提问策略，问了几个旁敲侧击的问题。

对你来说，有没有什么可能化繁为简的特别策略存在呢？你使用特别的代码吗？

"在开局阶段，我确实用了你所说的特别代码。80年代末期，我开发了一个开放代码系统，每个代码最多由3个数字组成。最常见的开局法32-28从数字1开始。在下盲棋时，我用8种不同的开局法，并把这些开局法用到不同的棋盘上。在第1盘棋上，我出32-28，在第2盘棋上，我出33-28，等等。理论上有9种开局法，但是我从不用32-27开局，因为对我来说这个开局法对应的代码是9。我不是很喜欢这种开局法，因为这样的话很有可能会变成31-27或是31-26开局法。第8种开局法35-30是相当冒险的，我还是照下不误，但是我会想办法抓住第8盘棋上的对手，让自己侥幸成功。这样一来，第9盘棋再次有了第一种开局法，等等。"

这么说来是代码使开局阶段变得井然秩序，并且帮助你回忆起所有的步法？

"正是这样。如果每一次都走同样的开局法我会发疯的。我尽可能让比赛有所变化，我喜欢挑战极限。尽管如此，还是得小心走好每一步，因为即使运用了不同的开局法，后面的走法也可能是一样的。在这场盲棋赛中有两盘棋，第3盘和第19盘中有11步走法是一样的，当时我就叫停，因为那样会给我的记忆增加额外的负担。"

哪些比赛是最难记住的呢？

"在下盲棋时，我最担心的就是那些毫无章法的比赛。一开始大规模换子，结果却只赢一子的情况，是你不得不忍受的，但是之后如果出现黑棋和白棋都在自己的地盘里占优势的局面，你就会找不到方向，走出很多无意义的步法。那种比赛真是糟糕透了。1993年，我参加了一场盲棋赛，碰到了这样的情况：我的一个棋子成王，对手吃了我的国王，我失子惨重，但是比赛还是持续了8个小时。那是那场盲棋赛中耗时最长的棋局之一。当时我记住了整个排兵布阵（build-up），但是相当吃力。我可不想像那样下上18盘棋。在上一场盲棋赛中，我和裁判通好了气，遇到这种情况时裁判会善意地请求对手停赛和棋，不过当然不能强迫他这么做。我的对手们善意地接受了这一安排。我想只有一位对手放弃了和局。"

对一位盲棋手来说，困难和障碍似乎不止这些。每一步棋都是一个空间图案，但是每一步棋都在发展形成中。你要训练运子，跳出陷阱，或给对手的棋子设置障碍，还得学会把握时间。

"设计一种方案需要精力的高度集中，当对手走出你预想中的一步棋时，你要准确地记下来这一步棋在比赛计划路线中的位置。"

当你忙于思考时，你通常会不停地动你的手指，就好像在空中搏击一样。你到底在做什么呢？

"我常常坐在那里，用手指轻轻地、有节奏地敲打桌子的边缘。每敲一次的意思是黑棋走子，之后是白棋。这与走法的方向无关，纯粹是比赛节奏的问题。"

如果你是按棋形（pattern）和一定的逻辑来思考下法，那么对手走错棋对你的比赛有令人不快的影响吗？

"这确实要求精力高度集中。最麻烦的事就是原本中规中矩的对手突然走出一步愚蠢至极的棋。在这种情况下，做出一个明确的回应是需要很大勇气的。你会不停地想：也许我正在犯一个错误，这不可能是对的。你非常担心自己走错棋，你猜想对手一定有什么理由走出那么一步少见的棋。你再次回想整局比赛，以完全确认那确实是一步错棋。也正是因为如此，我自己最感兴趣的是和棋法有逻辑性的顶尖高手对弈。"

与常规赛相比，你对盲棋赛中自己的表现怎么看？

"我的感觉是，我在盲棋赛中的表现不比在计时同步赛中差。我认为你最好将盲棋赛与计时同步赛相比较，而不是与常规的同步赛比较。在盲棋赛中你有更多的思考时间。在常规同步赛中我不会取得盲棋赛中这样的赛绩。相比常规赛，我在盲棋赛中很少输棋。我想我一生中也就输过两场盲棋赛。在盲棋赛中，我享有能够坐在座位上的优势。这听起来可能老套，但坐下来有助于集中精神。评估下棋的准确水平不是一件容易的事。和高手对决是绝对有好处的，因为这样你有更多的机会遇到可认知的棋形，不过当然了，他们不是最顶尖的棋手。"

那样的盲棋赛一定是对自己专注力的巨大考验。随着比赛的进行，保持专注力是否会越来越困难？

"令人欣慰的是并不会。一路过关斩将有助于我坚持下去。中盘通常会比较难走，到了这个阶段，你已经奋战了几个小时，而且你知道会再次出现长时间拉锯的情况。不过这与棋盘上的局面没有什么关系，对此我还记得相当清楚。一旦尾局出现，情况就会好转起来。我想象得到的唯一难题就是在终盘我有几个国王及对手有几个国王，比如说我跟对手持有国王的比例为 5 ∶ 2，理论上我是很容易获胜的，但是那些国王可以分布在任何地方，很难记住。但这种情况在我参加过的盲棋赛中还没有出现过。"

国际跳棋棋手下盲棋的能力似乎取决于该棋手的综合能力。几乎所有的特级大师都会下盲棋，但是没有达到特级大师和大师级别水平的棋手几乎无人能做到这点。因此下盲棋不是一种独立发展的天赋，而是特级大师们才智的一部分。对你来说也是如此吗？你训练过下盲棋吗？你是如何发现自己会下盲棋的呢？

"在豪达盲棋赛中，有一位对手是我幼时的朋友，他叫哈利·科尔克。小时候，我常和哈利待在他的房间里下棋，一下就下到深夜。他妈妈会过来让我们关灯睡觉。但是我们才下到中盘，所以我们就在黑夜里你一言我一语说着步法直到比赛结束。我从未训练过下盲棋。我快 16 岁时曾下了一场 1 对 10 的盲棋赛，这才发现自己好像有下盲棋这个能力。随着年纪的增长，这种能力也好像没有减退。盲棋赛无非是比常规比赛时间长一些，那还是因为对手比较多的缘故。"

高度选择性的记忆

任何观看西杰布兰兹 1 对 20 盲棋赛的人一定想知道他是否有着超常的记忆力。

"那正是人们所想的。我确实相信自己对感兴趣的事情，比如文学和政治，有着良好的记忆力，但是我对日常事物的记性很糟糕。如果有人问我是否得拿着一份购物清单去商店买东西，我的回答是肯定的。我的记忆是有高度选择性的。"

那是显而易见的。西杰布兰兹还是一位国际象棋高手，他数次赢得他所在的国际象棋俱乐部的冠军，但是下盲棋国际象棋他就力不从心了。

"我最多只能看到前面四步，然后棋子就开始在我眼前飞舞，我完全被搞糊涂了。"

他笑了笑，继续说道："简单地说，那就像在跳棋赛中走错棋时的反应一样。在国际象棋常规赛中，我也最多只能看到前面四五步。"

关于盲棋象棋手们因比赛高度紧张而带来的赛后反应还有一些精彩的故事呢。曾在1945年创下45场胜赛新纪录的阿根廷国际象棋手纳道尔夫（Najdorf）赛后三天三夜都睡不着觉，直到智穷计尽，他才在电影院睡着了。西杰布兰兹也一样，有些比赛会让他想上好多天。

"有一次我在比赛中走错了一步棋，错误很明显，几步棋后对手就提出了和棋。赛后的头一天，我深信是那着错棋让我失掉了一个子，我本来可以轻松地赢得那场比赛的。第二天当我在看台上观看斯巴达（Sparta）对阿贾克斯队（Ajax）的足球赛时，我又想起了那场比赛的终盘，最后我得出结论，那场比赛终究还是要以和棋收场的。"

这么说你可以在观看足球赛的同时在脑海里回顾一场盲棋赛的终盘？

这位阿贾克斯队的狂热球迷申辩道：

"噢，那场球赛真的没什么看头，传球失误太多。结果是2∶1，不过得说阿贾克斯队没有发挥出水平。"

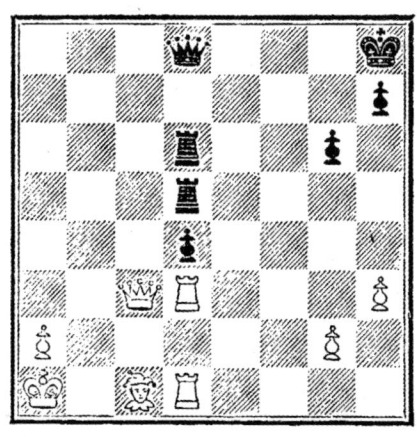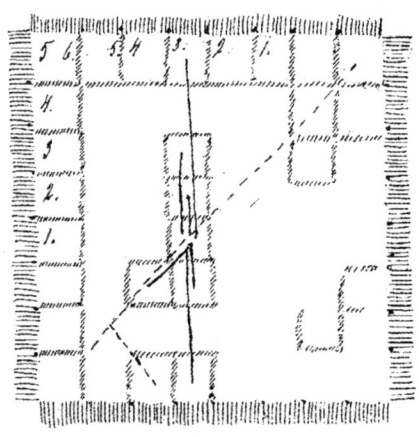

图7　国际象棋步法和西庭菲尔德关于此步法的心智草图

几乎没有文献描写过盲棋国际跳棋手，但是关于盲棋国际象棋手的著述却多得多。对于盲棋国际象棋心理学的兴趣和研究在很久以前就开始了，其年代与心理学本身一样久远：1894年，法国心理学家阿尔弗雷德·比奈（Alfred Binet）就多位巴黎盲棋国际象棋手的技艺进行了一项研究。其中一个结论也很适用于盲棋国际跳棋手：棋手们的技艺不是依赖于所谓的"摄影般的记忆"，由于盲棋棋手将以前有关赛事的经历以视觉的形式忠实地储存在记忆里，所以他们能够随意地唤起那些记忆。应比内的要求，盲棋国际象棋手西庭菲尔德（Sittenfeld）画了一幅草图，说明当他思考某步棋时"所看到的东西"。这幅图示意性很强，相当抽象，更像是一个可能步法的棋形，而不是一幅静态的图像。

西杰布兰兹用西庭菲尔德的草图来说明自己的情况：

"我所'看见'的当然不是完整和细致的图像，而是该步法（position）的相关部分以及步法的棋形。"

图像过于具体可能适得其反。西杰布兰兹指出，一般坐在棋盘后面下跳棋的人必须审视那些棋子，以便"看见"未来的步法。一幅当前棋子位置的图像过于持久不散不是件好事。国际象棋特级大师鲁宾·法因（Reuben Fine）曾在一次盲棋赛中提出需要一个空的棋盘，这样他就可以把在脑海中看到的棋子位置投射到棋盘上。不过他后来再也没用过这个方法，因为事实证明棋盘对他的思想造成了障碍。

通过对盲棋棋手们开展的一项研究，比内得出了一些结论。实验证实，棋手们没有将棋子位置的精确图像储存起来。心理学家、国际象棋大师德赫洛特（De Groot）和霍贝特（Gobet）所描述的一个实验就是很好的例子。在这个实验中，实验者给一位国际象棋大师看两个步法并要他记住，然后把棋盘拿走，问大师哪些棋子出现在哪些正方格里。在第一种情况中，实验者要大师回忆第二个步法中的一系列正方格。第二种情况中，实验者要大师回忆两个步法其中之一的正方格。尽管答案都是正确的，但是后一种情况耗时更长。显然，两个步法不是像两张照片一样储存在大师的大脑里的，从一个步法切换到另一个步法通常需要额外的时间。还有一个简单得多的论据可以驳斥"照相记忆"一说，那就是记住随便摆放的棋子要比记住合乎逻辑的棋子要难得多。

后来开展的各项研究已证实了下盲棋是因为空间而不是视觉的能力。在国际跳棋和国际象棋界里，有这样一些例子：有些盲人棋手达到了大师级的水平，有些特级大师后来致盲，但还是保持了原来的棋术水平。心理学家荣格曼（Jongman）在他的著作《在大师的眼里》(*In het oog van de meester*）中表明，大师在盲棋赛中所看见的"图像"不是一种感觉后像，而是一种再视觉化（revisualization）的形式。由于高超的水平和技能，特级大师能够在他的记忆里唤起重新构建一个步法所需的所有联想和代码。盲棋赛的关键要素是步法的棋形。在一篇剖析自我的报告中，鲁宾·法因描述了他是如何下盲棋的，在这个记述中，他用了大量的笔墨来描写棋子和棋子位置所唤起的联想。在这个方面，记忆发挥了关键作用。

西杰布兰兹也是如此，棋子的位置激活了关于先前的比赛、经典开局、终盘分析、战术运子以及陷阱等记忆的整个网络。在他主办的《国际跳棋》（*Dammen*）杂志中，西杰布兰兹分析了一些盲棋赛，在此你可以读到下面的一些文字："这个棋子位置之前曾出现在1969年穗克（Suiker）锦标赛威尔斯马对西杰布兰兹的那一场比赛中。"或者"艾塞尔从左翼包抄填充了第18个正方格，从而复活了库珀曼（Koeperman）和彼得·伯格斯马（Pieter Bergsma）的时代"。在描述他和斯黑普（Schep）的比赛中，西杰布兰兹甚至这样说道，这场比赛让人想起"1995年西杰布兰兹对沃尔伯格（H. Voorburg）的同步计时赛，而那一年的比赛又让人清晰地回忆起了1958年德斯劳雷斯（Deslauriers）和库珀曼的第15次世界锦标赛对垒"。所有这些个案都能对今后排兵布阵起到借鉴和参考的作用。步法激活了西杰布兰兹大脑里一个精密的联想网络，所有这些联想将棋盘位置牢牢地固定在了记忆里。

荣格曼将下盲棋的才能称作"附带现象"（epiphenomenon），即副产品。它是特级大师全部技能的一部分。它自动发展，不需要任何特别的训练。尽管如此，培养下盲棋的能力和大师技能还得满足另外一个条件。一种成就，比如说西杰布兰兹辉煌的战绩，只有在他毕生研究国际跳棋的情况下才能成为可能，而终生求索回馈了他全部技能和成就，这使西杰布兰兹能够在一场比赛中将步法和棋局发展、变化、储存为一个个单元，从而避免他的记忆超负荷。记忆中已有的知识帮助他辨识出盲棋赛中的棋形。

这一结论导致了一个悖论。西杰布兰兹惊人的现象记忆（phenomenal memory）有部分原因是他记得多，同时也记得少。他记得少，因为他不把某一个具体的步法当作棋子所有个别步法的总和，而是当作一个整体的棋形来记忆。他记得多，因为棋形转而唤起一个事关以前参加或研究过的比赛的整个联想网络。真正神秘的事情是，某人怎么能够将国际跳棋下得如此登峰造极，倒不是他在同时迎战20位对手的盲棋赛中也能做到这一点。

2002年12月21日，西杰布兰兹创造了新的纪录。19个小时又35分钟后，他取得了88%的成绩：赢17局，和5局。

第10章

脑损伤和记忆
身心的巨大创伤对记忆的影响
Trauma and memory: the Demjanjuk case

1942年8月至1943年8月,德国在波兰的特雷布林卡(Treblinka)死亡集中营雇佣了一位名叫伊万·格朗兹(Ivan Grozny)的乌克兰人,此人异常残暴,身材肥硕,有一个绰号"恐怖的伊万"(Ivan the Terrible)。这个家伙的工作是控制毒气室开关,打开开关毒气就会放出来并注入毒气室。"二战"期间在集中营被屠杀的犹太人达85万之多,而此人显然是一名刽子手和帮凶。

30多年后,也就是1975年,美国俄亥俄州克利夫兰市福特汽车厂的一位工人约翰·德米扬科(John Demjanjuk)首次被怀疑犯有战争罪行。德米扬科是乌克兰后裔,1951年移居美国,他是福特汽车厂的机械工。事情是这样的:德米扬科的名字出现在"二战"结束时苏联红军缴获的德国文件里,苏联当局把这份文件转给了几位美国参议员。美国法律规定,对在其他国家犯下战争罪行的人免予起诉,但是,如果一经证实某人在移民程序中撒了谎,那么此人将被剥夺美国公民权。1947—1951年间,德米扬科因无国籍而被扣留在德国的一个兵营中,在那里美国移民局的人曾就其战争期间的行为及其他事情对他进行过盘问。德米扬科告诉移民局的人,1937—1943年他一直是波兰一个叫作苏比堡(Sobibor)村庄的农场工人。这与德国文件所记述的情况不符,德国文件上称一位名叫伊万·德米扬科的乌克兰人曾在特拉尼奇(Trawniki)训练营接受过集中营工作的训练。1977年,美国因德米扬科曾经在特雷布林卡死亡集中营担任过警卫而起诉了他,并剥夺了他的美国公民权,德米扬科对判决不服,不过最后他被引渡到了以色列受审。许多人应该还记得电视上播放德米扬科被引渡到以色列时站在飞机舷梯上咆哮的样子。从1987年起,在耶路撒冷进行的审判一直围绕着约翰·德米扬科和"恐怖的伊万"是不是同一个人的问题。

以色列检察官试图通过两个事实来证实德米扬科就是伊万。在早期的调查过程中,一位特雷布林卡死亡集中营的幸存者(当时几个犹太人曾被迫在毒气室工作,后来在1943年8月2日的暴动中逃生)证实,有几位幸存者认出美国移民局1951年为德米扬科拍摄的身份证像上的人就是伊万。另外,有一张带照片的身份证也说明德米扬科曾在特拉尼奇训练营参加过一个集中营警卫的培训课程。除了证人的证词和那张身份证外,德米扬科本人也向法庭提交了有关案发地的辩词,不过他对案发地的解释缺乏说服力而且总是摇摆不定。1988年,以色列法院判处德米扬科死刑。当他在牢房里等待上诉结果时,柏林墙倒塌了,苏联的一些档案文件也得以公诸于世,这给原本已尘埃落定的案情带来了一个意外的转机。

在耶路撒冷的法庭上,荷兰心理学教授瓦格纳作为专家证人出庭辩护。在这之前不久,5位特雷布林卡死亡集中营的幸存者已经指认了德米扬科,他们坚决和动情的证词似乎消除了人们对被告人身份的疑虑。这场审判的电视转播曾在全球播放。瓦格纳决定出庭辩护,当时这一举动遭到了很多人的攻击,主要是因为人们觉得质问那些显然积攒了全部勇气来和德米扬科或者说伊万进行对质的老人不是件光彩的事。在那些老人的头脑里、睡梦中仍然充斥着对特雷布林卡那段恐怖经历的记忆,所以"证人证词不可靠"这样的提法好像是不合适的,是会引起公愤的。证人们称无法抹去对那段历史的记忆,就像那些回忆不仅被"识记",而且被蚀刻在他们记忆里。

1988年,瓦格纳出版了他的《辨认伊万》(*Identifying Ivan*)一书。书中的结论和书出版后的事态发展让我们明白,德米扬科一案教会了我们很多关于脑损伤情况下(这种情况在死亡集中营里相当常见)的记忆和认知

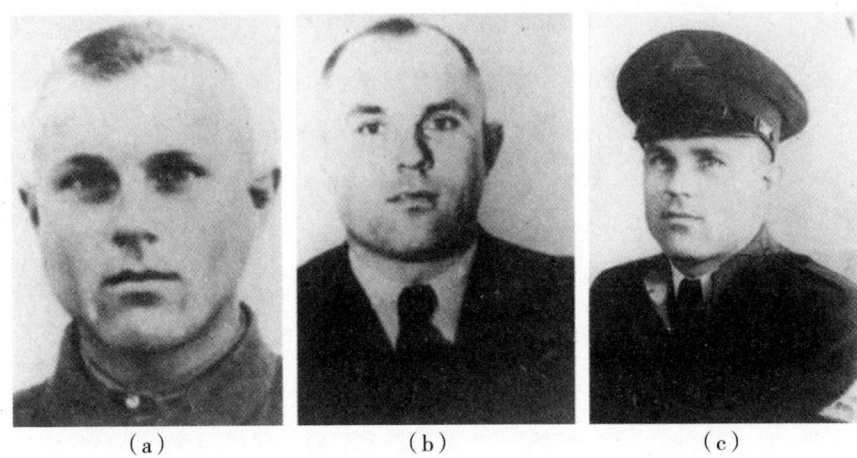

图8 三位德米扬科。照片（a）摄于1942年，截取自被称作"特拉尼奇证书"的身份证，当时德米扬科22岁。照片（b）是1951年美国移民局拍摄的身份证像。照片（c）上的德米扬科时年25岁，这张照片直至1987年才被发现，但没有在身份鉴别调查中使用，因为当时德米扬科的其他照片已经广为人知了。

的知识，由此我们也明白在身份鉴别过程中必须采取一定的防范措施以免混淆是非。

特雷布林卡集中营

特雷布林卡是一个死亡集中营。该集中营与其他两个死亡集中营贝尔扎克（Belzec）和193公里外的苏比堡均位于波兰的东部。1942年，希特勒下令开始执行德国解决犹太人问题的最终方案，命令以上三个死亡集中营执行这项高度机密计划。那些被遣送到特雷布林卡死亡集中营的人与被遣送到德国布痕瓦尔德（Buchenwald）或德绍（Dachau）等集中营的人命运不同，他们不是去作奴隶劳工，而是被毒气毒死。有一条专用的铁路运输线通往特雷布林卡，特雷布林卡位置隐蔽，位于茂密的丛林地区。大批大批从波兰的犹太人区以及后来从捷克、希腊和保加利亚等国的城镇驱赶出来的犹太人被塞进拥挤不堪的货物列车运到特雷布林卡。自从弗朗茨·斯坦戈尔（Franz Stangl）被任命为该集中营的营长后，屠杀行动以一场奇特的舞台剧表演拉开序幕。根据他的命令，一个虚拟的火车站被搭建起来，火车站的配备很齐全，有一个很大的挂钟，还有写着"餐馆"和"电报和电话办事处"的招牌。站台的列车时刻表上写明了来自维也纳和柏林的列车抵达和始发的时间。当又一批犹太人到达时（每一次大约有两三千人），他们被强制赶下列车，并被告知已到达一个中转集中营，得为下一步的行程做些准备。犹太人先是进了公共浴室，穿的衣服也被消毒。他们交出了身上的贵重物品，并被告知这些东西会被妥善保管，等沐浴后就原物奉还。刽子手们将男人和妇女小孩分开，他们把妇女和孩子赶到一个简陋的房舍里，命令他们脱掉衣服。女人们的头发被剪掉（集中营和死亡集中营里收集的头发被加工成工业用的毛毡，毛毡和其他东西一起又做成了德国潜水艇上船员穿的拖鞋）。那些走不了路的老弱病残者被送到"传染病院"或"军事医院"，"医院"的上方有一面红十字旗在飘扬，这些人一进入用松树枝伪装的带刺铁丝网围墙内，就被勒令站在一个大坑旁边，然后被乱枪射死。其他的人赤身裸体地排着长长的队沿着一条叫作"耶稣升天街"的小路走过写有"往公共浴室"的路牌。浴室的门一经封闭，一台从缴获的俄罗斯坦克上弄下来的柴油机就发动起来，释放出一氧化碳。毒气通过装在淋浴喷头上的管子注入到"浴室"里。30—40分钟后，里面的人全被毒死。德国党卫军在门外听着里面的动静。等到他们一喊"都睡着了"，浴室的门就被打开。因为成百上千的人被塞进狭小的空间里，那里连人倒下来的地方都没有，所以门打开时，所有的尸体都是站立的。从到达"火车站"到命丧黄泉不到两个小时的时间。

不少犹太人应该是被骗进死亡之地的。在德国纽伦堡审判上（1945—1946），一位逃出纳粹魔爪的幸存者塞缪尔·拉兹曼（Samuel Rajzman）作证说，有一天一辆发自维也纳的火车到站了，车上一位年届八旬的老太太向集中营的副营长库尔特·弗朗茨（Kurt Franz）提交了一份文件，文件上称她是大名鼎鼎的心理学家弗洛伊德的姐姐，她乞求对方给她一份文书工作。弗朗茨假装仔细研究文件，回答说一定有什么地方搞错了，然后和她走到火车站的列车时刻表前，对她说大约两小时后一辆列车将把她带回维也纳。如果她把身上的东西留下来，去浴室盥洗一下，就会把她的文件还给她并且给她提供一张返程车票。

集中营配备了20—30名纳粹党卫军士兵。从贝尔扎克死亡集中营调来的副营长库尔特·弗朗茨负责每天从火车站到浴室等地方的调度。他那种虐待和处决人的残暴方式使人对他畏惧万分。他巡视的时候总是带着一条名叫巴里的狗，那条狗也受过训练会攻击人的腹部。集中营还雇佣了一些乌克兰人担任警卫，这些人原是战俘，后来因受训成为纳粹党卫军警卫而苟且偷生，在特雷布林卡集中营里大约有100名乌克兰人。纳粹用"犹太囚犯特别突击队"的名目来搪塞这些乌克兰人。这些"乌克兰就业人员"的任务是分拣衣物、给女人剃头、清理和清洁毒气室、拔出死者嘴里的金牙以及掩埋尸体。刚开始的时候对这些人的轮换是很频繁的。在1961年对纳粹党徒艾希曼（Eichmann）的审判中，幸存者作证说，大部分突击队员因忍受不了这份差事而在早晨点名时请求被赐死。后来在德米扬科一案中作证的伊利亚胡·罗森堡（Elijahu Rosenberg）当年也证实不少人在干完长长的一天清理死尸的活儿后在房舍里用皮带上吊自杀，他们相互帮助，踢掉对方脚底下的凳子。后来，营长斯坦戈尔采取了一个办法，将工作进行分工，一群相对稳定的"犹太就业人员"得以苟活下来。

1943年春，德国党卫队和秘密国家警察头子希姆勒（Himmler）对集中营进行了一次视察。他下令焚烧尸体，包括那些已经被掩埋了的尸体。挖土机把很多掩埋了尸体的大坑挖开，尸体被放在焚化炉里烧掉。到了夏天的时候，那些死人坑基本上已经清理完毕。"犹太就业人员"注意到被送进集中营里的犹太人越来越少，他们认为集中营不久后将被关闭，自己也会被送进毒气室。于是他们决定暴动。1943年8月2日正午，他们用盗配的钥匙冲进了武器库。虽然武器被分发到各人手中，但由于纳粹党卫军士兵听到了他们起义的风声，他们被迫放弃占领集中营的计划。大约有700名犯人试图冲出集中营，大多数人被守卫在瞭望塔上的党卫军士兵射死，不过约有20人侥幸逃到了周围的丛林里，并在那里偷生直到"二战"结束。这些人中有几位写过关于特雷布林卡集中营的回忆录或文集。一位来自波兰首都华沙的木匠彦科尔·威尔尼克（Yankel Wiernik）的回忆录于1945年问世，后来来自捷克首都布拉格的理查德·格莱扎（Richard Glazar）也发表了对那段不堪回首往事的回忆。德米扬科一案中的大多数证人都是当年逃出集中营的人。

在那次失败的起义中，集中营里大多数建筑（除了毒气室以外其他建筑都是木制的）都被烧毁。未能逃脱的犯人被勒令拆除集中营并且毁掉所有杀人的痕迹，之后德国人将他们全部杀人灭口。后来，德国人在那里耕了田，种上了羽扇豆，建了一个农场，再后来把这个农场移交给了乌克兰的一个农民家庭。

辨认德米扬科

德米扬科1920年出生于基辅地区的一个小村子。第一次世界大战后，乌克兰被并入苏联。在30年代初期，也就是德米扬科大约12岁的时候，斯大林的农业政策致使乌克兰这个曾被誉为"欧洲之腹"的国家出现人为的饥荒，这场饥荒波及上百万人。当德国人入侵苏联时，时年19岁在一个集体农庄里担任拖拉机手的德米扬科被征召加入了苏联红军。虽然德米扬科对苏联的忠诚度不是很高，但在部队里至少有望填饱肚子。1942年5月，德米扬科在克里米亚半岛被俘。他被关进了位于波兰切尔姆（Chelm）的战俘营，那里布满了带刺的铁丝网。犯人们睡在他们自己挖掘的地洞里，地洞一到秋天就灌满了雨水。给他们分发的食物少得可怜,他们被迫什么都吃:草根、腐败和死掉的东西,甚至人吃人。在战俘营里,德米扬科重新遭遇了30年代他在家乡大饥荒期间所经历的一切。

1942年春,德国军队开始为所谓的"安全部门"在各战俘营中征召志愿者。这些部门的任务是捉拿犹太人、守卫集中营和死亡集中营。当时不少乌克兰人把斯大林政权看作是犹太布尔什维克分子的阴谋,这助长了他们的反犹主义情绪,使他们成为德国人理想的帮凶。在此背景下,一个特殊的纳粹党卫军训练营在波兰特拉尼奇一个废弃的制糖厂开营了。1942年

图9 贴有德米扬科(左下)和费德伦科(右下)照片的相册页

7月，德米扬科自愿到特拉尼奇集中营工作。

就这一点而言，德米扬科一案的控方和辩护方对德米扬科的战争行为是没有歧义的，即使在苏联发现新的文件之后，各方对德米扬科在这之前个人历史的看法也是一致的。值得注意的是，后来的审判认为，最早的文件说明德米扬科曾在苏比堡而不是特雷布林卡死亡集中营工作。

对于发生在特雷布林卡的战争罪行，人们的注意力一开始集中在另一个乌克兰人弗杰德·费德伦科（Fjodor Federenko）身上。德米扬科和费德伦科的名字都出现在一份定居美国且被怀疑犯有战争罪行的乌克兰人的名单上。1976年初，美国移民局要求以色列的一个特别警察部门寻找曾在苏比堡或特雷布林卡死亡集中营待过的证人。这个被称之为以色列纳粹罪行调查部（The Israeli Unit for the Investigation of Nazi Crimes, INC）的机构前身是"06局"，该局是专为纳粹分子艾希曼的案子而成立的。INC从美国移民局那里获得了17个乌克兰嫌疑犯的照片。调查是由当时70岁高龄的米里亚姆·拉迪夫克（Miriam Radiwker）夫人主持的。她在报纸上刊登了一则启事，称对"乌克兰人伊万·德米扬科和弗杰德·费德伦科"的调查正在进行，希望苏比堡和特雷布林卡死亡集中营的幸存者能够站出来说话。在这则启示上，拉迪夫克夫人无意间说出了嫌疑犯的名字，而此时实际身份的辨认工作尚未展开。INC所获的那17个嫌疑犯的照片是被粘在硬纸片上的，无法一一展示给人看。没有错误的备选答案，或者"转移注意力的人"，照片上的人全部都是嫌疑犯。

由于第一批证人图拉斯基和格德法柏的指认，调查的焦点开始集中在费德伦科身上。当时没有理由假设那些特雷布林卡的幸存者认识德米扬科。图拉斯基曾在特雷布林卡的机械厂做技工活儿。他说，他开始有些犹豫，但后来越来越肯定他认识费德伦科。德米扬科的照片就在费德伦科照片的左侧，图拉斯基一直都能看到，但他就是始终只字未提德米扬科。格德法柏不认识费德伦科，不过他说排在第16号的人看着眼熟，他说出的那人的

图10 特拉尼奇训练营部分人员。第二排左二为德米扬科。

名字既不是德米扬科,也不是伊万。拉迪夫克夫人曾无意中提及德米扬科和伊万这两个名字之间的联系有重大嫌疑。遗憾的是,她习惯于事后才写出身份辨认程序的报告,然后总结案情,到了耶路撒冷审判开庭时,她已是81岁高龄,再也回忆不起当年事件的准确情况。

第二天又对图拉斯基进行了询问。这次他说他知道德米扬科和伊万这两个名字,而且他"立刻并且很肯定地"指出第16张照片中的人就是伊万。这样问题自然就出现了:图拉斯基真的认出了伊万,还是只认得头一天看过的费德伦科照片旁边的那张照片呢?

还有一个问题是身份辨别真伪的相对重要性。特雷布林卡的一位幸存者史罗摩·海尔曼(Shlomo Helman)曾经参与毒气室工程的建设,他一直待在集中营里直到犯人们举事。他曾和伊万一起工作过不少时日,他估计伊万当时30岁左右。德米扬科这个名字对他来说没有任何意义,就像他对第16张照片中的人几乎一无所知一样。相比之下,第17张照片中的费德伦科看着更面熟。还有一位证人伊利亚胡·罗森堡，看出第16张照片和"那个在第二集中营工作、人称'恐怖的伊万'的乌克兰人伊万"有着惊人的相似之处——一样的头型，圆圆的脸，秃头，粗脖子，宽下巴。但是罗森堡也说，"我不能完全肯定能认出他"，而且他在辨认费德伦科时没有任何特别反应，尽管德米扬科和费德伦科的照片紧挨着。

简单地说，一开始指认费德伦科的证词比指认德米扬科的证词更有说服力，这也决定了费德伦科的命运。1979年，费德伦科在美国的一个审判庭上承认他曾经是特雷布林卡死亡集中营的纳粹党卫军警卫，后来他被引渡到苏联并于1986年夏在那里受审，不久后被处决。

1979年，苏联公布了新的证据。缴获的德国文件里有一张发给伊万·德米扬科的带照片的身份证，也就是所谓的"特拉尼奇证书"（Trawniki certificate）。身份证上的照片摄于1942年，身份证上还注明了德米扬科的服务号（身份证号）1393，身份证的发放日期为1943年3月27日，上面还写明了德米扬科的派驻地为苏比堡。与此同时，苏联政府还向美国政府转交了一份对曾任特拉尼奇警卫的伊格那特·丹尼尔契安科（Ignat Danielchenko）的审讯报告，丹尼尔契安科称他曾与德米扬科在特拉尼奇共过事，后来他先后在弗罗森堡（Flossenbürg）和雷根斯堡（Regensburg）两个集中营做事。美国调查者们（当时对德米扬科的审讯还只是在美国进行）没能当面审讯丹尼尔契安科，不得不凑合着使用他那份宣过誓的文书速记记录。美国调查者们向以色列负责调查纳粹罪行的部门提供了8个人的照片，要求把这些"特拉尼奇系列人员"拿给证人指认。德米扬科混在了"另外"的7个人当中，几位证人都认出了他。这本应该是比较有说服力的了，但问题是那时几乎所有的证人都熟知了那张美国移民局于1951年给德米扬科拍的身份证照片。美国移民局自身也错失了一次让一位证人在看到1951年版德米扬科的照片前指认那张特拉尼奇照片的绝佳机会。美国移民局先出示给证人奇尔·米尔·拉希曼（Chil Meir Rajchman）一组1951年的照片，然后才是一组特拉尼奇训练营人员的照片。当时这位证人认出了德米扬科1951年照的那张照片，但没有认出特拉尼奇系列人员中德米扬科的照片。不过，一年之后，在美国克利夫兰进行的对德米扬科的审判中，他又认出了德米扬科在特拉尼奇的照片。

到了那个时候，美国法官发现已经有足够的证据证明德米扬科在1951年向美国移民局提交了虚假信息。不管他是否曾在苏比堡或特雷布林卡死亡集中营工作过，反正他不是农场工人，而他自己关于案发地的种种辩解也找不到任何证据。1981年，德米扬科被剥夺了美国公民权。

相比之下，在耶路撒冷的审判期间，德米扬科到底被派驻在哪里工作成了一个至关重要的问题。证人们的证词和文件上的说法存在着分歧。特拉尼奇的证书上说他被派到了苏比堡，而特雷布林卡幸存者的证词与此相矛盾。有些人很肯定地认出了德米扬科。一位曾在特雷布林卡工作过的德国护士也称她能认出照片上的德米扬科。相形之下，苏比堡死亡集中营为数不多的几位幸存者都没能认出他。在审判期间，一个事实逐渐浮出水面，那就是大约有30位幸存者曾经试图指认德米扬科，但大多数人都没有认出他来，辩护方当时没能掌握这一情况。另外，原特雷布林卡集中营副营长库尔特·弗朗茨当时正在德国杜塞尔多夫（Düsseldorf）服无期徒刑，也未能在1979年指认他。关于德米扬科的工作地的一致性问题，有人提出德米扬科先是在苏比堡工作，然后被派到特雷布林卡，或者甚至是往返于两地之间。这种可能性也是存在的，因为当时德国当局在这种事情的处理上是比较仓促的。

在耶路撒冷的审判庭上，瓦格纳的专家辩词集中在预备调查期间的身份辨认过程上。根据他后来在《辨认伊万》一书所作的解释，正确的身份辨认过程得满足50条法规和规定。他在书中写道，这些法规当中有42条是与辨认伊万有关的，但是调查官未按规定执行的不少于37条。没有清晰的事实报告：调查过程中没有笔录，没有录音，没有指示说明文件，也没有逐字逐句的速记材料，也没有采取安全防范措施避免将证人的注意力引到某一张照片上。照片页上的人员没有清白无辜者，因而没有机会给出"错误"的答案。照片本身五花八门，尽管人们早就清楚要找的人长着圆圆的头、粗粗的脖子，但是符合条件的照片只有一张，那就是德米扬科的照片。错误的指认没有引起应有的重视。实际上是由调查官来决定诸如"这张脸让我想起……"之类的回答是认对了人还是认错了人。在后来的一次调查中，那些照片反反复复地被拿给证人看，这让证人更有机会认出他们之前见过的那张照片而不是那个要找的人。调查过程中没有采取防范措施避免证人之间相互影响。事先就互相通过气的证人并没有被要求回避。调查官对证人们说他们正在找某个人，指认后证人们即被告知指认是否"成功"，如此一来，证人们就可能相互串联，有些事情就会被传出去。瓦格纳对整个调查过程中所使用的方法非常鄙夷："我不会说调查过程是个闹剧，但是一场彻头彻尾的闹剧也不过是多违反几条规则罢了。"

在当时，德米扬科的几张照片已在各大媒体上出现了数十次之多，显然整个世界都对身份辨认过程中最引人注目的一段兴趣十足。在耶路撒冷审判期间，5位特雷布林卡的幸存者证实他们完全能够肯定坐在被告席上的人就是"恐怖的伊万"。

1988年4月，法庭认为，证人们的证词以及德米扬科本人站不住脚的辩解足以证实了"恐怖的伊万"和约翰·德米扬科同属一人。德米扬科被判处死刑，和1962年5月31日被绞死的纳粹头子艾希曼一样，等待他的将是绞刑。他当即提出了上诉，在等待上诉结果的时候，案情发生了戏剧性的转机。

脑损伤和记忆

著名的美籍奥地利心理学家布鲁诺·贝特尔海姆（Bruno Bettelheim,

1903—1990）在"二战"前就在德国布痕瓦尔德和德绍两个集中营里被囚禁了一年。1939年被释放后他移居到美国，并在那里撰写关于集中营生活的回忆录。为了让自己与那段不堪回首的往事之间保持足够的距离，他将那些笔记搁置了三年之久。1943年，贝特尔海姆出版了一本关于集中营里普遍存在的极端条件下人类行为心理学分析方面的书。他在序言中写道，对自己来说，观察自己以及观察其他犯人和看守他们的纳粹党卫军士兵的行为是保持自身心智平衡的一种手段，也是避免自己性格分裂的一种保护形式。

在集中营里，他没有办法记笔记，所有的一切都得靠记忆。不过，贝特尔海姆注意到自己"因极度营养不良和其他导致记忆衰退的原因而受到极大的困扰，其中最重要的一点就是感到'这有什么用，你绝不会活着离开集中营'，这种念头因为一起被关押的犯人相继丧命而与日俱增"。他只能通过不断地重复以及干活时再次复习来记忆发生过的事情。贝特尔海姆移居到美国后，他终于感到安全了，于是那些似乎已经忘却的东西大部分又被回忆起来了。尽管如此，集中营里的生活无疑对他的记忆造成了极大的损害：过去曾经是不假思索、自然而然的东西，现在回想起来也要费好大的力气。

事实上，问题还不只这么简单。在集中营恶劣的条件下，他对周围事物的观察已经丧失了其固有的特性。想要活着离开集中营的首要条件就是不引人注意。任何人，不管是出于什么原因让党卫军士兵留意到自己，就会性命堪忧。第二个命令是：不该看的东西不要看。一个犯人看见一个党卫军士兵在虐待另外一个犯人，只要被发现就会性命不保。连被动遵守命令也是不够的，贝特尔海姆在书中写道：主动地表明自己一无所知要安全得多。他举了一个纳粹党卫军士兵鞭打一位犯人的例子：

在打人过程中他可能会对一队路过的犯人们友好地喊声"干得好"，那些人看到这个场景已经结结巴巴地说不出话来，他们还把头扭过去，撒腿就跑，装作什么都没看见。显然，他们突然狂奔和掉转头清清楚楚地说明他们已经"看到了"，不过只要他们很明确地表示出他们已经接受了不去了解不该知道的事情的命令就不要紧。

这种逻辑有悖常理：要了解你可能看不到的东西就得看，为了清楚你必须假装没看见什么就必须知道自己实际看到了什么。贝特尔海姆认为，视而不见和置若罔闻就是党卫军作出的违背犯人意愿的主要规定。只知道别人允许你知道的事情，这种情况往往只会出现在婴儿身上。自主地观察并且相应地作出反应是一个独立的生物最原始的本能，对那些极为重要并值得认真作记录的事情视而不见是对人类个性的摧残和破坏。

犯人们之所以尽量"不去看"还有另外一个原因。任何人只要看到一个犯人被鞭打而义愤填膺地上前见义勇为，那么他肯定也活不成。

> 大家都知道，那种义愤填膺的感情反应无异于自杀，如果看到那种场景实在是做不到无动于衷，那么只有一个解决方法，就是不去看，也就不会有反应。如此一来，观察力和反应能力就不得不作为一种保护行为而被自动地封闭起来。但是如果一个人放弃了观察，放弃了对事物作出反应，放弃了采取相应的行动，那么这个人就等于放弃了自己的生活，而这正是纳粹党卫军们希望发生的。

从其他集中营和死亡集中营里逃出来的人也曾提到，在正常生活中诸如观察和记忆这些理所当然的事在集中营里却出现了问题。幸存者大卫·帕特森（David Patterson）在回忆录《从光明到黑暗》（*Sun Turned to Darkness*）中写道，记忆和其他许多事情一起被清除或者被摧毁，许多曾经在集中营里待过的人都抱怨记性差。奥斯维辛（Auschwitz）集中营的幸存者法尼娅·费列农（Fania Fénelon）在回忆录中写道，她发现给孩子们讲故事越来越困难，而孩子们没有意识到她的记忆力正在衰退。另一位奥斯维辛集中营的幸存者奥尔加·冷耶尔（Olga Lengyel），主要是通过记忆力衰退而注意到自己和其他人的记忆大不如前。在集中营里时时刻刻存在着致命的危险，对无时无刻的威胁本能地作出的高度警备、体力严重透支、精神萎靡不振以及营养品和维生素B缺乏（缺乏维生素B可致使思维意识不清），所有这些不利条件都对记忆力造成了严重的损害。

犯人们的认知力同样也受到了极大的损害。艾列·科恩（Elie Cohen）曾是荷兰格罗宁根省（Groningen）阿德瓦德市（Aduard）的一位执业医生，后来他被赶到奥斯维辛集中营，任务是给犯人们看病。利用工作之便，他通过证明犯人有病而暂时救了一些人的性命。1971年，他出版了反映战争年代的回忆录《深渊》（*De Afgrond*）。书中有这么一段描述：一个男人走进门厅，对他说道：

"艾列，你得救救我！他们要带我去腹泻病房，也就是毒气室。你得救救我。"我说，"你到底是谁？""我叫乔·沃尔夫，来自弗京吉斯特拉特（Folkingestraat）。"他曾经就住在隔我四个房间的房舍里，我们还彼此非常熟悉。我再也认不出人了。我无法在一个审判纳粹党卫军的法庭上作证。如果有人让我"指出你所认识的人"，我做不到，我认不出任何人。所有的一切都发生了如此可怕的变化。就像那些因健康状况而在集中营里变得让人认不出来的犹太人一样，我也无法再指认那些纳粹党卫军们了。

一位接受过专业训练、对明确定义的刺激物和参照组习以为常的心理学家，对那种极端条件下的记忆、认知和辨识能说些什么呢？诚实的答案一定是：几乎什么也没有。心理学未就死亡集中营这种极度损伤的情况下记忆的可靠性问题进行系统的研究，但是从几个案例中收集到的有限数据表明，即使是非常强烈、令人情绪激动的记忆也有失真的可能。瓦格纳和格罗恩尼维格（Groeneweg）对德·莱克一案证人、证词所作的调查证据充分，可以为证。

马林努斯·德·莱克（Marinus de Rijke）在1942—1943年间任艾力卡（Erika）监狱的狱长。艾力卡监狱位于荷兰上艾瑟尔省（Overijssel）的欧门（Ommen），它原是一个关押荷兰罪犯的监狱，不过那里的管理让人想起德国集中营：享有特权的犯人可以受命管理其他犯人。一些犯人被打得奄奄一息，德·莱克就是最狠毒的警卫之一。1943年，荷兰当局察觉到狱中事态的发展，于是将之关闭。在战争期间，犯人们在极端困苦的条件下过活。有1000名犯人曾被转到德国做苦力，这些人身体极度虚弱、疲惫，干不了力气活儿。最后活着回到艾力卡监狱的不足400人，而这其中又有大部分死在监狱里。1943—1948年间，荷兰警方陆续收到该监狱幸存者的申诉。当时德·莱克逃脱了处罚，不过1984年有关方面决定对他提请诉讼。电视对当年的审判进行了转播，在原告对德·莱克作出控诉之后，几位证人上前作证，但是法官最后判决对德·莱克施虐的指控已经无效，因为指控已经超出了法律所规定的时间期限。在审判时，15位曾在20世纪40年代作过证的证人被要求重新作证，这让瓦格纳和格罗恩尼维格得以将这些人40年前的证词和40年后当庭作证的记录进行比较。结果发现，证人们前后两次的证词有很大出入，这不禁让人对经历了如此漫长岁月的记忆的可靠性产生质疑。

关于犯人们具体是何时被拘押到监狱是有记录的。在20世纪40年代进行的调查中，11位证人中只有一两个人记得的日期和实际被关押的日期相差1个多月。40年后，这个比例大幅增加，19个证人中有11个人给出的日期与实际日期相差甚远。不少证人给出的具体日期和实际日期相差6个月以上，这就是说他们记得是在完全不同的季节被关到监狱里去的。那些曾受过德·莱克虐待的人（在这个意义上他们与德·莱克直接相关），似乎不比那些没有受过德·莱克虐待的人更能认出照片上的德·莱克。20位证人称德·莱克在监狱时穿一身制服，而另28位证人说他一直穿着便装。11位证人称德·莱克鞭打犯人，而另外同样人数的证人说他从未用过鞭子或其他器具虐待犯人。在那些事先没有看过审判德·莱克电视节目的前狱犯中，只有58%的人能够从一张摄于监狱期间的照片上认出他来。对那些本应蚀刻在记忆里的事情的回忆也变得不准确。正因为如此，证人V曾看到德·莱克和另一位守卫将一名犯人打死，而到了1984年，他忘记了德·莱克和另一位守卫的名字，也把犯人和死难者与另一起虐待案搞混淆了。证人范·德尔·M（Van der M.）曾受过德·莱克的残暴虐待以至于几天都走不了路，而到了1984年他所记得的是德·莱克时不时揍他。证人范·德·W（Van de W.）也曾受过德·莱克的虐待，但是他后来记得虐待他的人叫"德·布劳恩"（De Bruin）而不是德·莱克，而且他也忘记了德·莱克是如何虐待他的了。证人S于1943年称德·莱克和另一位守卫在一个蓄水池里溺死了一个犯人，到了1984年，他非但忘记了溺死人那件事，而且还矢口否认他曾作过那样的指控。

尽管有不少回忆看起来是正确的，而那些记忆在40多年前和40多年后也如出一辙，但是这里有一个很显然的问题：对于决定接受哪一种声明为正确的说法本身是没有标准的。德米扬科一案也存在着类似的问题。证人伊利亚胡·罗森堡曾在1947年去以色列为德米扬科一案作证的路上在维也纳发表了一份声明。他在声明中说伊万在1943年的那次起义中被杀，当时几位犯人冲进了兵舍，用铁锹杀死了熟睡的伊万（因为清早气温很高，警卫们都是轮流值班）。而到了耶路撒冷的审判庭上，他解释说维也纳的采访者误解了他的意思：他的本意是说别人告诉他伊万已经死了。但是没过多久，由罗森堡本人于1944年签署的一份声明公之于众，声明里他声称自己亲眼看见了伊万之死。我们该相信谁呢，是1944年的罗森堡？是1947年的罗森堡？还是1987年的罗森堡呢？

对损伤性记忆的绝对可靠性提出质疑还另有原因。1978年，弗兰克·华勒斯（Frank Walus）在波兰南部城市捷斯托霍瓦（Czestochowa）被控犯有战争罪行，指控他曾是纳粹党卫军和盖世太保。战后，他在美国安了家，并改用了华莱士（Wallace）这个名字。有不少于 11 位证人曾指认他。其中有一位名叫大卫·盖尔博豪尔（David Gelbhauer），此人曾被迫在盖世太保设在捷斯托霍瓦的总部工作，他有 3 年多时间几乎天天和华勒斯打照面。盖尔博豪尔曾亲眼历见华勒斯拷打、虐待和杀人的恶行。另一位证人称弗兰克·华勒斯曾经闯进他家并殴打了他的父亲，当时邻居们告诉他那个作恶的家伙叫弗兰克·华勒斯。还有一系列证人出面，全部指证华勒斯有罪，之后华勒斯被剥夺了美国公民权。在他后来的上诉中，红十字会的文件以无可反驳的事实证明案发当时他大概 15 岁，在巴伐利亚的一个农场做工并有照片为证。华莱士后来被宣告无罪并恢复了美国公民权。

  且凡记得瓦格纳指出的辨认一个人要用 50 条法规、法令作依据的人一定会自问，这与犯人们生活在特雷布林卡死亡集中营条件下的回忆和认知有什么关系。要记住那些极端的条件下发生的事不需要一个特别的记忆法吗？一个长时间生活在有生命危险的环境里（而且那已是很久远的事）的人作证时用那种指认小偷和抢包者的程序合适吗？这些问题几乎会理所当然地出现，但是同样肯定的是：问题的答案是否定的。

  所以说多年以后，证人们被要求指认的嫌疑犯早已非彼人也。哪怕是一大群人排着队指认他，40 或 50 多年前的彼人也不会复生了，已经有什么东西取代了他。昨日的战犯和今天的嫌疑犯被一层新的东西隔开，而这一层东西主要是文书文件：身份证、证书、照片、登记注册的入监时间以及档案中的草签文件。在诸如德米扬科一案的审判中，每一样东西在长达数千页的法律卷宗中都是以序列号 XXX 的形式表现出来的。然而，这分隔今昔的夹层同样也在连接着什么。文书文件必能弥合时间上的距离，它们得证明现在站在被告席上的人就是那个曾经犯过战争罪行的人。但是同一份文件也会蒙蔽人。见证人对那个人过往的记忆关系重大，在法律上关系重大，只不过由于那些记忆能通过文件的方式与该嫌疑犯发生联系。证人们过去在那个恶魔手下所遭受和经历的一切，他们所看到、听到的一切，所有对那个恶魔的恐惧,都被归结为对那个文书文件层所引发的问题的回答:这是他的照片吗?那是他的笔迹吗?他穿过特别的制服吗?

源自那个文书文件层的问题以及问题被提出的方式都有其自身的逻辑。制定那些有关辨认身份的法律和规定就是为了消除任何疑虑,尽管它们是形式主义的。在辨别身份的过程中,每一个错误、每一个过失都会对控辩双方造成伤害。如果德米扬科是真正的"恐怖的伊万",那么在辨别其身份的过程中所犯的错误就是作了伪证,显然所得出的结论也就缺乏说服力。对明确的辨别身份标准的需要不仅是为了保护犯罪嫌疑人而且也是为了赋予证据以实质内容和权威性。反过来,不正确的身份辨别程序会导致无辜者受罚,不过这种情况没有在德米扬科一案中发生。在德米扬科上诉期间,最富戏剧性的一幕发生了。

犯罪现场:苏比堡

德米扬科的辩护中最薄弱的部分就是他不在犯罪现场的证据。关于德米扬科不在犯罪现场的说法不一而足,任何一种新的或老的说法都没有得到确凿证据的引证。最初德米扬科称他曾在苏比堡的一个农场做工,后来又说他未能在1951年告知美国移民局他曾参加过苏联红军,后来被德国人俘获这一情况。他也未能在申请移民时向美国当局反映以下情况:在"二战"的最后阶段他加入了乌克兰的一个军事部门,几个月后他应征到了一个由弗拉索夫(Vlasov)将军领导的一个反苏军事组织。当时,德米扬科为了不被引渡到苏联想尽了一切办法,包括编造谎言,因为他知道斯大林绝不会放过那些曾为外国军队卖命的人,这也就是为什么他早先称自己是农夫的原因。但是他为什么选择了苏比堡而不是其他地方呢?对此德米扬科解释说,在填写移民申请表时,他曾要求一个站在一幅波兰地图旁边的人帮忙给他说个地名,而那个地名碰巧就是苏比堡。但是苏比堡不过是两条铁路线的交汇处，地方小得在任何地图上都找不到。以色列法庭发现，只有到离苏比堡很近的地方才有可能知道它的存在。

还有一个与德米扬科不在犯罪现场有关的问题是突然出现在纳粹党卫军警卫丹尼尔契安科声明里的一个细节。据丹尼尔契安科称，所有纳粹党卫军士兵都把他们的血型刺在了左腋窝下。他举证说，他和德米扬科在巴伐利亚弗罗森堡兵营一起服役时曾有过那样的文身。德米扬科的左腋窝下确有一道疤痕，对此德米扬科解释说，该处原来的文身是在乌克兰而不是在德国刺上去的，当他加入弗拉索夫将军的反苏军事组织后就把文身清洗掉了。在漫长的审判过程中，德米扬科始终没能向法庭提供一条有说服力的不在犯罪现场的证据，只是到了上诉时一切才真相大白。

柏林墙的倒塌和苏联的发展使德米扬科一案的原告方和被告方有机会对一些档案文件进行研究。而在这之前，他们唯一的一份材料也是经苏联国家安全委员会（克格勃，KGB）审查过的。原告方在档案文件中发现了一份从特拉尼奇转到苏比堡的党卫军警卫人员名单，名单上有德米扬科的名字以及他的出生日期、地点和他的编号：1393。在另一份日期为1943年10月1日的文件中，写着德米扬科和丹尼尔契安科的驻地是弗罗森堡。在立陶宛共和国首都维尔纽斯发现了一份写于1943年1月的诉状，诉状称要给德米扬科25鞭子，理由是他未经批准擅自离开马伊达内克（Majdanek）死亡集中营（原因是他到邻村取洋葱和盐去了）。另外，丹尼尔契安科1949年写的一封免职信后来也被发现了，信中丹尼尔契安科举荐德米扬科任警卫，因为德米扬科在死亡集中营里的工作十分出色，有几次他还获准协助把犹太人从他们的居住区运到集中营来。除了这些乌克兰和立陶宛的档案文件外，在德国科布伦茨也发现了其他文件，这些文件称德米扬科和丹尼尔契安科曾于1944年被派驻到弗罗森堡。根据一个军械库的账目记录，这两个人都领过毛瑟枪和刺刀。

但是如果德米扬科不是特雷布林卡死亡集中营的伊万，那么他会是谁呢？

1988年，美国哥伦比亚广播公司（CBS）筹拍关于德米扬科案的纪录片，摄制组的有关人员奉命搜寻是否仍有住在特雷布林卡死亡集中营原址附近、认识"恐怖的伊万"的人健在。最后他们在离原集中营大约800米远的一个小村子找到了70岁高龄的玛丽娅·杜德克（Maria Dudek），她在战时曾当过妓女，也接待过一些集中营的警卫。老人家对"恐怖的伊万"很熟悉，她说有整整一年的时间他是自己的老顾客。对方曾经向她提起过他在集中营里的工作。当被问及是否知道他的真名时，她毫不犹豫地答道："伊万·马契安科"（Ivan Marchenko）。杜德克为曾经做过妓女而感到耻辱，所以拒绝上镜作证。当德米扬科的辩护律师尤拉姆·沙夫特尔（Yoram Sheftel）得到了CBS"60分钟"（Sixty Minutes）栏目播出的纪录片录像后，他决定前去拜访杜德克老人。他给老人看了一些人的照片，其中包括德米扬科的照片。他问她是否能从那些照片中认出马契安科，老人家说认不出来。沙夫特尔律师指着德米扬科的照片问老人他是否就是伊万·马契安科，老人家的回答是否定的。让沙夫特尔律师感到遗憾的是，这位知情者拒绝到耶路撒冷的法庭上作证。不过既然知道了马契安科这个名字，那么也就可以顺藤摸瓜直接查找有关档案了。

　　事情很快水落石出。在乌克兰国家档案馆找到了一份曾在特雷布林卡死亡集中营服过役、后在战争结束时被苏联红军俘获的纳粹党卫军警卫人员的忏悔录集。在这本忏悔录集中，有20多个人提到伊万·马契安科就是那个控制毒气室开关的人。另外还发现了一张马契安科的特拉尼奇身份证，一些证人认出了照片中的他。证人称马契安科当时30岁左右。马契安科操控毒气室的助手被认定为尼古拉·沙拉耶夫（Nicolai Shalayev）。沙拉耶夫于1950年被捕，他在审判庭上曾说，德国人关闭特雷布林卡死亡集中营后，他和马契安科一起被转到了意大利东北部的特里雅斯特（Trieste），以上说法在20世纪60年代被一些党卫军军官的声明所证实。一位曾在特雷布林卡作苦力的乌克兰妇女亚历山德拉·科帕（Aleksandra Kirpa）作证说，1951

年她和马契安科在集中营里过着"夫妻般的生活",马契安科曾一五一十地告诉她他在毒气室的职责。

新的证明文件在各个地方相继被发现,而且这些文件都能相互印证,这也最终扭转了德米扬科一案中因为证词、声明和身份证等造成的混乱局面。从所有的材料来看,"恐怖的伊万"确有其人(有关这一点从未被质疑过),但此人的名字是伊万·马契安科,而非伊万·德米扬科。现在我们也明白了为什么德米扬科无法给出令人信服的不在犯罪现场的证据了。作为一个曾自愿为德国人效命的人,他在破坏犹太社会方面已经发挥了作用,关于这一点很早以前就没有任何异议。不过,证实他在苏比堡犯下了战争罪行的代价是高昂的,也正因为他是在苏比堡犯下了罪行,所以法庭最后宣判对他在特雷布林卡所犯同样罪行的原指控是不成立的。

在耶路撒冷审判开庭的7年后和宣判德米扬科死刑的5年后,以色列法官们面临着一个从未遇到过的两难选择。对德米扬科的死刑无法执行,因为就原指控的罪名而言他是无罪的,但是他也不是一个清白的人,如果一开始就指控他是在苏比堡犯下了同样的罪行,那么理所当然他应该受死。经过漫长的商议三位法官最终达成了一致判决:德米扬科按原指控无罪。他又恢复了自由身。

那些指认德米扬科为"恐怖的伊万"的证人们说谎了吗?没有,他们只是犯了一个错误。也许并不是所有的人都犯了错误,也许只有一个人犯了错误。真正的过错在于辨认身份的程序组织得极不合理,以至于个别的错误被散播开来,积少成多,最终造成了伪证的出现。本来,给证人提供的最好服务就是一套有着最大限度的精确、审慎、严谨、保密和充分考虑到其他所有法律规定特性的身份辨认程序。在任何情况下,证人们都不能屈从于一个与名副其实的身份辨认没有什么关联的程序,就像是特雷布林卡的那个"火车站"与真正的火车站没有什么关联一样。

后　记

弗朗茨·斯坦戈尔（1908年生）在任特雷布林卡死亡集中营营长前曾是苏比堡死亡集中营的副营长，是他想出了搭建一个"火车站"从而将特雷布林卡变成一个死亡集中营的主意。战后，斯坦戈尔被捕，1948年他从奥地利越狱。在梵蒂冈政权的帮助下，他逃到了叙利亚。后来，他移居到巴西，并在圣保罗的大众汽车厂找到了一份发动机技工的工作。经一位前盖世太保官员的告发，西蒙·维森索尔（Simon Wiesenthal）掌握了斯坦戈尔的行踪，并最终将他引渡到德意志联邦共和国。1970年12月22日，斯坦戈尔因在特雷布林卡屠杀了至少40万犹太人被判处无期徒刑。1971年春，英国记者吉塔·塞伦妮（Gitta Sereny）对这位沾满了犹太人鲜血的刽子手进行了系列专访。这位杀人如麻的恶魔对记者说他仍为曾经是"奥地利最年轻的织工长"而感到自豪，他说那些年是他一生中"最快乐的时光"。在与记者最后一次会面的第二天，斯坦戈尔因心脏病突发死亡。

库尔特·弗朗茨（1914年生）在战后又干起了厨师这个老本行，并在德国杜塞尔多夫定居，未更名改姓。弗朗茨于1959年被捕，当时一本相册

（a）　　　　　　　　　（b）　　　　　　　　　（c）

图11　三个刽子手：（a）弗朗茨·斯坦戈尔；（b）库尔特·弗朗茨；（c）伊万·马契安科。

被查抄。相册里有一些在特雷布林卡拍摄的照片，照片上面的标题写着"快乐的日子"。1965年，弗朗茨被判对同案屠杀"至少30万人"、35起谋杀案以及1起谋杀未遂案有罪。对他的处罚也很不一般：他被判了35次无期徒刑外加8年有期徒刑。后来弗朗茨因健康原因被释放，他死于1998年。

伊万·马契安科（1911年生）是真正的"恐怖的伊万"。马契安科在毒气室工作的助手尼古拉·沙拉耶夫于1952年被处死。沙拉耶夫曾于1950年声称，他最后一次见到马契安科是在1945年春，当时他看见马契安科从南斯拉夫阜姆（Fiume）的一个妓院里走出来。马契安科告诉沙拉耶夫他参加了南斯拉夫游击队，不久后就要出发。马契安科还说他遇到了一位姑娘，想与她开始新的生活。从那时起，马契安科就没有了半点下落。60年代，苏联审判了一大批曾为德国纳粹卖命的乌克兰警卫，几乎所有的人都被判处死刑。这些人中没有马契安科。一直到了1962年，苏联当局还在通缉他。马契安科留在苏联的女儿们直到90年代初才了解他们失踪的父亲战时的行径。

伊万或约翰·德米扬科（1920年生）1993年9月22日获释离开以色列，搭乘了一架以色列航空公司飞往纽约的航班回到美国。在美国，引渡他的原理由被宣告无效，他也恢复了美国公民权。如今德米扬科在俄亥俄州克利夫兰过着退休生活。

（译者后记：2002年，美国政府又找到了新的证据再一次取消了德米扬科的公民权。2004年4月，美国联邦上诉法院维持了下级法院的判决，最终取消了德米扬科的美国公民权。）

第 11 章
记忆不可察的生命风景
时间都去哪儿了?

Richard and Anna Wagner:
forty-five years of married life

我们的记忆在应对日常事物方面的确不怎么灵光。想要回忆起那些无关紧要的事，或者声音以前是怎么发出的，过去对事物的感觉是怎么样的，房间过去的气味，品尝食物的方式等，都不是容易的事。你所爱的人过去的模样，你父母从前的样子，你孩子小时候的长相，你的妻子、丈夫、朋友过去的容貌，这些东西虽然与你很近，但是它们不知不觉地慢慢变化着，并努力地从你的记忆里挣脱出来。即使是你自己容颜的变化也在躲避着你：今天在镜子里看到的这张脸模糊了昨天的脸，更不用说一个月或一年前的那张脸。

如果我们的相貌是一本书，我们的记忆是一个藏书家，那么我们的记忆会把每一本新书放在得到妥善保管的旧版书旁边。我们可以翻看一个早期版本，可以将之与后来的版本作比较，然后说出什么东西已被删除、增加和修改。但事情并非如此，我们的记忆是为了有益进化而设计的一个工具，它不包括旧版书的收集。毕竟，如果我们现在看不出自己的孩子10年或者20年前的样子，那么回忆他们以前的相貌又有什么意义呢？所以算了吧！

我们之所以要原谅自己的记忆，还有另外一个理由。我们发现，决定什么已经发生改变比说出什么依然如故要来得容易。我们周围的人实际上和其他人一样，每天都变化着，或快或慢，只是因为我们天天和他们打交道而注意不到细微的变化，才觉得他们看起来没变样。当你感觉记忆的面孔上最新的印记和先前的印记没什么两样时，就责备记忆丢弃了原来的版本是不公平的。

在我们所属的时代，在我们所处的世界里，真正记起自己过去的样子是通过照片而不是回忆。摄影术已经改变了我们与我们对过去相貌的记忆的关系。在19世纪中叶以前，试着记住某人却不知道是该回忆他的脸还是翻看他的照片的问题是不存在的。摄影术的产生使回忆的确定性通过照片的方式定格下来。他曾经是那个样子：眼神、发型、五官。如今我们有了像摄影传记（photographic biography）之类的东西，几乎每个人，从出生到现在或者直到死亡，都可以通过照片记录下来。尽管这种视觉记录可能不会以同样的强度记录下生命的每一段历程，但不管怎么说它涵盖了整个一生，并且记录了那些缓慢得让我们察觉不到的变化。

从圣诞晚餐看人生风景的沧桑变化

从1900年结婚的第一年起，安娜·瓦格纳（Anna Wagner）和理查德·瓦格纳（Richard Wagner）夫妇就在每年的平安夜为自己拍照，并把照片当作圣诞卡寄给他们的朋友。他们一直这样做，直到1942年，也就是安娜去世的前3年。这其间只有几年没有照片。瓦格纳夫妇的一位女性朋友一直保留着他们寄给她的所有照片。大约半个世纪后，在原东柏林的一个阁楼里发现了这些照片，后来它们被公之于世。乍看上去，这些照片全都一个样：瓦格纳夫妇本人、一张摆放着圣诞礼物的桌子、一棵圣诞树以及几乎毫无变化的房间陈设。每一张照片都摄于同一个日子。照片中的背景一成不变，更让你清楚地看见照片折射出来的人生季节变化。你看到变化是徐缓的，尽管它们也可能突如其来，就像每年开春的那一天或是冬天似乎降临的那个早晨。每按动一次自动拍照器就表示又过了整整一年，瓦格纳夫妇通过这种方式清楚地表明了衰老的过程没有跟随着年历的平缓节奏。

理查德·瓦格纳生于1873年,他和安娜结婚时是一个狂热的业余摄影师,他会经常买最新款的照相机,即使为此花掉他一个月的薪水或更多的钱也在所不惜。他所拍摄的那些平安夜照片是富有立体感的快相。瓦格纳夫妇是中产阶级,妻子比丈夫小一岁。理查德曾在铁路部门担任秘书一职,后来成了一名检查员。夫妇俩一开始住在埃森(Essen),1911年他们搬到了柏林的萨尔茨堡大街,租了一套有两间半房的新寓所,他们后半辈子一直生活在那里。我们无从知晓他们的政治取向,尽管在沙发上方一直悬挂着早已在荷兰多恩(Doorn)避难的德国皇帝威廉二世(Kaiser Wilhelm II)的肖像。

理查德在两次世界大战中都没有为德国军队效力,1914年他41岁,大大超出了服兵役的年龄。夫妇俩一生未生养孩子。

在1900年拍摄的第一张平安夜照片上,瓦格纳夫妇两人看上去都比实际年龄年轻,当时夫妻俩分别是27岁和26岁。照片上安娜在和他们的小猫

图12　瓦格纳夫妇于1900年平安夜

Mietz玩耍，理查德正往圣诞树上加挂节日装饰物，这个场景给人的印象差不多是他们在玩爸爸和妈妈的游戏。静躺在桌子上的圣诞礼物第一次被展示出来，在所有后来的照片中圣诞礼物都占据了一个显著的位置。安娜把一本放在理查德面前桌上的相册递给了丈夫，相册很厚，可能放得下200张美术明信片。房间里的物件在多年以后拍摄的照片上也见得到。桌布、墙上的半身像、地毯、椅子以及小摆设——瓦格纳夫妇属于那个结婚礼物将陪伴伉俪度过整个婚姻生活的年代。

15年后，外部环境发生了巨大变化。照片上的一张欧洲地图（这张地图在1914年的照片中也可见到）有德国军队攻占的地方。尽管此时不少东西的供应都需要票券，像衣服、石蜡和煤什么的，瓦格纳夫妇还是设法准备了一棵装饰得漂漂亮亮的圣诞树，以及一个蛋糕、一些苹果、香肠和饮料等物品。他们在一篮鸡蛋和一大盘香肠旁边挂了一张小纸片，纸片上写着"饥荒"一词。这种有点让人摸不着头脑的幽默感在其他照片中也不时显现。

图13　瓦格纳夫妇于1915年平安夜

图14 瓦格纳夫妇于1917年平安夜　　图15 瓦格纳夫妇于1927年平安夜

两年后，也就是1917年，战争所导致的物质匮乏甚至也波及了瓦格纳夫妇的起居室。他们在房间里还穿着厚厚的大衣说明"燃煤短缺"。那张标示德国军队战果的地图不见了，圣诞树上的蜡烛一支也没有点亮，理查德穿着的那双拖鞋还是一年前收到的圣诞礼物。他的头上第一次有了白发。最突兀的圣诞礼物是一只"干草箱子"，用干草烧煮食物可以尽可能地节省燃料。

1927年，也就是在两次世界大战中间，瓦格纳夫妇看上去过得不错。此时夫妇俩都年过50，理查德已有了中年人的体态，嘴里叼着雪茄，戴着眼镜，当然还有灰白的头发。安娜坐在一张桌子后面，桌子上有漂亮的鞋子、葡萄酒、水果和一个雕刻着图案的水果玻璃杯。圣诞树上，电子蜡烛第一次点亮了。不过最重要的物件摆放在正前方：一台"显示着时代进步"的吸尘器。它不是出现在安娜家里的第一件电器，也不是最后一件——1年前别人送给她一个电熨斗，后来她又收到了一个按摩器和一个电吹风，说明书上说，这个电吹风可以用来吹头发，也可以用来暖床。

在1935年和1937年的照片上出现了更多的家电——1935年的照片上

第 11 章　记忆不可察的生命风景　151

图16　瓦格纳夫妇于1935年平安夜

图17　瓦格纳夫妇于1937年平安夜

有一个电炉，1937年有一个Volksempfänger牌的无线电设备。安娜衰老的速度似乎更加惊人。在短短两年间，她由一个神采奕奕的妇人变成了一个超出她实际年龄63岁的人。她满头银发，明显比以前消瘦，面前摆着一个打开的针线盒，神情似乎有些急切的丈夫望着她。

在后来的几年里，桌子上的东西也越来越节俭。1940年，瓦格纳夫妇再次穿着厚重的大衣坐在圣诞树旁。夫妇俩在一起的最后一张照片摄于1942年。桌子上放着一瓶酒，已经所剩不多，摆放出来的食物也很少，不过理查德还有几支雪茄。圣诞树上的电子蜡烛已经熄灭了，真正的蜡烛相当稀缺，女人们都把剩下的烟头放在阿司匹林盒子里当蜡烛用。1945年6月24日，理查德为妻子拍了最后一张相，当时她已是71岁高龄。战争刚刚结束，但是那场战争对她来说持续得太久了，从她身上可以明显看出当时食物短缺的状况。穿着厚重衣服的她也不过36公斤（对此理查德用他那惯常的幽默感标注"毛重"字样）。8月23日，安娜去世，根据墓地的登记记录她死于"极度衰弱"。理查德死于1950年圣诞的前几周，卒年77岁。

图18　安娜·瓦格纳于1945年6月

其他诠释人生历程的手法

每一个年代都有其关于人生历程的看法,这些看法通过符号、比喻、谚语和寓言表示出来。在中世纪,生命常常被视作一段旅程或是一次朝圣,书籍告诉人们在出发和到达之间什么事情会降临在一个人头上。有时候这段旅程通过图画表现出来:在一幅版面油画的角落里,我们看到了一个孩子,他越长越大,正漫步走过整张图面。另一幅特别招人喜爱的画名叫《生命的阶梯》(*Staircase of Life*),画的左手边是一个爬上第一级台阶的小孩子,而在右手边走下台阶的是一位老人。台阶的数目有所不同,正如人生常常被划分成不同的阶段:可以是7个,也可以是10个。这些阶段可以和时间本身的切分联系起来。文艺复兴时期意大利画家提香(Titian)于1560—1570年间画了一幅题名《审慎主管的时间之寓言》(*Allegory of Time Governed by*

Prudence）的画，画上有三张面孔，三张面孔上方有一行字："鉴于过去的经历，现在的步子更加谨慎，以免祸及未来。"画中有一位老人和一个孩子都侧脸望着过去和未来，而在两者之间代表着中年的那个人面向前方正视着读者。在一些大教堂正面的挂钟上或是市政厅里，生命历程的变更是通过机械图案来表现的，早上是孩子，晚上是老人。一张四分图可以将人生与四季的变化联系起来，年轻时是春天，年老时是冬季。

我们无从知晓瓦格纳夫妇每年拍自拍照的动机是什么。在1900年拍摄第一张照片的时候，他们也许只是觉得这是一个好主意，就一直把这个习惯延续了下去。他们会不时把这些照片拿出来翻看，观察他们衰老的过程、观察房间里细微的变化、观察几乎年年重现的新手套吗？看起来，瓦格纳夫妇不可能在1900年就计划通过照相这种方式来建立起反映他们生命历程的摄影记忆。照片就是记忆，它让所有以前的东西以及那些在自己和他人身上不易觉察到的变化得以保存并记录下来。如果一个当代读者有幸能够翻阅瓦格纳夫妇全部的照片，用一个小时细细品味45年的沧桑变化，那么这种摄影记忆就不经意地成了一件艺术品。它揭示了先人们通过朝圣以及生命和季节各个阶段等方式所表示出来的东西，它所传递的信息更有力度，因为这些照片所描绘的不是中世纪的人，而是和我们一模一样的人。

第 12 章
狄更斯笔下的似曾相识
'In oval mirrors we drive around'

椭圆镜中我们四处行驶，
望见自己的背景经历，
明白这一切曾经发生。

——摘自赫瑞特·阿赫特贝尔《似曾相识》，1952年

狄更斯笔下的似曾相识

　　小说《大卫·科波菲尔》(*David Copperfield*)讲的是两个爱情故事。小大卫上了坎特伯雷(Canterbury)的学校，有一次，他去好客的维克菲尔德(Wickfield)先生家里作客。维克菲尔德先生是一位律师，他帮助一位富有的绅士打理财产。大卫在维克菲尔德先生家里见到了他的女儿艾格尼丝(Agnes)，艾格尼丝差不多和大卫一般大，她那张可爱的脸和稳重的仪态一下子就把大卫给迷住了。大卫静静地从旁侧观察艾格尼丝与父亲的相处之道，维克菲尔德自妻子死后，心情郁闷，酒也开始喝得过量了。遗憾的是艾格尼丝无法避免父亲的事业走下坡路，尤瑞·希普(Uriah Heep)是维克菲尔德的同事，此人阴险狡诈，图谋强迫维克菲尔德接受他为合伙人。当大卫继续在伦敦求学时，他经常征询艾格尼丝的意见，为她的智慧和友爱而沉迷。

　　在伦敦，大卫师从于斯班洛(Spenlow)先生。一次晚宴时，大卫被介

绍给了斯班洛的女儿多拉（Dora）。他对她一见钟情。多拉在很多方面与艾格尼丝截然不同。她是一个"小媳妇"，贪玩、轻狂、反复无常、喜欢发脾气。虽然大卫的大姨妈极力反对，但是大卫还是娶了多拉做妻子。这段婚姻开始时非常美妙，但是慢慢地事实也更加明朗：多拉不是大卫真正能够依赖的人。最后，多拉在产下一个死婴后也离开了人世。后来，大卫去国外漂泊了三年。

国外归来后，大卫去找艾格尼丝。大卫的大姨妈曾提醒大卫艾格尼丝已经和另外一个男人订婚了，让他不要有非分之想。但是事情总是出乎意料，大卫终于明白这么多年来他一直爱着艾格尼丝。在一个推心置腹、声泪俱下的场合，他们互诉了衷情并闪电般地在14天内结了婚。

在小说中，作者狄更斯（Dickens）通过两件事来描写大卫对艾格尼丝的热恋之情，那两件事也让大卫经历了大多数人一辈子也经历不了几次的事。第一次经历发生在维克菲尔德先生的房间里，房间里只剩下大卫和尤瑞·希普，尤瑞·希普不知不觉把话题扯到了艾格尼丝身上。希普告诉大卫他暗恋艾格尼丝多年了，这让大卫很沮丧。"噢，科波菲尔少爷，你知道我对艾格尼丝的爱是多么纯洁啊！"大卫极力掩饰自己感情上的变化："他好像在我眼里变得越来越大，房间里似乎到处回响着他的声音，我有一种奇怪的感觉（可能无人对此感觉很陌生），所有这一切曾在以前一个不确定的时间里发生过，我知道这个家伙接下来要说什么，他要抢走属于我的东西。"第二次经历与大卫的朋友米克伯（Micawber）先生有关，米克伯是个能言善辩的人，他先打开了话匣子，聊起了多拉和艾格尼丝："我亲爱的科波菲尔，在那个我们一起共度的愉快的下午，如果你不告诉我们D是你最喜欢的字母……我肯定会认为A是你的最爱。"大卫思忖："我们都有过这样一种感觉，这种感觉偶尔而至，我们现在说的和现在做的都是很久以前说过和做过的——在模糊和久远的过去，我们被同样的面孔、东西和环境所围绕——这种感觉让我们清楚地知道接下来他要说的话会是什么，就好像我们突然想起了什么！在他说出那些话之前我从未对此神秘的印象有过如此强烈之感。"

说大卫经历了似曾相识之感（dé jà vu）是个时代错误——狄更斯在写《大卫·科波菲尔》一书时还没有"似曾相识"一词呢。不过这种经历本身是没有时限的。早在15世纪，圣奥古斯丁（Saint Augustine）在关于错误记忆的著述中就告诉我们，毕达哥拉斯（Pythagoreans）比他还早一千年把这种经历看作是灵魂的轮回。不过狄更斯认为，我们所有的人都经历过似曾相识之感是有违真实的。根据问卷调查结果显示，有三分之一到一半的被调查者称他们从未有过似曾相识之感。不过那些有过似曾相识经历的人都明白狄更斯在小说中的描写是正确的。似曾相识之感是突发的。首先，会产生一种认知感，从此时此刻到彼时彼刻，没有发展，也没有转变。继而从那一刻起，所有的一切都像曾经经历过一样，你身边的事情，那些声音、面孔、谈话，甚至连自己的思想都像是你曾经拥有的东西。这就好像你重温生活中的一个片断，尽管说不出来这个片断第一次发生在何时。

这一切看起来再熟悉不过了，你感觉知道下一步会发生什么。不过这种感觉是被动的，这与那种很长时间之后再回去阅读某本书时可以预见到将要发生什么事的感觉非常类似——其实也只有真正读到所说的那一段时才会完全认出来。同样的感觉还有：已经到了嘴边的一个词就是说不出口，而之后会马上明白这个词就是你要找的；或者是你回到一所老宅，对自己说，"以前在这扇门后边有什么呢，让我想想，对了，当然是个橱柜咯！"

这种知道即将发生某事的感觉是与一种不祥预感（sinking feeling）相伴而行的，不祥预感在法国有关似曾相识的记述中通常被称作"不适感"（un sentiment pénible）。这种隐约的不安介于愕然到极度恐慌之间，很难说这种感觉是不是似曾相识经历的一部分或者是由似曾相识之感而引起的。毕竟，似曾相识的感觉让人出其不意地脱离了正常联想的条条框框，这种短暂的混乱情况有些让人害怕。

似曾相识之感总是短暂易逝的。这种感觉很快就消散殆尽，有时就像"惊讶"一样。美国心理学家、哲学家威廉·詹姆斯（William James）曾这样描述"内省"（introspection）——就像马上开灯想看看黑暗是什么样子，这个描述同样也适用于我们对似曾相识之感的观察：当你突然把注意力集中在这种离奇感受上，就足以使之戛然而止。大多数似曾相识感都不会维持超过几秒钟，然后那种"生命正在重演"的莫名熟悉感就会消逝。那种还在为刚才所经历的事情犯糊涂的感觉可能会持续一小会儿，不过正常的生活很快就恢复了原样，那种对你所见、所闻和所想的神秘复制已经消失了。

狄更斯在小说中没有命名的那种感觉现在被称作"似曾相识"，19世纪下半叶大约有20个不同的名称曾用来描述那种感觉。在法国的文献中，似曾相识的经历是与记忆失常联系在一起的，这在假性记忆（fausse mémoire）、失忆症（paramnésie）和假性探察（fausse reconnaissance）等术语中可以看出来。德国的医学家和精神病学家对"似曾相识"的复制作用更感兴趣，这一点在"双重直觉"（Emfindungsspiegelung）、"双重意象"（Doppelwahrnehmung）和"重像"（Doppelvorstellung）等术语中有所体现。哲学家、心理学家艾宾浩斯曾试图引入"知晓曾在那里"（Bewusstsein des Schondagewesenseins）一词，不过也没有成功。1896年后，科学界采纳了法国医生阿瑙德（Arnaud）的说法。阿瑙德在一次给巴黎医学心理技术学会（Parisian Société Médico-Psychologique）所作的讲座上称，一个技术术语做不到词面上对词意的解释，因此用一个中性的术语描述那种感觉更为可取。他建议用"déjà vu"一词，后来这个词被广为接受，尽管"假性探察"一词后来还沿用了很长一段时间。

19世纪受过教育的人们会发现"似曾相识"一词被广泛地援引在各个领域：记忆的书本、精神病病历、神经病学杂志、医学课本以及诗歌和小说。医生和精神病学家对科学文献的贡献最大，他们关于似曾相识现象的解释都有一种临床上的偏好，或者说他们根据病人的经历总结得出结论。有关证据通常也无外乎是诊所或精神病院为数不多的病例。1898年，法国巴黎萨伯特医院（Hôpitaux de Paris-Salpêtrière）的医生尤金·伯纳德-雷诺依（Eugène Bernard-Leroy）尝试将研究系统化。他收集了所有能够找到的病例，并且编了一份问卷调查，然后将这份问卷发放给1000个人，包括熟人、同事以及几本专业杂志的读者。在调查表中有一些问题是关于似曾相识之感与性别、年龄或记忆力的，还有一些问题是问似曾相识之感大概持续的时间、与之伴随的其他感觉以及能够预测到后几个月将发生之事的感觉的准确性。伯纳德-雷诺依共收回了67份问卷，其中50份被完整地引用在了他的著作《假性探察的幻觉》(*L'Illusion de fausse reconnaissance*) 里。由于这次问卷调查回复的人数不多，伯纳德-雷诺依没有对调查结果进行统计分析，而是作了一个关于"趋势"的总结调查。从调查反映的情况看，似曾相识之感更常见于青春期。在调查中，伯纳德-雷诺依没有获得证据来证明前人所称的似曾相识与癫痫症、衰竭和压力的关系，他也没有发现似曾相识与性别、种族或社会地位有任何关联。虽然之后的学者也作了大量的问卷调查，但是未有新发现。关于似曾相识经历的由来，就连伯纳德-雷诺依也认为我们对于这个问题仍然茫然无知。

倒不是我们缺乏相关的解释，远远不是。

面纱脱落的那一瞬间

1844年，英国医生威根（A. L. Wigan）将似曾相识的感觉描述为"先在的情感"（sentiment of pre-existence），不少诗人和作家已暗示这就是对似曾相识现象的真实解释。在写小说《大卫·科波菲尔》之前的几年，查尔斯·狄更斯曾赴意大利旅行，他在游记中告诉我们，一天晚上，他让马匹休息一下，自己出去散步，过了一会儿来到了一个看起来很熟悉的地方。"如果我不是前生在那里被谋杀的话，我是不会如此完整地记得那个地方的，也不会带着一种对鲜血的强烈恐惧感。"

1854年，英国诗人及画家但丁·加布里埃尔·罗塞蒂（Dante Gabriel Rossetti）在诗作《闪光》(*Sudden Light*)中描述主人公在一个夜晚站在情人的身旁看着燕子飞过时产生了一种无法抗拒的感觉，他感到前生他就是那个样子站着她的身旁：

> 你曾经是我的心上人，
> 多久以前我已说不清楚。
> 但是，当燕子飞上蓝天，
> 你欲与我亲吻，
> 有块面纱脱落——被我一眼认出。
> 这种事以前是否有过？

对罗塞蒂来说，时间将复苏他们的生命和爱情，这是件十分令人欢欣鼓舞的事。

"这种事以前是否有过"的说法也许可以解释似曾相识之感的几种不同情况。第一种似曾相识意味着现世与前生的交汇。你有生以来第一次去某个城镇闲逛，转过一个街角，然后突然站在一座熟悉得让你觉得前生肯定到过的房子面前。根据这一解释，你的记忆包含了对前生的潜在回忆，由于与当前的经历突然吻合，前生的潜在回忆开始发出共鸣，从而产生了一种重复过去经历的感觉。似曾相识之感发生在前生和现世交汇的那一刻，这个假说比较贴合似曾相识的感觉。不过也有不少反对意见。要使"旧的"记忆产生共鸣，似曾相识之感得有一个渐进的过程，而不是突然开始和戛然结束。另外，随着现世和前生的对应愈加强烈，认知感也将进一步增强。朝着那座看似熟悉的房子走去，你应该可以强化似曾相识的感觉或是延长那种感觉。不过，好像都不是这么回事儿，似曾相识有一个要么全有、要么全无的特性，它短暂易逝，难以持续。前生说被否定的原因还在于似曾相识之感不仅使那一特别的场景——那座房子——看起来面熟，而且也使你身边的人、具体的时间、天气，甚至你的情绪和思想都有了一个朦朦胧胧熟悉的特征。

　　这种与一个完美的复制品面对面的感觉，被一些人视为另一个更激进的假说的论据。该假说认为，我们的生命循环往复，形式一成不变。在正常的日常生活中我们注意不到这个事实，但在某些灵光乍现的时刻，我们会认出生命的重复样貌。似曾相识之感就是时间的空隙，它让我们对自身生命的永劫回归突然回眸一瞥。"面纱脱落"的一瞬间，事情很快真相大白。不过这种"精确再现说"也滋生了一个棘手的问题。为什么我们没有将整整一生看作是似曾相识之感的延续呢？这不是等于在说，似曾相识之感是常态，而未被复制的日常生活是例外吗？另外一个棘手的问题是，似曾相识之感是否是前世轮回的一部分。如果似曾相识之感是一个小说事件，那么现世就不会再被视作是前生原样的复制。如果似曾相识之感前生在相同的地方发生，那么我们还是找不到合理的解释。该假说让人产生一种令人晕眩的无限幻觉——其解释本身也充满了无限的神秘感。

　　也许还是把关于"先在的情感"的定论留给威根为好，毕竟是他挑起了这一切。威根本人在大脑失常中寻找问题的答案，我们将在下面的章节中讨论他的有关假说。他给出的假说与诸如再生或永无休止的重复等解释没有丝毫关系。在关于似曾相识之感为何物的论述中，他作了一个随意而盖棺定论式的表述："姿态、面部的表情、动作、音调，所有的一切我们都记起来了，我们再一次被它们吸引了注意力，但绝不会想到会有第三次。"

幻影成真——梦境与现实相伴而行

　　在苏格兰小说家、诗人瓦尔特·司各特（Sir Walter Scott）1815年出版的以苏格兰历史为题材的小说《盖伊·曼纳林》（*Guy Mannering*）中，主人公伯特伦（Bertram）回到了他的祖辈们居住了几个世纪的地方——艾兰格万城堡（Ellangowan Castle），城堡已变成废墟。伯特伦从一座楼漫步到另一座楼，注意到房子有刚住过人的迹象——空瓶子、啃了一半的骨头，他离开那大房子时转而惊叹矗立在城堡大门两侧高高的塔楼，而正门上方悬挂着古代家族的石盾刻像。

尽管伯特伦已回忆不起曾在艾兰格万居住过（他在5岁时曾遭绑架），但是这一场景突然让他觉得很熟悉。"多少次，我们曾置身于从未见过的环境中，一种神秘、无以名状的感觉突然来袭，会觉得那里的场景、说话的人和对象都不是全新的，甚至感觉好像我们可以预测到还没有发生的对话的部分内容！"伯特伦甚至想出了一种可能的解释："那是不是令人困惑地飘浮在我们记忆里的睡眠的幻影呢？然后，因为与之呼应的具体事物在真实世界现身而被唤醒？"

这种解释是诸多假说中的一种。各假说的共同点就是它们将似曾相识之感看作是记忆，不是前生的记忆，而是对以这样或那样的方式曾存在于我们头脑中的某样东西的记忆。正如瓦尔特·司各特所说，也许我们的头脑里包含了梦的记忆。也许我们头脑的一部分不向我们在正常生活中的意识开放，但是当我们经历与我们的一个梦类似的事情时，那部分就会自我显露。如果人们确实每晚都做梦，那么，正如英国心理学家詹姆斯·苏利（James Sully）在《幻觉》（Illusions）一书中所描述的那样，有些梦迟早得在现实生活中出现。只要相似之处足够鲜明，我们当前的经历就会激活我们一直用来做梦的联想，于是我们就会产生熟悉之感。梦和生命会相伴而行一小会儿。苏利继续说，我们清醒生活的片断突然出现在梦里，而梦有时能洞察我们清醒的生活并且展示其奇异之美，这难道不是个浪漫的说法吗？

对苏利来说，似曾相识之感与后来弗洛伊德提出的"白日遗思"（day residue）互为阴极、阳极。一个"白日遗思"被填充到梦里，在梦中它不过是一个飞逝的片断，所以在记忆里储存了多年的一个梦可以在我们的日常生活中闪现。这个梦是"何时"发生的已不再能够想得起,这也就解释了为什么似曾相识的感觉好像曾经在冥冥之中发生过。似曾相识之感不是现在和过去的交汇,而是对应着记忆中一个模糊痕迹的简要形式。

你曾身处险境却绝处逢生

对于许多心理学家,包括与苏利同时代的一些心理学家来说,梦的潜在记忆假说过于笼统宽泛。为什么不假设似曾相识之感是在某件事与我们过去确实经历过的事情相似之时发生的呢?似曾相识之感果然如其名所暗示的那样,能让我们看见曾经看到过的东西吗?美国心理学家威廉·詹姆斯发现,所有围绕似曾相识之感的神秘和猜测都是夸大其词,他一直进行有关的研究,并能反反复复做到在真实的记忆里追溯他本人熟悉的似曾相识之感。詹姆斯解释说,首先,我们只看到与先前情境的相似之处,因而一种复制"以前"经历的朦胧感就会萌生。不过如果我们集中精神,也能看到前后两者之间的差异在增多——最初的回忆变得更加丰富,那种熟悉感开始减退。许多作者采纳了这一解释。如果某人第一次去法国里昂,在欣赏骑士雕像之时产生了似曾相识之感,那么我们有充分的理由可以认为他在过去确实看到过一个类似的雕像——博物馆里的一个复制品或是艺术书里的一幅插图。即便他想不起那是什么时候的事,但是局部的相似能够传达一种复制感,在某种意义上,它确实就是复制。

认为似曾相识之感是由于与早先经历部分相似而产生的假说,还有一个心理分析学上的解释。1930年,瑞士精神分析学家、神学家奥斯卡·普菲斯特(Oskar Pfister)讨论了一位年轻军官在第一次世界大战期间的经历。一颗手榴弹炸死了战壕里的所有战友,而这位军官被强大的气流抛到地面上。他相信自己受了致命伤。他记得在爆炸过后的那一刹那他感觉好像跌落了很长一段距离,相伴的还有一种似曾相识之感:"我以前就像那样跌落过一次。"这位军官对普菲斯特说,他相信似曾相识之感把他带回到过去的一幕:9岁时,不会游水的他跳进水里,只能拼命扑腾着自救。普菲斯特的解释支持弗洛伊德的思想:潜意识一定在似曾相识之感的构建中发挥了作用。它以闪电般的速度在人类记忆里搜索相应的东西,由于一个非常相似的情景——你曾身处险境却绝处逢生,这次你也会大难不死——所以你会在性命攸关的时刻获得安慰。似曾相识之感是我们能够发动的防御机制体系的一部分,它复制了致命的危险,为的是提醒我们遇到过的危险最终不是致命的。

与威廉·詹姆斯一样,普菲斯特由此认为似曾相识之感可以被追溯到确实存在于记忆中的什么事,两人观点的差异在于詹姆斯认为似曾相识之感多多少少是偶然发生的,而普菲斯特则认为似曾相识有一种功能:与以往经历相类似不是产生似曾相识之感的原因,而是它的活性成分(active component)。普菲斯特的解释不需要受过什么训练分析(training analysis)也做得到,奇斯·范·库顿(Kees van Kooten)在他的《我的法国之旅》(*Mijn Tour de France*)的游记中就对此做了说明,奇斯·范·库顿是骑着自行车游历法国的。由于刹车失灵他从车把上飞了出去:"当我还在空中飞的时候,我有一种似曾相识之感(我曾经有过这样的经历,结局一定是顺顺当当的,要不然我现在也不会有这种似曾相识感了),当我的头和右肩跌向滚烫的路面的时候,我看见一辆荷兰小汽车从我还在转动的自行车旁急驰而过,消失得不见踪影。"这个当场扮演起精神分析师兼病患角色的人最后真的安然无恙。

似曾相识感就像电影预告片?

不过,"似曾相识之感以激活存在于我们头脑中的某件事为基础"这个假说还有一个更加铤而走险的说法。在阿德里·范德海伊顿(A. F. Th. van der Heijden）的《陨落的父母》（*Vallende ouders*）一书中，阿尔伯特·艾格伯兹（Albert Egberts）和他的密友斯雅姆（Thjum）在寂静的黑夜里闯进了一家空荡荡的旅馆。一到那里，他们同时产生了一种似曾相识之感，他们惊恐地抓住了对方的肩头：

"等一下，等一下……就像这样站着，一段楼梯向下走，一段楼梯向上行……过后几个男孩翻看一个碗柜，拖出抽屉……这一切看起来太眼熟了。"

"但是是在什么时候……什么时候？"

"对，对，接着说，我很清楚，我的意思是说我清楚地知道接下来你要说什么。"

"那么接着说，告诉我……接下来我要说什么？"

"那么接着说，告诉我……"就是这样的语句。你一说那些事我就想起了那些事。"接下来我要说什么"，你以前什么时候说过那样的话呢？

甚至连斯雅姆突然关门、锁门的动作也不能让似曾相识之感结束。只有当他们跌跌撞撞地爬上屋顶的时候，那种神秘之感才消失。在屋顶上，这俩人就似曾相识的感觉是否证明了所有的事情会不断重复出现这一问题作了一会儿哲学探讨。斯雅姆不这么认为，他继而提出了下面的假设："据说人之将死时我们会看见生命'像一部电影一样'从眼前闪过，那为什么不能是在脑海中呢？对我而言，似曾相识的感觉就像是预告片，也就是片断式的电影宣传短片。像一种预先体验。"在斯雅姆看来，似曾相识真的应该被称作一部预告片。

斯雅姆的解释整体上适用于阿德里·范德海伊顿的所有作品。在《一日一生》（*Het leven uit een dag*）一书中，他让时间加速，在三部曲的其他作品中他让时间放缓，所用的方法是让时间轴横向开展，进入到"广阔的生活中"。斯雅姆的预告片还表现了对时间的另外一种操纵，我们可以称之为"逆序"。熟悉基于未来，基于对未来可能发生的事物的认知。但是与"生命是以同样的形式循环往复"的假说一样，预告片假说也提出了同样梦幻的问题：此刻的似曾相识之感是否会包含在未来的"生命电影"里？如果没有包括在内，那么它就不是一部现实主义影片（在这种情况下认知的基础是什么呢？）。但是如果包括在内，那么似曾相识之感就得被再次通盘解释。带着对未来谜一般的记忆，斯雅姆的预告片实际上是在邀请我们用一个谜来换两个。

左右脑的交接班失误

1817年，英格兰公主夏洛蒂（Charlotte）在分娩过程中死去，她的意外之死让国人深感悲痛，因为她备受爱戴。年轻的医生亚瑟·莱德布浩克·威根（Arthur Ladbroke Wigan）认识一些宫廷里的人，经自荐，他获得了给负责葬礼事务的御前大臣（Lord Chamberlain）打下手的工作，葬礼地点定在温莎的圣乔治教堂。在举行葬礼的前一个晚上，威根彻夜未眠，正如他在后来的记述中写道，他的思想已经"进入到了一种异常兴奋的状态"。由于悲痛、精疲力竭和饥饿（宫廷一片混乱，另外从清晨到次日凌晨葬礼期间温莎没有食物供应），那种亢奋的状态更是无以复加。在葬礼仪式上，威根在棺木边足足站了4个小时，一点都没有休息，他感觉自己随时都会昏倒。当莫扎特的一曲《怜悯我吧》（*Miserere*）奏毕，音乐停下来，整个教堂一片肃静。棺材开始被慢慢地放下，事实上棺木放下的速度非常之慢，以至于威根只有通过将棺木的边缘和远处一个发光的物体进行比较才可以觉察到棺木的移动。

我本来已陷入了一种麻痹的幻觉，当失去妻子的丈夫猛然瞥见棺木被安放到黑色的墓穴中，他顿时悲痛难抑、号啕痛哭，这突如其来的一幕让我恢复了意识。在那一瞬间，我感受到的不仅仅是一种印象，而是我确信在以前的某个场合曾见过那完整的一幕,而且听过乔治·内勒爵士对我说的甚至同样的话。

威根认为,他在夏洛蒂公主棺木边的奇特经历完全符合他关于大脑运作的理论。该理论从猜想到确证经历了25年之久。直到1844年,威根时年60岁,刚刚退休不久,他完成了他的神经学专著《心智的二元性》(*The Duality of the Mind*)。在这本书中,威根收集了自己所有的观察以及案例分析。他认为,我们将大脑二等分是错误的。"半球"(hemisphere)这一术语容易让人产生误解,因为即使是将左右脑合在一起也构不成一个球体。实际上,我们的头骨里有两个脑子,它们是两个独立的器官,就像我们有两只眼睛一样。两个脑子各自引导着独立的意识生活,各有其思想、知觉和情感,虽然一个脑子占主导,而另一个是附属物。胼胝体、纤维带在大脑的底部将两个半球联结起来,这是一道障碍而不是一座桥梁。神经学文献提到,许多人因为疾病或损伤致使其大脑的整个半边丧失功能,但是人还是原来那个人,这说明两个半球中的任何一个都能维持我们的心智能力(mental power)。威根感谢法国著名的病理学家和解剖学家克律韦耶(Cruveilhier)的贡献。克律韦耶于1835年出版了一套图谱式的两卷本著作《人体病理解剖学》(*Anatomie pathologique du corps humain*)一书,书中有大脑的图片,其中一个半球已萎缩到正常尺寸的一半大小,而完整无缺的那一半经证实足以让人过正常的生活。

如果将两个半球聚焦于同一个物体,那么结果是注意力高度集中。反过来,有了两个半球,我们就可以让一个半球工作的同时让另一个休息。在精疲力竭的情况下,只有一个半球在积极工作。威根认为,这可以解释圣乔治教堂里发生在自己身上的事。就在似曾相识之感发生前的一刹那,只有一个脑半球处于工作状态,所以当时出现的只是一个相对模糊的感觉图像。在接下来的时刻,由于意想不到的悲痛哭喊,第二个半球也被发动起来,同一幕场景突然生成一幅异常清晰的图像。他的意识把那个图像解

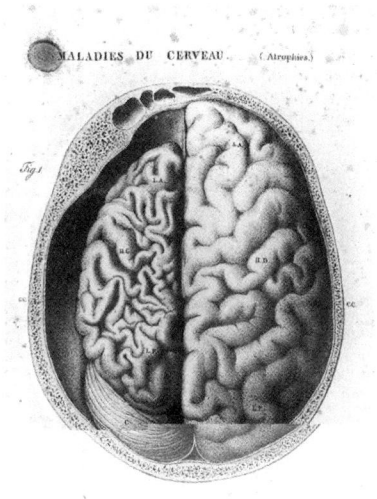

图19 萎缩的脑半球和健全的脑半球雕版图

释为现在,而把几乎一模一样的模糊图像解释为不确定的过去。难怪在似曾相识中所有的一切看起来都那么熟悉:实际上,两个图像出现的时间间隔非常短。无怪乎似曾相识的感觉像是梅开二度——而我们恰好有两个脑子而不是三个。

威根之后的学者用一种略微形象生动的形式重构了威根的理论:两个脑半球被轮流开启。在正常情况下,左右半球之间的转换周密协调,所以我们的感觉经历是被作为一个连续的整体来处理的。但是如果一个脑半球开始运转而另一个还没有切断,一种"重像"(double image)现象就会出现:在现今的图像里,另一个半球的残余图像还继续闪现着,所以看起来好像我们正再一次经历某件事情。这一假说与威根的假说已有了很大的不同。1868年,德国神经学家延森(Jensen)提出了与重像类似的复视觉(double vision)假说。延森认为,每个脑半球加工处理各自的图像流,我们的意识将这些图像流毫无缝隙地接合起来,以至于它们看起来就是一体。不管是出于什么原因,如果我们的意识与这些图像流无法融合,重像就会发生,并被误认为是一个复制。

即使在伯纳德-雷诺依的时代，威根和延森的理论也被认为是过时的。没有神经学方面的证据证实任一个脑半球可以被暂时地"切断"或者我们的大脑分别在左、右两边将所有的事情加工处理两次。但是即使在缺乏神经解剖的确凿事实的情况下，暂时的重像这一说法依然非常有吸引力。德国精神病学家安杰尔（Anjel）在1878年提出了一个问题：在我们加工处理感觉刺激物的过程中出现极为短暂的故障会不会引发似曾相识的感觉呢？知觉要求我们将感觉知觉安置到一个连贯的图像里。在正常情况下，两个阶段——安杰尔将之称为知觉（perception）和统觉（apperception）——合作无间，以至于我们没有将它们看成是两个分离的步骤。但是如果这两个步骤之间有间歇，那么我们的感觉就会在知觉和统觉必须融合成单一知觉的那一点上变得模糊。结果，我们产生了现在所见的曾经在过去以完全相同的方式出现过的那种幻觉。

重像假说还以不同的形式出现。英国超心理学研究的先驱弗雷德里克·迈尔斯（Frederic Myers）于1875年假定,除了正常的意识自我（conscious self）以外，人类智力还包括一个"潜意识的自我"（subliminal self），这种潜意识对于因太过短暂或太过弱小而无法引发知觉的刺激物是很敏感的，因此它没有被意识自我注意到。迈尔斯将潜意识的知觉与一部照相机作比较：它不仅比意识自我的灵敏度更高，而且操作起来更快。当有什么东西到达我们的头脑时，我们要片刻后才会有意识地感知到：意识自我是通过双眼来观察事物的，潜意识的自我是通过照相机来看东西的，这就产生了我们看见来自过去以及来自现在的事情这一幻觉。迈尔斯将这种经历称作"记忆错误"（promnesia），或者说预记忆（pre-memory）。

在所有这些假说中，似曾相识之感是通过两个图像之间的比较而产生的，这两个图像一个异常清晰，而另一个模糊得被误认为是一个遥远的记忆。这两个图像不仅仅形象生动，而且还囊括了当时我们所有的感觉印象，包括气味、声音或者是对冷、热和饥饿的感觉。根据这一解释，似曾相识的感觉像是一个精确复制的事实，是可以预期的，当然，实际上，在两个图像之间几乎没有任何的时间间隔。完全一致感（即你有着同样的情绪，你想着同样的事情，你的感觉也完全一样）反映了这一时差的微小。不过，还有一种反对观点驳斥了重像假说，它的理论基础是人人都熟悉的内省经历。在日常生活中，重像发生得相当频繁，有些事情只有在出现第二遭的时候才会被呈现给我们。当我们正专心致志读书时，有人问我们什么事情，我们抬起头——"你刚才说什么来着？"——我们仍然可以"听见"那个问题并予以解答。或者我们让两眼茫然地扫过拥挤的室外小餐馆，也只是在片刻后意识到刚才瞥见了一个熟人。上述这些情况现在通常被称作事后的恍然大悟（double takes），在这些情况下，存在着某种已作为感觉印象出现的东西的延时同化作用（assimilation）。但是不会有似曾相识那样的事情发生，没有复制感，没有将一个事件放置到一个不确定的过去，也没有对接下来会发生什么的预知感。

似曾相识和人格解体

不管是来自于文献、神经学、精神病学还是心理分析，上面提到的这些理论都有一个共同点：它们不是基于大量的病例分析。大多数理论都是通过臆想得出的，那些理论和假说的提出者们也缺乏相关的数据，而数据是将似曾相识的经历与可比较的心理现象、对象间的差异或是周围环境的变化联系起来所需要的。为什么这个人有过似曾相识的经历而另一个人没有呢？有没有特别的情境会激发似曾相识之感呢？是因为旅行、疲劳、饮酒还是睡眠不足？关于这些问题的研究直到荷兰哲学家和心理学家赫拉德·海曼斯（Gerard Heymans）先后于1904年和1906年开展的两次问卷调查才开始。海曼斯研究的是似曾相识的感受和另一个同样短暂的心理学现象——人格解体（depersonalization）之间的可能联系。

图20　哲学家和心理学家赫拉德·海曼斯（1857—1930）。拍摄日期不详。

　　海曼斯认为，人格解体是一种"突发的、快速的体验，其间我们对所感知的一切都有一种陌生、新鲜和不真实感。何时与我们交谈过的人们给了我们一种机器般的印象；何时连我们自己的声音听起来都很陌生，就像是别人的；何时我们有自己不动不语而是作为被动的观众来观察自己的行为和语言的那种感觉。"问卷调查的结果证实了海曼斯的理论，也就是似曾相识之感和人格解体都是基于一种非常具体的记忆幻觉。后来的研究在各个方面确证了这一结论。

　　在问卷调查表中，海曼斯询问了关于日常规律（你是个早起者还是个夜猫子）、工作习惯、情绪的稳定性、性格内向还是外向、心不在焉、视觉记忆力以及对数学或语言的潜能等问题。有个特别的问题关系到"语词间离"（word alienation），即感觉一个熟悉的单词突然看起来"奇怪、陌生，只是一个由无意义的发音或字母组成的复合物"。海曼斯要求被调查者记录下这个现象发生的时间，并说明是否发生在正常的环境下，当时他们是一人独处还是与别人在一起，是说话的时候还是听别人讲话的时候，是感觉疲倦的时候还是精神紧张的时候，他们是否连续消耗体力或脑力，是否这一段时间比平时吃得多或喝得多，等等。为了收集足够的比较材料，海曼斯甚至要求他的学生们回答在没有似曾相识的感觉或人格解体经历发生的时期内有关他们的个性和智力偏好的问题。他给出了自己关于似曾相识之感为何物的说法。

海曼斯将他的学生按照年龄段分成两组，然后将问卷发给这两组学生。在海德堡、波恩和柏林等地院校办公室的热心帮助下，海曼斯得以将一份德文的调查表发给当地的教授和学者。海曼斯最后共收回130多份填写完整的问卷。海曼斯用他准确无误的统计眼光在那些"积极的"被调查者（即那些有过似曾相识之感或人格解体经历的被调查者）中确定了三种较为常见的情况，即：非常敏感、情绪变化大和工作节奏不规律。这三种情况经常会导致语词间离现象的发生。在调查中发现，傍晚和晚上是似曾相识之感和人格解体经历最多见的时候，通常是在有人相伴的时候发生的，而当事人当时没有说话，而且常常处于无聊乏味或散漫的学习或者饮酒后的疲倦状态——海曼斯在调查报告中写道，简单地说，是处于一种注意力涣散以及心智能量（mental energy）减退的状态。

海曼斯指出，有过似曾相识经历的被调查者同样也经历过人格解体和语词间离。另外，似曾相识、人格解体和语词间离这三种现象产生的背景条件都一样，这一事实说明三者是相关的。如此一来，那些只解释似曾相识的假说就变得无法自圆其说了。毕竟，那些假说虽谈到当前和早先经历之间的局部相应、"双重感知"或是感知的延时处理，但它们提供的解释都不能回答为什么在那些人身上发生人格解体或语词间离现象的机会也更大——虚假的熟悉感错误地出现在似曾相识的经历里，并错误地在人格解体和语词间离现象中缺席。

海曼斯认为，似曾相识、人格解体和语词间离这三种截然不同的现象其实是同一过程的不同表现方式。这一假说的出发点是，对某一感知的熟悉感归因于该感知和之前经历之间的联想。这些联想帮助确定过去经历所发生的时间：联想越模糊无力，当前经历和记忆中经历之间的明显时间间隔就越长。由于精神能量（psychic energy）暂时下降或注意力减退，我们所熟悉的正常条件下的联想会消失或减弱。根据这一假说，语词间离是由于一个单词和语义记忆之间缺乏联想联系而造成的，其后果是这个单词看来不过是一个发音。人格解体则是完全没有联想的结果，所以不仅仅是单词，情境的各个方面都丧失了它们的熟悉度。似曾相识的感受是在并非完全没有联想，而只是联想较弱、数量较少的情况下发生的。于是意识就有了一种当前经历是一个久远事件的记忆的幻觉。

海曼斯根据个人的经历继续定义似曾相识之感和精神能量之间的联系。他发现，即使是注意力水平处于正常状态或者注意力高度集中的时候，能够用于处理当前感知的精神能量也很少，这为似曾相识之感的产生提供了可能。举个例子，某人准备在晚宴后作个演讲，而在那之前不久他还忙着和别人说话。因为他的大部分精力都放在演讲上面，所以他和别人的会谈将与较弱的联想紧密相联。一位教授对海曼斯说，当他准备走进一个拥挤的房间时偶尔会产生似曾相识之感：当手放在门把手上，他突然产生一种他以前曾经到过那里的感觉。即使是将注意力转移到当前感知以外的事物上，注意力也会激发似曾相识经历的产生。

根据海曼斯的理论，语词间离、似曾相识和人格解体是按比例增减的。在最弱的情形下，单词和其含义之间的联系消失了，在我们的头脑里这个单词突然变成了一个陌生、孤立的发音。在人格解体的情况下，所有与熟悉事物相关的联想都消失殆尽，所以所有的一切看起来都是陌生、新鲜的。似曾相识是一种在"半道"上的感觉：它突如其来，既熟悉，又陌生。语词间离、似曾相识和人格解体这三种形式中出现哪一种取决于可用的精神能量水平。以这一理论为基础，海曼斯认为可以得出两个预测。第一个预测是，如果人格解体是引发似曾相识之感的同一过程更加极端的情况，那么似曾相识之感会比人格解体现象更为常见。问卷调查结果显示，事实正是如此。第二个预测关乎那些有似曾相识等经历的人的心理轮廓（psychological profile）。如果人格解体是最极端的变量，那么有人格解体经历的人一定比只有似曾相识经历的人的心理轮廓更加清晰明了。1904年海曼斯所作的调查未能证实这一预测，但是1906年的调查强有力地证实了他的猜想。那些同时有人格解体和似曾相识经历的人与那些只有似曾相识经历的人相比确有不同。

为什么差不多一个世纪以前所作的研究依然让我们兴致盎然呢？即使用现在的标准来评判，海曼斯的两次问卷调查也堪称第一流。迄今为止，这两次调查依旧是唯一的预期开展的研究，所谓预期开展的研究是指不必通过求助于遥远的记忆来描述产生似曾相识等现象的环境和条件。这两次调查从经验角度证实了海曼斯的两个预测。另外，相比其他许多文献中关于似曾相识之感的假说，海曼斯理论的玄思成分绝对要更少：没有对前世的潜在记忆，没有永恒的复现，也没有"这种事以前有过"之说。海曼斯理论的种种优点不禁让精神病学家赫尔曼·斯诺（Herman Sno）和我本人重新分析他的那些调查材料。如今我们可以利用统计工具从同一材料和数据中获取更多的信息。有关再次分析的详细结果发表在其他地方，在此我只是介绍主要的结论。通过对海曼斯的调查材料进行再次分析发现，除了那些与严谨研究有着密切关系的答复外，所有问卷问题的答复都有着重大的相关性。似曾相识之感和人格解体现象之间的重要相互关系也得以证实。对调查材料的再次分析确证了海曼斯两个预测中的第一个。海曼斯的第二个预测不是那么成功：再次分析表明，只有在语词间离方面的差异是重大的。在被调查者中，有似曾相识或人格解体经历或者两种经历皆有的人与那些没有这些经历的人有显著的不同，但是在有过相关经历的人群中是没有差异的。

似曾相识、精神分裂症和癫痫症

　　海曼斯不是一位神经学家,他调查的学生们也没有精神病方面的问题,但是在心智健全的被调查者中,那些情绪容易波动的人有似曾相识经历也最多,其似曾相识之感产生的背景条件也多是精神崩溃,不过是短时的。调查结果显示,似曾相识之感与人格解体现象有着密切的联系,而似曾相识之感已被更多地归入了病理学和精神失常的范畴,直到现在也是如此。实际上,在过去的三四十年里由精神病学家和神经学家所做的关于似曾相识之感的所有研究都着重探讨似曾相识之感与临床现象或官能失常的联系。1969年,精神病学家哈珀(Harper)通过对一些非精神病人的调查发现了似曾相识之感和人格解体现象之间的相互关系,这与海曼斯之前得出的调查结论是一致的。另外,有人在1972年开展了一项关于人格解体现象的研究,大约有900名学生参与了这项研究,研究结果显示了人格解体现象与似曾相识之感之间的相关性。两者与现代研究的密切关系也可从海曼斯关于似曾相识之感在很大程度上是与某些个性特征相关联的这一发现中窥见一斑。理查德森(Richardson)和维诺克(Winokur)1968年对一群精神病人进行了调查,结果发现似曾相识之感常发生在那些情绪容易波动的人身上,也常见于出现适应性失常症状的青年人群。

　　不过,长时间以来,似曾相识之感一直是与严重得多的精神紊乱而不是人格解体现象联系在一起的。似曾相识之感作为精神分裂症(schizophrenia)的某种形式如此长久地存在,以至于带上了某种慢性特征。于是似曾相识被纳入到了一个广泛至极的错觉系统里,以至于病人认为自己过着重生的生活,或者再次过同样的生活。这是一个奇怪的病状——病人已成为他自己的"幽灵"(doppelgänger),他把所经历的或所想的每一件事都解释成在别处或早先经历过的另一个生命的复制。与"一般的"似曾相识之感不同,病理性似曾相识之感的出现是缓慢的,但是一旦出现就几乎不可能消失。法国医生阿瑙德在1896年发明似曾相识一词的同一篇文章中介绍了路易斯（Louis）的案例。这位34岁的军官曾在越南北部汤金（Tonkin）地区服役时感染疟疾，高烧损伤了他的记忆：他不仅忘记了过去的很多事情，而且也无法保留现在的经历，他会在几分钟内将同样的问题重复五六次。1893年初，也就是感染疟疾大约18个月后，似曾相识的症状在路易斯身上出现了。他称以前曾在报纸上读过几篇文章，他对文章的内容记得清清楚楚，以至于他觉得那些文章一定是他自己写的。开始时的混乱还只是限于他读了什么东西，不过几个月后他参加弟弟的婚礼时又出现了似曾相识的症状，他觉得好像以前曾见过整场婚礼，包括最后的细节，他十分不解为什么他们还要将婚礼再办一次。从那时起，他的症状急剧恶化，并开始遭受受迫害妄想症（persecution mania）之苦。1894年夏天，路易斯的父亲说服儿子进了位于巴黎南郊旺屋（Vanves）的精神病院，在那里接受阿瑙德的治疗。阿瑙德很快发现路易斯认得出所有的东西：院子、病房、走廊，甚至医护人员。"我去年也到过这里。"他的内心生活也同样是对很多过去经历的复制。

　　路易斯与阿瑙德的初次会面就不同寻常。路易斯向阿瑙德作了正式的自我介绍，他们互致问候，突然路易斯脸上的表情变了。"我认识你，医生！就是你去年给我看的病，就在现在这个时间，就在这间病房，你问了我同样的问题，我给了你同样的答案。现在我可是一清二楚了，而你却装作大惊小怪，不过你可以马上停止这么做。"阿瑙德表示异议，但路易斯坚持他编造的故事。半年后，路易斯称他这次入院与上一次的经历几无二致，若说有的话，时间不会超过两分钟。他不仅再一次体验了精神病院的每一件事，而且还重新经历了公共生活中的一些事情：维斯康特·德·莱塞普斯（Visconte de Lesseps）之死、马达加斯加探险，著名化学家、细菌学家巴斯德（Pasteur）之死以及发生在蒙帕那斯站（Gare Montparnasse）的列车事故。在一封写给弟弟的信中，路易斯写道他不会给家族的一位朋友发唁电，因为她的小女儿不可能再死一次。

像路易斯这样的病历不是绝无仅有的。20年前，德国神经学家皮克（Pick）描述了一个类似的病例：一位患受迫害妄想症的年轻人被送进了精神病院，他在日记中写道，他确信从入院的第二天开始所有的事情都是重新来过，如他所说，他在过着"重生"（double life）的生活。瑞士精神病学家佛瑞尔（Forel）曾记述过这样一个病例，一位患了受迫害妄想症的年轻商人在被送进精神病院没多久就说他一年前到过那里。精神病学家斯诺和几位同事在1992年介绍了一个患精神分裂症的19岁女孩的病例，这位女孩被送进了阿姆斯特丹医疗中心（Amsterdam Medical Centre）的精神病科。女孩也遭受错觉之苦：她确信自己就是好莱坞著名演员玛莉莲·梦露（Marilyn Monroe）的转世化身，梦露拍的所有电影和照片对她来说再熟悉不过了。她对精神病医生说，她认得她的病友、病房和医护人员，所以她一定曾经到过那里。

阿瑙德描述的军官、皮克和佛瑞尔记述的年轻人以及在斯诺的精神病专科患精神分裂症的女孩，除了始终处于似曾相识的状态之中外，他们还有一个共同的癖好。军官是在1894年入院的，但是他在信中用的时间都是1895年。佛瑞尔的年轻商人一直把1879年写成1880年。斯诺患精神分裂症的女孩也用自己活在日历所示年份一年之后的事实来解释自己的"记忆"。当有人向军官提出年份写错了时，他对此的解释是振振有词的：如果他"去年"读过的报纸是1894年的，那么今年就一定是1895年了。他1897年的病友和1992年的病友也是用了同样的逻辑。这一年之差——而不是两年或三年——令人同情地说明了精神病紊乱中"方法"和"疯癫"之间岌岌可危的平衡。如果似曾相识症状持续很长时间，以至于病人都记不起是何时开始的，那么病人也无法将自己的经历与现实加以验证。对那位军官来说，明确地认出时间和地点——位于巴黎南郊旺屋的精神病院的这间病房、这个夏天——本来只可能通过他之前在旺屋呆过、时间是前一年的夏天来解释。一致性是紊乱的头脑最不想放弃的东西。

作为精神分裂症状的似曾相识之感看起来是来自病人时间感的错乱。即使在"一般的"似曾相识现象里也会有短暂的错位感（disorientation），但是这种情况很快就会得到纠正。那种"这就是我曾经经历过的事"的感觉以闪电般的速度变成了"我正经历着感觉好像曾经经历过的事"。明白自己正经历着一种幻觉本身就是恢复了与现实的联系。还有另外一种似曾相识的感觉。这种似曾相识之感不像种种精神分裂症那样如鬼附身、驱之不散，但也绝对不像大多数有过似曾相识之感的人所体验的那样短暂易逝。它们是与癫痫症（epilepsy）联系在一起的，对此英国神经学家约翰·休林斯·杰克逊（John Hughlings Jackson）在19世纪的最后25年里作了详细的描述。

有时候癫痫症发作通过一个"先兆"来预报——病人听见了陌生的声音或在嘴里有陌生的味道，他可能还会产生被意外抛起来的感觉，或是感觉看见熟悉的形状被拉伸成古怪的尺寸。有一种具体的癫痫症形式，或者说颞叶癫痫症（temporal epilepsy），其先兆有时与休林斯·杰克逊所称的"空幻状态"（dreamy state）同时发生。就在发作之前没多久，正常的时间感似乎消失了，病人产生一种游离于现实之外的感觉，有时会产生生动的幻觉，或者感觉他所经历的每件事看起来都是非常熟悉的。休林斯·杰克逊把这种感觉称作"怀旧"（reminiscence），显然，他指的就是我们现在所说的似曾相识之感。以尸体解剖为基础（在那个年代几乎没有其他方式的脑定位技术），休林斯·杰克逊猜测那种"空幻状态"是由大脑颞叶（temporal lobe）的损伤或紊乱造成的。

直到半个世纪以后，才有了一种能够生成上述现象的实验方法。在20世纪30年代，加拿大神经外科学家怀尔德·彭菲尔德（Wilder Penfield）用一种新的外科技术治疗严重的癫痫症病人。彭菲尔德对病人施行局部麻醉，从病人头骨中取出一个片（disc），并快速切开脑膜，露出大脑的表层。大脑本身是没有感觉的。当病人意识还清醒的时候，彭菲尔德用一个电极系统地探测脑皮层，以期通过刺激来发现癫痫发作的区域。通过这种方式，彭菲尔德可以探测到病灶并将之切除。刺激病人大脑的不同区域使病人作出的反应和感知是不相同的。有些反应是可以预知的，比如说刺激病人的左运动发射区时，病人会抬起右臂；刺激视觉皮层，病人会看见闪光。不过，对大脑颞叶具体区域施以微弱的电冲击同样会产生与时间感知和记忆相联系的感觉。有些病人会突然感觉他们曾经历过那样的情境或者从此刻到彼刻发现完全陌生的情境（即对素来熟悉的情境产生从未见过的情境错觉。有些人会有种朦朦胧胧的不安感，就好像某种灾难即将降临，或者是有一种无法言表的幸福感。对大脑颞叶周边区域的刺激引发了梦幻般的图像和旧事闪回（flashback），而这些通常都是关于日常生活和环境的。如此看来，彭菲尔德可以用他的电极来刺激引发休林斯·杰克逊所观察到的患颞叶癫痫症的病人出现的"空幻状态"。

休林斯·杰克逊一个世纪前在国际著名的神经科学杂志《大脑》(*Brain*)杂志上发表了大量的科学成果。1994年，这本杂志刊发了一份实验报告，它是关于对16个癫痫病人在发病先兆期间感觉到"空幻状态"所进行的脑电图测量结果，这一实验是在法国巴黎圣安尼医院（Hôpital Sainte-Anne）进行的。该实验要比休林斯·杰克逊或彭菲尔德对病灶进行的定位精确得多。顺便提一下，此次实验的对象全部都是临床病人，关于似曾相识之感的发现实际上是附产品。被调查病人的癫痫症已无法用药物进行治疗。进行脑电图测量的主要目的是发现病灶，之后通过外科手术将之切除。为达此目的，实验者对病人进行了局部麻醉（有效时间为5个多小时），并用了10个电极来探测大脑区域。麻醉失效后，调查者通过各种电极向病人发送了一个弱电流，时间为1毫秒，之后加大电压，一直到足以产生癫痫症状并找到病灶为止。在整个实验过程中，调查者会不断询问病人的感受，所以之后主观的感受和发现可以被投射到来自不同大脑区域的脑电图（EEG）上。

电刺激引发了休林斯·杰克逊将之归类为"空幻状态"的所有体验。病人们会对熟悉的情景，比如说过去的老邻居或老朋友，产生清晰的幻觉图像，他们现在的体验感觉就像一场梦。有时候关于家庭场景的久远记忆似乎正在重现，比如说，他们的妈妈在厨房忙里忙外。对其他人来说，关于人物的图像如此逼真，以至于病人开始和它们说话。有时候当前的经历——向后靠着坐，许多电极从病人的头骨里伸出来——感觉如此之熟悉，以至于病人认为他们曾经有过那样的经历。反过来，病人所处的情境会让他们有种完全陌生的感觉，就好像在梦境中一样。有时候用同一个电极刺激要么引发某一场合下的似曾相识感，要么引发另一个场合下的陌生感。实验表明，几乎每个人在被刺激期间的感觉都伴随着一种朦胧的、盲目的焦虑感，即使是记忆或者幻觉看似熟悉的时候也是如此。"空幻状态"总是发生在病情发作的初期，一般是在头10秒内。

将脑电图测量结果与病人的主观经历进行比较，结果发现"空幻状态"是与两个脑核、扁桃体和海马体的刺激同时发生的。二者都是大脑边缘系统的一部分，大脑边缘系统是系统发育较早的大脑部分。大脑边缘系统位于大脑的深处，靠近脑干，与负责警戒和情绪控制的大脑区域有着直接的联系。正如早先的研究所证实的，对扁桃体的刺激引发了焦虑感，或者是完全相反的适意感，这取决于病人的情况。海马体对于记忆的机能是至关重要的，正如柯萨可夫综合征（Korsakoff syndrome），海马体的损伤会对记忆造成严重的伤害，可能导致记忆储存能力的丧失，而且可能是永久性的。扁桃体和海马体均与那些集成感觉信息的大脑颞叶部分有着一个密切的联系网络。

根据现有的最有价值的信息，癫痫性似曾相识感发生在一个神经元回路里，那里扁桃体、海马体以及大脑颞叶的其他部分表现出同步活性。大脑颞叶加工处理当前的经历，并将结果传送给海马体，但是海马体的同步激活（这是通过一个电极的刺激或癫痫性发作来实现的）将即将到来的新信息解释成一个记忆。该记忆是"何时发生的"不见了——毕竟它不是真正的记忆——但是，在那一刻被加工处理的所有经历传达了一种恰好与海马体相关的熟悉感。扁桃体的激活最终引发了厄运即将来临的感觉。相比而言，在大脑颞叶、海马体和扁桃体上略微不同的活动分布可以解除当前的情形与一个熟悉的情境之间的任何联想，即使是那个情境几个月前才发生过，所以病人认为他正经历的一切是全新的。不过，这两种体验——新事如旧和旧事如新——不管相去多远，在内省性、神经学意义上都如此紧密相关，以至于反复刺激大脑的同一部位既可以唤起发生在某一个场合的某一种体验，也可以唤起发生在另一个场合的另一种体验。

最后你有可能会问的一个问题是这些在病理学条件下关于似曾相识之感的发现到底要告诉我们什么。所幸的是，精神分裂症和癫痫症属于少见的疾病，即使是似曾相识之感也很少在这两种病症中出现，绝大多数精神分裂症患者和癫痫症患者所经历的似曾相识之感不会比随机挑选的人多。似曾相识之感与病理学的关系是不对称的：在少数病人中，似曾相识是临床表现的一部分。反过来，似曾相识之感不是病理状态的标示。这类似曾相识之感没有被包括在精神病学家的诊断手册中。有人可能因此会自问，用电极刺激产生似曾相识之感对于一般的、自发产生的似曾相识之感有何意义。毕竟，在神经病门诊部，没有人会脑袋里插着电极到处乱跑。诸如这样的问题是合情合理的，但是它们却与已取得的有力结论不相矛盾。病理情况通常夸大了那些太过短暂或者过于琐碎细小以至于在正常情况下不能对之进行细致观察的现象。有些似曾相识之感可以用实验的方法来获得的事实使神经病学家们得以对病灶进行定位并且将之切除。在神经心理学中，回答病灶"在哪里"之前很可能得先回答"怎么回事"和"为什么会这样"之类的问题。

由三个大脑组织结构所组成的神经元回路根据三者各自的表现可以唤起陌生感、熟悉感和恐惧感，这一发现与我们在一个完全不同的领域（在不同的时间开展的）所获得的发现是非常吻合的。1904年，海曼斯说明了似曾相识之感和人格解体现象是主观对立的过程，哪怕它们碰巧发生在同一个人身上，发生在同样的条件下。海曼斯认为，这说明了一种暗含的联系——同一过程必须支持这两种体验。在海曼斯的研究之后的大约一个世纪，在圣安尼医院的门诊部进行的实验说明了实情的确如此。

椭圆镜

似曾相识包括三种幻觉形式。这些幻觉感觉像是记忆但其实不是，它们让你以为你知道即将发生什么，但是你预测不到的是，它们还会引发朦胧的、无缘无故的焦虑感。这个三位一体的幻觉（不过也很轻微）有一种混淆视听的作用，它会让你在正常情况下的一个联想流中暂留片刻。看起来既新鲜又熟悉的一次经历的复制马上引起了它的再次复制，那种内省的复制，也就是你对自身经历充满惊讶的观察。所有的似曾相识之感都有这种镜像效应（mirror effect），剩下的还有差异。似曾相识之感通常是短暂易逝的，但也可以是长期持久的。似曾相识之感可以是自发产生的，也可能是通过电流刺激而产生的。某种似曾相识之感被常规地确定为短暂的幻觉，而另一种似曾相识之感则成了精神分裂症错觉系统的一部分。似曾相识之感的发生通常不以可论证的神经紊乱为条件，但是它们也可以宣告癫痫症的发作。看起来一种解释要适用于所有这些不同的情况是不可能的。当前对似曾相识之感研究最高产的作家、精神病学家赫尔曼·斯诺曾经说过，诸多研究调查者的发现常常是相互矛盾的。有人认为似曾相识之感与神经病有关，而有人得出的却不是这样的结论，或者说似曾相识之感与神经病之间存在着消极联系。年龄、智力水平、社会和经济地位、海外之旅、精神病紊乱、脑损伤、种族背景，凡此种种都被研究过，但是也没有人发现它们与似曾相识的简单相关性。似曾相识之感发生的频率是因调查分类的不同而变化的。关于"一般的"似曾相识之感和慢性的似曾相识之感之间的差异是属于程度还是种类的问题至今还没有一个公论。在看似容易产生似曾相识之感的条件下，比如说疲劳、压力、衰竭、损伤、疾病、饮酒和怀孕等，我们对于似曾相识之感的认识要略微清晰一些。上述条件同样也会导致人格解体现象的发生，实际上人格解体现象是唯一与似曾相识之感有明确关系的精神现象。

不过，所有的解释都有着同等可能性的结论过于惨淡了。某人在拿出手机的那一刻产生一种似曾相识感是很难将之归因于与前生产生了共鸣。如果似曾相识感的产生是因为与过去的经历、所梦到的、所想象的或者是真正经历过的东西相一致，那么我们就更加纳闷为什么似曾相识感会在故意让对立面占便宜的条件下发生，亦即完全没有认知。海曼斯于1904年提出的假说仍沿用至今，他的理论之所以有说服力和生命力是因为它能对似曾相识和人格解体这两种现象作出合理的解释。根据复制过去经历这一假说，似曾相识感要比它们实际发生的情况更为常见，而且主要是在日常生活中或是不断重复出现的情形下发生，而不是发生在旅行途中或是比较少见的衰竭和紧张的时刻。以上道理同样也适用于"重像"和经过二次加工处理的感知这两个假说。在我们确实是第二次处理同一事件的情况下，比如我们在读一段刚刚机械读完而不甚了了的文章时，似曾相识之类的感受是不会发生的。根据海曼斯的假说，体验似曾相识感时，注意力暂时下降是因为对当前感知的联想太过微弱或者数量太少，所以似曾相识感像是一个模糊的记忆。这一假说时至今日也是很有说服力的。那些注意力下降的情况可以归因于以下千差万别的原因：饮酒、怀孕期间暂时缺氧、损伤事件、在公开场合露面之前的紧张或者是功能衰竭。海曼斯的假说解释了为什么似曾相识感是一个比较少见的体验，而且它很容易演变成人格解体现象。

在巴黎开展的对癫痫病患者的脑定位实验从实验学的角度对似曾相识感作了进一步的解释。如果通过电极刺激产生的似曾相识感是人为地制造了同样的机能紊乱，只不过在形式上要温和得多，而似曾相识感可能偶尔自发产生,那么实验的重要性远远不止于回答"病灶在哪里"这个问题。我们已经发现能够引发似曾相识感的三大幻觉要素(熟悉感、陌生感和不适感)的一个神经病学上的机制,除此以外,我们也发现人格解体经历的陌生效应是意外趋同的一个好范例。如果通过问卷调查和电极定位这两个不同的工具所获得的结论突然指向同一个方向,那么我们会收获像审美满足感那样的东西。不过,这项调查不可能对似曾相识感的根源盖棺定论,甚至可能还谈不上是定论的开始。不过,正如英国前首相丘吉尔所说的,它很可能被证实是开始的结束。

1949年春,荷兰诗人赫瑞特·阿赫特贝尔(Gerrit Achterberg)与妻子凯瑟琳(Cathrien)及朋友特尔·奎利(Ter Kuile)夫妇驾车到法国旅行。阿赫特贝尔曾想参观著名诗人和随笔作家亨德瑞克·马斯曼(Hendrik Marsman)度了人生最后几个月的房子。准备工作困难重重。阿赫特贝尔的一生充满悲剧性。1937年失业后,他用手枪把房东(他的恋人)杀死,然后投案自首,之后被关进精神病院数年。生活在精神病院的那些年里,他没有活动自由,出国使用护照也受到限制,所以每次去旅行之前都得向他的精神病医生报告。朋友特尔·奎利利用他在海牙的关系帮助阿赫特贝尔办妥了有关手续。1949年4月,阿赫特贝尔一行四人乘坐特尔·奎利的福特汽车到法国南部旅行。阿赫特贝尔随身带了一个笔记本,正如特尔·奎利的妻子加蒂·特尔·奎利对阿赫特贝尔的传记作者威姆·黑泽(Wim Hazeu)所说的,阿赫特贝尔在本子上记下了一路上发生的所有事情,包括汽车的公里读数。据阿赫特贝尔后来称,1954年出版的诗集《汽车梦》(*Autodroom*)是献给朋友特尔·奎利的,诗集中收录的一些诗作如《里维埃拉》(*Rivièra*)、《纪念品》(*Souvenir*)和《峡谷》(*George de loup*)都是根据他们的法国之行所写的。从这本诗集开篇诗的第一行开始,阿赫特贝尔就描述着时间和空间的转换、地图、旅行指南、距离和边界、上坡下坡以及其他车辆停下来和迎头赶上等事件和情景。那种长途驾车可能引起的奇怪的恍惚感以及恍恍惚惚中体验时间流逝和转换的感受在诗集的第八首诗《似曾相识》（*Dé jà Vu*）中得到了充分的诠释：

似曾相识

静静淌着的雨水，沉入
所有充盈的下水道的洞穴，
沿着街上排成一线的白色城堡，
犹如在梦境中闪耀。汽车前行。

我看见的正是书本上的东西。
幻梦的事实，
变成了似曾相识的经历。
而今无法逃避，注定如此。

椭圆镜中我们四处行驶，
望见自己的背景经历，
明白这一切曾经发生。

同样的路来了又去，
心中满载着一切，正如遥远的昨日，
这个汞合金之物牵系着所知的一切灵魂。

任何只看诗歌标题的人很可能将这首《似曾相识》归类于阿赫特贝尔曾写过的一系列关于精神病的诗歌，比如说《罗夏克测验》(*Rorschach*)、《人格解体》(*Depersonalization*)和《幻觉》(*Hallucination*)。1943年，阿赫特贝尔在沃赫斯特黑斯特的莱恩黑斯特精神病院被关押了一年之久，不过在那里他可以去精神病治疗图书馆。阿赫特贝尔对精神病学表现出了极大的兴趣，他在图书馆里阅读艺术和精神病理学方面的书籍。也许就是在那里他从文献中读到过对似曾相识经历的解释。在上面的十四行诗《似曾相识》中有四行对似曾相识之感进行了描述：梦复活了，认出了曾经读过的一段文章，经历着过去常常幻想的事情。不过在后两段三行押韵诗句中，阿赫特贝尔似乎为这个谜寻求一个意象而非一个答案。镜子提供了一个将似曾相识感与其循环和复制联系起来的联想。通过汽车的后视镜，我们看到了矛盾的景象，其中"路来了又去"，而你自己是静止不动的。在椭圆镜里，你看见自己静静地坐着，而车子正飞速地穿越一道道风景。加蒂·特尔·奎利记得在旅行路上，阿赫特贝尔是如何提交了一篇关于福特汽车的后视镜的专题论文，他把后视镜看作是可以看到过去的物体，事情虽已过去但依旧可见——这就是他诗中所要表达的意境。

第13章
怀旧情结
Reminiscences

威廉·范登·胡尔（Willem van den Hull）80岁的一生可以浓缩为这样一段文字。1778年生于哈勒姆（Haarlem），父亲是一位邮差。在一些富有的当地人资助下，他曾参加校长培训班，后来成了一所私立寄宿学校的所有人。他的事业一直很顺利，后来他在哈勒姆的黄金地段开办了一所"法语学校"，不少阿姆斯特丹王公贵族的子弟都在该校就读。他终身未娶，一直和未嫁的姐姐生活在一起。他将过继给自己的侄子休伯特抚养成人。范登·胡尔死于1858年。

事实上我们对此人生平的了解远不止这些。通过他本人的自传，我们了解了更多关于他的事情。范登·胡尔1841年开始写自传。63岁退休时是一所寄宿学校的校长，退休后他有不少空闲时间撰写生平。他用了一年多一点的时间就写到了37岁的事情。65岁时，他开始写自传分册，分册一直写到1854年，也就是他76岁的时候。在那之后的四年，他没有留下更多自传记录。1858年，范登·胡尔辞世。自传手稿标注页码的共800页，各章节未经装订，每一页约有400字，字体工整，页面整洁。

范登·胡尔写这本自传时没有想到它日后会发表，他是写给过继的儿子和家中其他成员的，因此他在第一章中对家族史作了详细介绍。也许，像如今那些以进行族谱研究为由而涌进公共档案馆（Public Record Office）的人一样，范登·胡尔也觉得有必要将自己放进族谱里，也许他觉得自己的一生值得详细记录和大书特书。可以肯定的是，他感到迫切需要阐明几件事情。

同样清楚的是，他认为自己活在特殊的年代里。早在1831年，范登·胡尔就出版过一本书，书名全称译成英文为 On the Concerns of a Sexagenarian in the Year 1831; or a Sketch of the Most Remarkable Phemomena Characterizing This Age Above All Others（《在1831年年届60岁时所关心的事情，抑或反映这个时代特点的最显著的现象一览》）。这本书是对1831年以前的半个世纪的调查，在那个时期有不少新的发展、发明和发现，范登·胡尔认为，也就是在那个时期所发生的事情比之前的三个世纪还要多。

在写自传时，范登·胡尔应该是借鉴了自己的日记（他过去一直保留着日记，现已遗失），正因为如此他才可能对一生中发生的许多事件标注精确的时间。不过这本自传的风格不同于日记。范登·胡尔在自传中采用了叙述性手法，让主题得以展开，并且把松散的片断整合起来。另外，他的自传是坦白、率真的记述，甚至有不少感人肺腑之处。在自传中，他可以大大方方地描述灾难、挫折以及耻辱、羞愧、后悔和自责的时刻。范登·胡尔是一位敏感、容易受伤的人，他对爱情和家庭有着热切的渴望，但却最终孑然一身。看完范登·胡尔的自传，不被他感动是不可能的。

所有的自传作者在写自传时都是根据他们的记忆，尽管程度上有所不同。有一些自传部分是利用了外部资料来记述的：笔记、报告、信函、便笺、备忘录和演说稿。像英国前首相兼作家丘吉尔的自传可能就是秘书们帮着记录下来的。然而，没有一个秘书能对范登·胡尔的自传大有建树，范登·胡尔确实是根据个人的回忆来记述自己的生平的。如此一来，其自传所表现出的自传体记忆的特征就更加明显。范登·胡尔在自传中对自己在三四岁以前的事情记述甚少，之后他记述了自己最初的记忆，然后按照生命历程对自己的青年、成年和老年作了详细的叙述。毫无疑问，一位年长者写的自传反映了与年纪相关的自传体记忆的特点，有关这一点直到近些年才开展了细致深入的实验研究。

怀旧效应

早在1879年，英国科学家弗朗西斯·高尔顿就注意到他的很多联想都会追溯到童年时代，事实上对童年的回忆在数量上远远超出对近些年的记忆。高尔顿使用了我们现在所熟知的"高尔顿提示技术"，也就是通过单词记忆材料来对记忆进行研究。选择单词时要考虑到它们是否能和生命的各个阶段联系起来。像"考试"一词就不合适，因为一个人在40岁的时候参加考试的机会比在20岁的时候少。相比之下，像"搬家"或"从楼梯上摔下来"这样的词却是出奇地合适。在实验过程中，实验者要求实验对象说出某一个提示词能让他联想到的记忆。接着，实验者会要求实验对象尽可能准确地提供该记忆发生的时间。泛泛地说，似乎是近期发生的事情（上一次搬家的经历、上一次从楼梯上摔下来的经过）唤起的回忆最多。如图21，纵轴表示回忆数的比例，横轴表示不同的年龄段。如图所示，总的来说，回忆数是随着年龄的增长而逐步增加的，在65岁时达到最高峰，这差不多是高尔顿从事调查时的年龄。实际上，正常的遗忘曲线开始时会大幅下滑继而趋于平缓。不过，同样的实验（在此次实验中实验对象年龄偏大）引起了一个值得注意的现象。在柱状图中，中间段的年龄数值总的来说趋于平缓，不过在年长者中数值呈上升的趋势。从横轴的左侧来看，15~25岁这个年龄段的回忆量有猛增的态势，这也就是我们所说的怀旧高峰期。关于这个高峰出现的准确位置在不同的研究中略有不同，不过准确无误的是，在一个为期10年左右的阶段里会出现一个回忆高峰期，在这个高峰期间，中心值出现在20岁。如果实验时不要求实验对象说出基于提示词的回忆，而是让他们描述印象中最深刻的三四个回忆，那么回忆高峰期的数值会更大。在这种情况下，越是离调查的时间越近，所能唤起的回忆量就越少，柱子也就越短，最长的柱子，也就是回忆的高峰期，出现在15岁的时候。怀旧效应（reminiscence effect）出现在一群约6旬的实验对象当中，而且

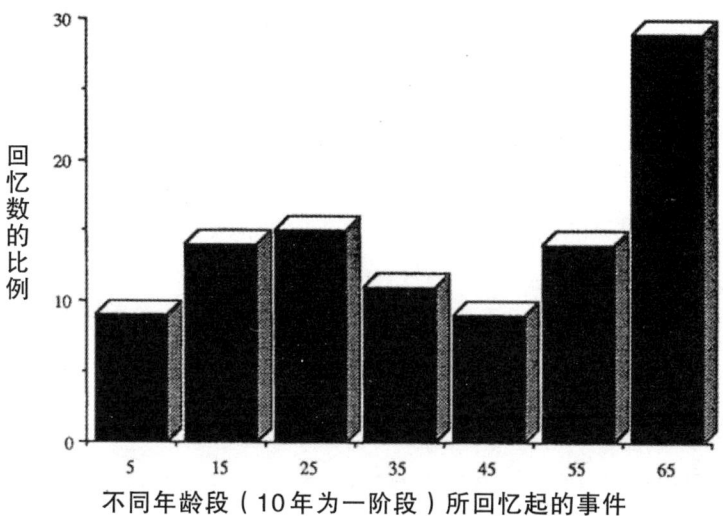

图21 平均年龄为70岁的实验对象基于提示词所唤起的回忆柱状图。大约一半数量的回忆事件发生在实验对象接受调查的前一年,这个数据未列入此图,否则无法清晰地表示出其余部分回忆的规律和特点。从图上看,从右至左,正常的遗忘曲线急剧下降,不过之后当曲线下降趋于平缓时,数值在15~25岁期间出现了增长,也就是怀旧高峰期。

随着实验对象年龄的增大,这种怀旧效应也就愈加明显。

事实上,当威廉·范登·胡尔从63岁开始写自传时,他就是在做一项非正式的实验,实验对象只有一个,也就是他本人。没有单词提示,也没有事先确定的方案,他只是根据自己的日记和联想写下所记得的事情。在写作手法上,他采用按年代顺序的方法。有时他超在某个故事的前面,有时他会使用倒叙手法,但是总体上是按照生命历程来记述的。这种方法便于统计威廉·范登·胡尔在每个年龄段到底用了多少篇幅。4~13岁期间的经历平均篇幅约为14页纸。而13~21岁期间经历的那个章节篇幅很长,每一年都用了15页纸来描述。到了下一章,也就是21~27岁期间的经历所用的篇幅要更多一点。随后,每一年的着墨开始减少,这种情况开始时是平缓的,继而加速下降,27~37岁期间平均每一年的描述不超过10页,在接下来的

5年期间每一年的篇幅不超过6页，到了54~72岁期间内容更少，平均每年不超过4页纸。在范登·胡尔生命的最后几年里，也就是72~76岁时，关于每一年的记述略有增加，达到了平均每年5页纸的篇幅。究其原因是他对最后一段时期所写的东西有个详细的记述，包括一篇论文，题目译作《关于农神萨杜恩指环的实质和作用之猜想》(Conjecture about the Nature and Purpose of Saturn's Ring)。

通过这本长达800页的鸿幅巨著，范登·胡尔向我们展示了一个很有说服力的怀旧效应。他记述每一年所用的篇幅数的柱状图基本上与自发汇报其最深刻记忆的70岁老者的柱状图类似。同样在横轴的左侧出现了一个高峰期，同样在人到中年时数值急剧下降，同样在最后几年也就是调查之前的几年回忆量很小。正是这一规律激起了我们的好奇心，是什么原因让人们对20岁左右的事回忆量最大？仅仅是因为当时记忆力较强？某个处在那个年龄的人是否有更多难忘的经历呢？或者因为介于其间年份的太多事情已经消逝所以我们才在年迈时把少小时光看得更加真切？以上这些问题不禁让我们对范登·胡尔的自传作进一步的审视，看看他就那些记得清楚的事情说些什么，看看什么事情被活生生地展现出来，看看什么事情起初被详细地描述后来才随着时间的推移而消失。简而言之，就是要看看是什么样类型的回忆成就了怀旧的高峰期，看看高峰期之前的回忆是些什么，之后的回忆又是些什么。

童年记忆中的痛

范登·胡尔在自传中写道，"我用不着任何帮助就可以写至少4岁以后的事情，因为老天赋予了我卓越的记忆力（除了记忆名字以外）。"如果有什么事情忘记了，他那有着同样超群记忆力的妹妹伊丽莎白（人称"活着的编年史"）也会提醒他。不过，所有关于他4岁以前的信息都是间接的。

范登·胡尔生于1778年9月16日凌晨。在他看来（他喜欢站在一个更广阔的社会环境中看问题），那一年是个多事之年，因为不少大名鼎鼎的人物如瑞典生物学家林奈（Linnaeus）、法国哲学家卢梭（Rousseau）和法国作家伏尔泰（Voltaire）相继辞世。另外，在哈勒姆也发生了一件大事：一位名叫范伊（Van Ee）先生的有钱店主一直站在大教堂（Grote Kerk）门口和一位熟人聊天，突然一块大石头从教堂顶上掉下来，一下子砸烂了范伊先生的帽子、假发和头骨，他当场倒地身亡。几年后，当范伊先生的一位亲戚在其家族墓地下葬时，"人们还很急切地想再看一眼不幸的范伊先生的头骨，发现石头砸到的那块头盖骨深深地陷了进去。"

威廉记得的几岁前的事情仅仅是一些片断。比如说，他会在早上很有礼貌地向母亲问安："早上好，妈妈，你今天好吗？"她会回答说："很好，威廉，你好吗？"然后他会说："我也很好，妈妈。"当时还想着自己在礼貌方面可比兄弟姐妹强多了。他还记得马登，那个送奶工，总是会给他一小杯鲜奶，至少是在他的鞋子干干净净的时候。"你看，上述两个细节几乎幼稚得不值再提，不过这与一个人的成长是极为相关的。"关于他们家对面嘈杂的记忆则要更加清晰，对面正在建一个机构，经费来源是刚死去没多久的泰勒·范德尔·胡尔斯特（Teyler van der Hulst）的遗产。威廉还记得他生病的情形以及一些小事故：他曾患上风疹，随后天花肆虐，不过他"安然无恙，好像利用了我身上的牛痘疫苗似的"。他曾经让开水烫伤了脚，当时放在手上玩的一只小公鸡啄他的手，他痛苦地跌倒在脚炉上。

如今，我们最初的记忆通常是与弟弟或妹妹的出生联系在一起的。在范登·胡尔的孩提时代，同样有可能的是一位家庭成员之死。威廉的弟弟不到1岁就夭折了，他的哥哥彼得（Pieter）在7岁时也死了，哥哥死时威廉还不到4岁。彼得一直和祖父母住在一起。有一次在回家的路上，他和父亲乘坐的驳船在哈勒姆湖上遭遇到了暴风的袭击。船长好不容易把船安全驶回了斯帕恩（Spaarne）渡口。也许就是那次彼得着了凉，因为打那开始他就不停咳嗽。有一天咳嗽发作到了无法控制的地步,母亲只好把他放在自己的床上帮助他止咳。几个小时后,咳嗽又发作了,母亲把他放在腿上,试图让他镇定下来,但是没有用,彼得咳个不停。忧心忡忡的母亲怜惜地望着小男孩的眼睛,看见他的双眼黯淡了下去,她尖叫起来:"噢,天哪,我的孩子要死了!"果真他死在了母亲的怀中。父母的悲痛对威廉的影响比自己对哥哥之死的感受更甚。他对哥哥之死这件事的记忆是断断续续的,但正是这些支离破碎的记忆依旧牢牢地铭刻在他的脑海里。"关于整个惨剧我也记不得很多,我只记得哥哥躺在棺木里等着下葬,我的父母、大姐和我围着尸体跪坐着,父亲深情地祷告,母亲则在一旁痛苦地哭泣!"

关于那之后几天的事范登·胡尔所记得的首先是他自己脑子一片混乱。他不停地问彼得现在在哪儿,他是不是不高兴,对很多答案他无法理解,对哥哥如何在升上天堂之时又躺在墓穴里无从领会,最后他把自己对整个事情的解释凑在一起。在哈勒姆有个惯例,如果死人还留在屋里,那么百叶窗会一直关着。彼得死时,他们也是这样做的。威廉每次经过一个百叶窗遮闭的房屋时,都会感觉他的哥哥此时在那里。在斯帕恩河边有一个大的通行税征收处,不过已经废弃,那座屋子的窗户总是关闭着。威廉思忖道,也许那里装着"很多死人",窗户关得严严实实以确保他们不会跑掉。也许他的哥哥也在那里。他得永远待在那个凄凉黑暗的地方,他该是多么不安啊!威廉对哥哥感到十分同情,以至于有一天晚上他梦见他去了那个屋子,打开了前门,进到了一个黑暗的房间,房间里唯一的光线是一束从窗户的裂缝中渗进来的光。

> 这个房间装满了小孩,他们一看到我,就把他们漂亮的头凑在一块,目瞪口呆地望着我。不过,我看见他们既没有手也没有脚,只有可爱的脑袋。像很多幽灵鬼怪一样飘来飘去,一刻也不停息。一束微光照亮了一些人。不过让我伤心的是我没有在他们中找到我的哥哥。所有的小孩都在飞来飞去,他们的眼睛紧盯着我,没人会告诉我我的

哥哥在哪里。在那个漆黑的房间，我唯一能够听到的声音就是温和的嗡嗡声，这个声音是那些鬼影不停地飞来飞去发出来的，就像蚊子发出的声音。

童年的那一幕如今还如此清晰地立在我的脑海中，我依旧清楚地看见许多鬼影，其中一个盯着我看了很长一段时间，从他的脸上我看到了他很快乐。无论何时，哪怕是今天当我孤单寂寞时，我还听见那蚊子嗡嗡的叫声，我又想起了童年的那个梦，再次感受到了当时的丧兄之痛。

范登·胡尔所记述的童年往事有很多都是"初次经历"。1785年，他第一次获准和父亲一道去探望住在马登斯代克（Maartensdijk）的祖父母。路途很遥远，先要坐船，然后走几个小时的路，行程本身就是一次历险。他还记得自己第一次穿上溜冰鞋的经历：一天晚上父亲在巷子里泼了十几桶水，第二天早上结了冰。他亲眼看见了第一个溜溜球（joujoux de Normandie）的出现。他好像对自己上学的头几天也记得特别清楚。4~7岁间他曾先后转过不少于4所学校，直到最后他才安定下来接受正规的启蒙教育。他对4所学校中的3所第一天上学的情形作了详细的记述，老师长得什么样，他穿了什么衣服，其他的孩子和课室是怎样的。他的第4所学校是位于斯帕恩河边的市二小。范登·胡尔在自传中写道，"上学的第一天我很仔细地观察彼兹（Piets）老师和他的管家，虽然是很无心的，但是他们两人的特征已经深深地印在我的记忆里，忘也忘不掉。"虽然彼兹老师几个月后就死了，"我仍记得他那瘦小的身影，和善的态度，以及他那浅褐色整齐的头发，紧紧裹在身上的校袍，这一切都历历在目，正如他半个世纪以前站在我面前一样。"

在自传中，范登·胡尔还让读者明白第一次经历是绝不会重复的。1787年的夏天，当时他快9岁了，他又一次和父亲回马登斯代克。他们乘坐了从阿姆斯特丹开往乌特勒支（Utrecht）的夜船。拂晓时，每个人都还在沉睡，他静悄悄地起了床,爬上座位看外面的景色。

> 我永远也无法忘记那个黎明,无法忘记那一刻带给我的感受,也许是在那之前我从没有看过如此宁静祥和的大自然,看过如此绚丽动人的破晓。万籁俱静,河沿岸的一切是如此之美,看不到任何生命活动的迹象。牲畜在田野里沉睡,远处的物体仍然无法辨认,一只孤独的夜莺飞过我们的船头。四周无风,河水在我们的船前泛起波浪(我好像还能听见波浪的声音),拖绳通过绞盘时发出的嘎吱声是我唯一能够听到的声音。

此次返乡之旅的记忆是如此深刻,以至于半个世纪后,也是在一个夏天,范登·胡尔乘坐了同样开往乌特勒支的夜船,他想看看"这次是否能重新唤起自己幼年时的感觉"。为达此目的,他彻夜未眠,在凌晨两点爬上了上甲板,想看看他50年前所看到的一切。他的努力白费了。很多东西还是老样子,但是已不再能感动这位年近6旬的老人。他感到十分沮丧,往昔那动人心弦的旅行感受去了哪里?掌舵的船长、仆役、开船的人、那些沉睡在乡间住所的富有人家,以及他自己的父亲。"唉,一切已逝,所有的一切都被埋进了坟墓,变得僵硬,也许已经腐烂!那些东西在当时充满了生机和活力,而如今,不管是新是旧,所有的一切都已腐烂!"只有当年指向破晓的大教堂的尖顶还屹立于原处,范登·胡尔沉思道,当他自己追随那些可敬的祖先而去之时教堂的尖顶还会矗立在那里。

在范登·胡尔的自传里,对学习的兴趣和关注后来成为童年记述的一个中心话题。他记下了在每一所学校里学到的(或者未能学到的)知识、所获的奖励、他取得的成绩与其他的孩子相比有什么不同、他发了什么课本或者买了什么书。在这个意义上,他的回忆确确实实是一位校长,而不是一个商人或牧师的回忆。在后来的岁月里,他也同样详细地记述了当他担任斯豪顿(Schouten)老师的助教时(斯豪顿老师教复式分录登账法和球面三角学)所学到的知识,记述了他担任助教时所从事的活动以及他在各寄宿学校任不同教职的情况。还有一个主题就是他一门心思通过周旋于比自己高的阶层即富有的中产阶级之间来提高自己的社会地位。从范登·胡尔的自传可以看出，他很注重仪表，注重那些必须遵守的惯例，注重适合他职业发展的能力以及对他有用处的友谊。他童年、青年和成年时所经历的很多事情都表明了他所追求的、也最终实现了的提高社会地位的人生目标。反过来，也正是目标的达成让他的回忆更有意义：范登·胡尔把自己看作一个实现了童年梦想的人。

"就好像发生在昨日"

那样的鸿鹄之志也是要付出代价的。范登·胡尔在自传中写道，从很小的时候"他被羞辱、冤枉或误解时很容易发脾气"，这一点在他的自传中确实显而易见。每一次当他回首往事时都会想起一件令他不快的事情，然后他把这件事详细地记录下来。成年后，他那火爆的脾气似乎和他那卑微的出身联系在一起。他描述了不少他认为自己辛辛苦苦努力却未获得应有的尊重的事情。不过，在孩提时他就发现自己对公开受辱难以释怀。后来，他和朋友迪克特斯（Dictus）一起到了斯豪顿老师开办的学校工作，他任助教，上任前他想这个学校对学生进行体罚是司空见惯的事，包括用帽子、皮带和一条长绳，但是对助教肯定不会这样做。事实证明他错了，"我记得很清楚，我上任后没多久，斯豪顿就在所有的孩子面前用皮带狠狠地抽了我几下。"斯豪顿打人不需要什么理由，"一行字没写好"这个理由就足够了。一天，范登·胡尔因犯了点小错被叫到斯豪顿的房间。为了保护自己，之前他在裤子里塞了一个练习本。不过这个鬼点子被发现了，斯豪顿觉得整件事很搞笑，他把事情的经过当作笑话讲给了他的女仆克莱切（Krijntje）听。然后，真正的羞耻开始了，克莱切嘲弄地问他裤子里放了什么。"这个关于惩罚的笑话当时让我感觉痛苦万分，我觉得受了奇耻大辱，以至于我还清清楚楚地记得当时克莱切站的地方，她问我那个问题时的态度，朋友迪克特斯和我当时所站的位置，就好像那是昨天发生的事情。"当时摄影术还没有发明，更不用说闪光灯了，但是那个场景却有着闪光灯记忆的所有特征。

　　同样留下深刻印象的是在格罗宁根任教员时发生在他身上的一件事。当时他在老家哈勒姆休完了假，准备乘拖船回学校。他到了斯特洛伯斯（Stroobos）码头，这才发现身上的钱不够，只差4分钱，那不是一笔大数目，也不是一个让格罗宁根人耸耸肩蛮不在乎的数字。他决定还是坐船到维尔沃莱登（Vierverlaten），剩下的路走着回去。当他和其他乘客站在斯特洛伯斯码头准备登船的时候，他听见船长叫了一声，听起来像是"所有的人都是到格罗宁根的吗？"没有一个人回答，范登·胡尔也像其他人一样上了船。半个小时后，船长过来收钱。范登·胡尔问到维尔沃莱登要多少钱。尴尬的一幕发生了：

　　　　我不收到维尔沃莱登的钱，他回答道，你得付到格罗宁根的钱。我解释说，我不到格罗宁根，我得在维尔沃莱登下船。他用一种轻蔑的口吻说，孩子，你可以这么做，但你得付到格罗宁根的钱，那是我的钱，所以我才在斯特洛伯斯码头喊了一声"所有的人都是到格罗宁根的吗？"当时你就得说我要去维尔沃莱登，不过现在你得付到格罗宁根的钱……因为我拿不出钱，所以我只好直接拒绝，并且很明确地表示到了格罗宁根再给钱。不管我怎么说或怎么威胁，他始终讥笑我并发誓不让我下船，直到我依法付齐了钱为止。接着他拒收我的钱，回到了领航员的座位上，骂骂咧咧，把天底下所有难听的话都用上了——主要骂我是个傲慢自大的小要饭的。

　　为了摆脱这一难缠的局面，他鼓起勇气问一位同船的旅客是否能好心借给他4分钱，但是那个人狐疑地拒绝了，这样一来他觉得自己更丢脸了。他急切地望见维尔沃莱登快到了，他终于舒了一口气——"上帝已经看到了我的窘境"——他看见一位朋友的妹妹在码头上。她非常乐意地付了那4分钱,让他得以继续剩下的行程。

受辱的起因各不相同,但是每次他的蒙耻感都同样强烈。一个阳光明媚的下午,范登·胡尔走过哈勒姆的一座屋子,他看见几个托儿所的女佣和她们的女朋友坐在一扇开着的窗户旁。他很有礼貌地举了举帽子。"但是她们不认为我是在打招呼,或者至少让我静悄悄地从那里走过,我突然听见所有这些穿戴整洁的女孩子爆发出震耳欲聋的笑声,声音大得连整条街都有回音。为了搞清楚这个笑声是否因我而发,一个小时后我又经过那里,再次礼貌地扬了扬帽子,这次那帮人笑得更凶了。这次遭遇发生在1817年5月3日。"还有一次,他陪学生荣克希尔回他父母亲在海牙的家。他们乘坐拖船并租了一间舱面船室,一路上比较舒适。不过一到家,那小子一脚就迈进了家门,把他留在了门阶上,他一直站在那儿等,直到一位面色诧异的男仆走出来告诉他一切安好,然后关上了他身后的门。"我在开往海牙的拖船上享受了特殊的礼遇,而到了荣克希尔家,我只能在门前的擦鞋垫上干等。"没过多久,他又为一起擦鞋垫遭遇而生气。这次是瓦龙(Walloon)教会的牧师,这位牧师告诉女仆别让范登·胡尔进入教会,"因为按常理被邀请的都是些有教养的人"。范登·胡尔到了门口,鞠躬致意,女仆无动于衷,听了他的解释,也不让他进门。后来,这位女仆在他进门后砰地一声关上了门,"好像我是个流浪汉"。这位女仆也是范登·胡尔40年后仍无法忘记的一个人:"噢,那个女仆恶狠狠的脸是多么深刻地印在了我的心上,让我无法忘记!"

比这种遭遇好不到哪去的经历可以说是一种命运,而他命中注定就要多经历几回。在比喻意义上,这也标志着他自己的身份。范登·胡尔在老年时所感受到的痛苦是由于虽然他住在哈勒姆最豪华的房子里,但是始终未获邀请加入任何社会名流参加的社团、协会、公共委员会和政务委员会。在这个问题上,范登·胡尔看到了伊安吉,也就是在门口轻蔑地对待他的那个牧师的手腕。这位牧师的名字在自传写到1800年的事情的时候第一次出现，一直到1853年那位牧师离世时才不再出现。相比之下，没有什么人能比这位伊安吉牧师带给他更强烈、更持久的羞辱感。

他们的第一次接触是范登·胡尔被任命为瓦龙教会的领诵人之后。即使在试读时，他们也会就正确的发音交换些意见。范登·胡尔曾在格罗宁根学过法语，老师是一位地地道道的法国人，但是在哈勒姆，可能是因为"法国籍瑞士辅导教师和女家庭教师"之故，有一个发音让范登·胡尔觉得很不准确。他拒绝改变发音，而布道坛上传来的法语与范登·胡尔在诵经台上所读的法语明显不同，无人不晓。发音歧义演变成公开的冲突，最后导致两人长期不和。范登·胡尔很肯定地认为，这一切都是因为伊安吉，因为他而使自己丢掉了一直在几个家庭任家教的差事，另外他"再也不可能从Messrs Enschedé、Guepin等先生成群的儿女们那儿赚一分钱了，因为伊安吉和这些家庭有来往"。他怀疑也是因为伊安吉从中作梗，他才以最丢脸的方式退出了教育娱乐戏剧协会（Instructive Entertainment Dramatic Society）组建的管弦乐队：在中场休息时，"当着所有乐队成员和仍留在座位上的观众的面"，他被赶下了台。谈起这些事情，一定得说说范登·胡尔的工资待遇之争。在范登·胡尔看来，伊安吉挑肥拣瘦，自己在那些富家孩子身上花了大把时间和心思，为的是让那些富有家庭同意他教他们的孩子（因为他工作实力，那些家长还奖励了他"不少壁炉挂钟"），而范登·胡尔只剩下教那些孤儿和穷孩子的份儿。1806年，他们之间的争执因一次为应付教会委员会的检查而对学生进行排位的事情达到了极点。结果，因伊安吉的挑唆煽动，教会委员会停了时任领诵人和教师的范登·胡尔的职。

在自传中，范登·胡尔用了大量的篇幅描述自己对此事件的反应。到了1842年，也就是范登·胡尔64岁之际，这件事还让他感到羞耻不已，那种感受就像事发的1806年一样刻骨铭心。这就像他突然翻开一份旧档案，开始一份份地阅读里面的文件，自己的情绪也变得越来越激动。他还一大段一大段地重印当年的信函，出示摘录的片断，指出针对他的指控中的错误和不实之处，随处可见他的义愤之词或是伊安吉的名字。很多段落的最后一句都用了感叹号。每一次描述一段不愉快的经历好像都会让他附带想起另外一件不堪回首的往事。在自传中，伊安吉的罪状有一大串，他的过失和不轨行为事无巨细、无论年代多么久远的事一律被记录在案。在这一章中，那种在自传其他篇章中非常典型的叙事结构完全没了影子。范登·胡尔为自己申辩，并进行反驳和回击，当他把所有的事情写下来的时候，他再一次体验了每一段经历，正如女仆克莱切嘲弄他的那件事仍然让他感到愤怒，"就像发生在昨日"。事实上，他被教会委员会停职和当众被赶下舞台后不久，不少家庭请他做家教，他因此赚的钱比在瓦龙教会挣的微薄薪俸要多得多，对此他在35年后仍引以为荣。"当我写这些话的时候，这意外之幸仍然会让我流下感激的泪水。"范登·胡尔花了几十页的篇幅来描述与伊安吉的纷争纠葛，写法上也不是一个连续的故事，而像是一份详尽的案件记录，这强调了这些屈辱的往事在他记忆中的特殊地位——或者，这部分内容不能像其他部分那样可以浓缩和精简。那些不快经历的影响依然如故，从颜色、味道到尖锐的程度。很多年后，那些经历似乎仍然生动如初，好像根本用不着记忆似的。

"在整个广袤的世界里我只见琳娜一人"

1811年，伊安吉牧师去了阿姆斯特丹工作，在哈勒姆销声匿迹，不过他可没有从范登·胡尔的生活中消失。多年以来，范登·胡尔一直觉得伊安吉在给自己使绊，即使不是他本人出面，那也是他众多朋友和关系户中的一个。逐渐地，他终于打了翻身仗，在那些反对者面前抬起了头。1803年，他开办了自己的寄宿学校，并在老运河（Oude Gracht）街租了一所房子用于办学。他给父亲买了一些地，"方圆有140路德"，其中一半是果园,另一半是菜园。由于学生人数激增,他在1809年和1814年先后两次迁移校址。办学进展得非常顺利,最后他将目光锁定在了圣扬斯大街(St Jansstraat)上的一座漂亮房子上。范登·胡尔在自传中写道,那种期望能够买下那座房子的念头令他陶醉:"晚上十点钟后,我会溜出我的家整整25次,在黑夜中,我围着未来的家踱来踱去,数着步子丈量尺寸——这座房子纵深有110步,加上花园有135步宽,毫无疑问是哈勒姆最宽敞的房子了。"在一些学生家长的贷款和在几位哈勒姆资助人的帮助下,他花了1万荷兰盾买了那所房子。

1820年,范登·胡尔搬进了这所豪华的房子。他的父母也随同搬进了新家并在那里度过了无忧无虑的晚年。未婚的姐姐和妹妹帮他打理房子,照顾学生。他聘请了一些忠实的助理教师。他终于成功了,荷兰最显赫的家庭都把他们的孩子送到哈勒姆。对他来说,那些年很顺,生意也很红火。可是待在那所房子里他更不开心:"我人生头40年的所有考验和磨难绝不能和像不断啃咬的虫子一样折磨了我11年之久的致命苦痛相提并论。"那个虫子指的是没有结果的爱情,范登·胡尔写道,那是一个男人能够置身其中的最可怕的情形,那种状态也只有曾经有过亲身经历的人才会理解,不过他认为这样的人不多,"因为那种强烈的感情摧残着受害人的生命,死亡会很快将他们掳去,或者把他们变成疯子,有些绝望者甚至主动缩短他们的性命。"

范登·胡尔搬进新居后产生了结婚的念头。他已经42岁了,生活无忧,渴望建立自己的小家庭。他的一个学生有个姐姐,范登·胡尔从未见过她,不过从学生那里了解到的情况来看她将会是一位合格的妻子。另外,她将是一大笔财产的继承人。1821年暑假期间,他去拜访了她。他认为她不是太漂亮,但是很可爱,也很友善,他没有表露此行的目的就告辞了。为了避免作出过于草率的决定,他决定在接下来的八月份的一个星期六给她写信。那天到来了,他正准备起笔时,突然决定先到市镇上买点东西。回家的路上，他在新运河街上邂逅了一位年轻的小姐，"我盯着她看，当她向我走近时，她的脸羞得绯红，而我自己也受了感染，说不清这种突如其来的感觉。我向她表示问候，我们的目光相遇了，她的目光穿透了我的骨髓。我对自己说，我的天哪，多么漂亮迷人的姑娘啊！噢，只有她才能做我的妻子！"

他被深深地吸引了。在扬斯桥上，他回过了头，看见她走进了萨鲁瑞尔神父家。那天晚上他要一个学生，萨鲁瑞尔神父的侄子小心地向仆人们打听那位"天仙般的女子"是何人。经打听，知道她的名字叫尊贵的罗琳娜小姐（琳娜），正与坎麦林夫人待在一起。这个消息让他心神不宁。自己是一个平民，以前是一位助理教师，而她来自贵族家庭。他们之间存在着"可以想到的最为悬殊的差距"。另外，他已经40多岁了，他猜她顶多18岁。但是他们的相遇，在那样一个日子，肯定是上帝的旨意。第二天早上他又

图22　威廉·范登·胡尔设在哈勒姆圣扬斯大街上的"法语学校"之后部。赫瑞特·斯霍尔顿绘于1882年。

看见了她——在瓦龙教会里。他坐在老位子上，琳娜和她的女朋友们一起到了教堂，正好就坐在他旁边，他们之间的距离"不足一米"。他用眼角的余光打量着她，从她"胸部不规律的起伏"来看，他认为她和自己一样很激动，事实上甚至更激动，他的爱已经点燃了她的爱之火。

再没有什么比这更鼓舞人心的了，他也用不着。他贿赂了一名男仆，这名男仆轻声对他说琳娜将在下个星期天离开哈勒姆去阿姆斯特丹的一个什么地方。范登·胡尔预定了一架当天的马车，他打点了行李，带了一些钱，希望能说服琳娜改变行程，偷偷嫁给他。这是一个大胆的计划，不过已不再需要解释这么做的理由了，因为他最终放弃了计划，回首往事，他写道："在整个广阔的世界里我只见琳娜一人，我的心里只有她，我向上帝的祷告也不过是绝望的哭泣。"当她动身的那个周日来临时，他先去教堂做了礼拜，而她也在那里。在做礼拜时，范登·胡尔清楚地认识到自己必须放弃计划，因为萨鲁瑞尔神父训诫的主题就是"尊敬父母"这一清规戒律。范登·胡尔坐在教堂内的靠背长凳上一动不动，好像变成了石头。神父的训诫是那么正当其时，"我甚至怀疑是不是某人对牧师耳语道：'您的教会上有一对恋人，他们正准备实施一个不计后果的计划——对他们说点什么！'要不然，他不可能找到一个合适的文字依据使他们放弃那有勇无谋的计划。"他取消了那天的马车。

范登·胡尔提到了瓦龙教会里的一对恋人的事实说明了他深信琳娜也爱上了他，但是他不敢接近她，甚至不敢给她写信，受了萨鲁瑞尔神父训诫的她不会做任何有违父母之命的事情，更不用说与一个门不当户不对的求婚者谈婚论嫁了。他无处倾诉自己的情感，他没法与自己的父母、姐妹或是他聘请的助教们推心置腹，他所能做的就是孤独地承受。虽然是暂时的，但是给琳娜写长诗成了他唯一的寄托，他从未将这些情诗发出去。他无时无刻不在想念她：他早上几乎起不了床，"我被一种最可怕的恐惧感紧紧地抓住，即使在睡梦中也在呻吟。"这种情形持续了整整一年之久。到了第二年夏天,琳娜又回到了哈勒姆,与她的朋友们待在一起。他看见她从身边走过,但是他还是不敢接近她。她又走了。有人告诉他这次她乘船回兹沃勒去了。他在一首诗中描述了他的思想与恋人同行的情形。全诗共20节,以下两节足以表达他的倾慕之情和所付出的一切努力。

> 一路平安,我美丽的姑娘,
> 当你向北驶去,对你说声再见。
> 噢,多么希望能够陪伴在你的身旁,
> 只可叹我身份卑微无此荣光!
>
> 如果你与我可爱的姑娘在一条船上,
> 当船儿驶过近旁的另一艘船,
> 那上面的水手个个都会大喊:
> 最漂亮的姑娘航行在艾瑟尔河上!

"这样我在痛苦煎熬中又度过了一年,然后又过了一年,之后又过了一年。"即使在父母的结婚周年日他也不能不思念他的梦中情人。1827年,也就是他和琳娜初次相遇的6年后,他的感情丝毫未变,他对这段恋情的期待也一如既往。在琳娜再次回到哈勒姆的第二天,当他听说她一段时间以来都在咳血,他的心都要碎了,比任何时候更加绝望,他焦急得发狂——也许她此时身处鬼门关("这是因为她对我的无尽思念和苦痛而引起的吧?")。他斋戒了三日,向上帝恳求和祈祷,走过她的住所,想象她在一个灯光昏暗的房间里与死神抗争("她会不会嘴里念叨着我的名字死去呢?")。几天后他在市镇上看见了她,看上去她的健康状况很好。他心存感激,他的祷告这么快就应验了,不过他又一次陷入了绝望,因为琳娜又要走了,而她在走之前连个照面也没有。又一年过去了,接下来的一年是在"无数的泪水和叹息"中度过的。

1830年7月26日的晚上,他做了一个梦,梦见自己在哈勒姆城墙边散步,他找了一处最好的地方坐下来欣赏沙丘风景。这时不知从哪里冒出来一个人,"一个有着尊贵地位的人",那人二话没说,甚至连招呼也没打就径直坐在了范登·胡尔身边,然后他开始将身体往范登·胡尔身上靠,最后把范登·胡尔挤开。范登·胡尔愤怒地夺回了他的地盘,并说是他先到那儿的。令他惊讶的是,那个陌生人突然变得彬彬有礼,他道歉说他没有注意到他已经在那儿坐了很久,他马上站起身离开了。当范登·胡尔醒来时,虽然不解其意,但他还是清清楚楚地记得这个梦。就在那个早上,一个学生前来看他,并告诉他尊贵的琳娜小姐在哈勒姆待了一段日子,但是又走了。他一口气补充说她已和来自阿森的范德尔·维克骑士订了婚。

  我用不着告诉读者当时我的感觉!或是我对他是多么的憎恶!那个消息是如何切中了我的要害!绝望的汗水是如何从我脸上流淌下来!我发现我好不容易才在母亲和姐妹面前回过神来!我一把那个学生送出门,就逃回自己的房间,把门锁上,蹲下来,抱着头,绝望地对着上帝吼叫:"上帝啊,我对你的信任就得到这样的回报吗?"

  当他镇定下来后,他想起了头一天晚上做的梦,突然一切都明了了。那个有着漂亮风景的地方就是琳娜的心,那位抢占了他的位子的贵族绅士就是他的情敌。不过,当这个入侵者了解到有人先坐了那个位子时,他还是谦恭地表示歉意并离开了。换句话说,范登·胡尔还有希望,也许上帝还会把范德尔·维克从琳娜的心里赶出去,阻止即将举行的婚礼的发生。他在希望和恐惧中不安地又过了一年,直到他"万分痛苦地"一眼看见1831年4月30日的《哈勒姆报》(*Haarlemmer Courant*)上刊登的他们的结婚启示。也就是在那个时刻他才肯定琳娜将永远不属于他了。他诅咒那个在新运河街上看见她款款向他走来的日子。

  对那些正在恋爱但不确定他们的感情是否有所回报的人来说,另一方所做的或者未能做的一切事情都满含着意义。长时间以来,没有一个无意义的手势或一句漫不经心的话，因为另一半所说的一切，她是怎么说的、在什么时刻说的，一切的一切都可能是个暗示，所以必须小心翼翼地检测。把所有的暗示汇总成一个信念：是的，她也恋爱了，或者没有，她并无此意。不过，还是有些冲昏头脑的感情，那种感情来得如此之强烈，以至于心中的信念赋予那些暗示丰富的意义。出现过这样的情况：某人深爱着对方，认为另一半所说的一切、所做的一切为心心相印的爱提供了不能反驳的证明。当然了，最后的结果也可能是恋爱中的人自己搞错了。他未能正确地读懂那些信号的含义，他在另一半身上只看到自己，除此以外什么也没有。在他意识到真相的那一刻，他记忆里的某样东西被触发了，这会让他痛苦几个星期或好几个月。所有带着爱的温暖之光而储存起来的回忆再次浮现，就好像这些回忆被逐出记忆似的。对这些回忆得一个个地进行再评估："如此说，当她……毫无此意……"看起来就好像只能赋予它们一个新的解释它们才能被再次接受。对那些认为记忆一旦形成就被安全地、固若金汤地储存起来的人来说，没有比一场无果而终的恋情更沉痛的教训了。

范登·胡尔拥有的暗示少得可怜，很多都是他自己臆想出来的。当他第一次与琳娜邂逅，他把对方看得面色羞红，还有在教堂里她坐在他身边激动得连呼吸都失去了规律，以及做完礼拜后她将回去的行程推迟了几天，毫无疑问是她和他一样被训诫深深地感动了，所有这一切都让他深信她爱上了他。对范登·胡尔来说，从他们在新运河街上的第一次邂逅开始他们就已是一对恋人了。所以当他35年后写自传的时候，他还能以一种强有力的笔触重现他们对彼此的爱恋，其情之深、之切在后来看来也是牢不可摧的。读者不安地看到一颗爱心放弃对现实的控制，范登·胡尔把自己的感情强加到了琳娜身上。读者看到一位从头至尾根本不知道发生了何事的年轻姑娘把一位中年男子的生活搅成了一片浑水。

范登·胡尔在年届七旬时描述了这段恋情，他说自己一直以一种不同的眼光来看待与琳娜在一起的那些岁月。为什么上帝要让他受那么多苦？如果天意不希望他拥有琳娜，那么上帝就不应让他们相遇。"如果当时早5分钟或迟5分钟走过那条路，我就不会遇见琳娜，也不会遭受那近乎无法忍受的11年之苦。"当上帝酿成这样的苦痛之时是否另有他意呢？范登·胡尔越想越认为有这种可能，他遭受的痛苦一定是某种报应，读者很快就会明白是怎么回事儿。

"我曾经是个英俊少年。"范登·胡尔认为在他生活的年代可以对自己作这样的评价。肤色白皙、栗色的头发、满面红光、四肢健美，他是父母生的最漂亮的孩子。另外，他的面貌一直没什么改变，也不显老，到了60岁时看上去也不过40岁。他曾是个帅气的孩子，"因为他们每天都这么说"，他自己对此倒没怎么在意，还是别人告诉他的。在他所教的小姐们中，曾有几位"主动创造机会让他行不轨之事"。他总是能够拒绝她们的引诱，但是"到了26岁的时候，他曾有一次屈从于诱惑。"那是他的第一大罪过。他还是独身一人并且仍对女人有吸引力，虚荣心让他滋生出某种满足感。当他知道一个来自富贵家庭的女子爱上了他并且看见他满面羞红时，对此他引以为荣。他甚至乐于——这可是他的第二大罪过——把那爱情之火烧得越来越旺，"不用想我自己造成了多么大的痛苦，那种对一个姑娘的激情和狂热通常会造成永远无法愈合的伤痛，直到死也会将许多伤心的往事和遗憾带进坟墓。所以我可能就是根结所在，如果不是那姑娘早死的原因，就是这位或那位姑娘悲哀痛苦的源泉。"他对琳娜绝望的恋情是上帝给他的应有惩罚，她是个复仇者，前来惩罚他曾经对女人干过的坏事。一个神秘力量决定了他无法俘获她的芳心。范登·胡尔在自传中写道，现在读者可能想知道是否"琳娜真的如我所想爱上了我"，不过自传未就这个问题进一步展开，"噢，让大家都不要怀疑这点吧。"

范登·胡尔在他近43岁时坠入爱河。在自传中对这段时期的描述每年不超过6页纸的篇幅，如果扣除差不多30页写他对琳娜的爱的篇幅，那么平均每年的记述为3页纸，这个数字和他写中年以后的生平综述所用的篇幅是一样的。换句话说，他对琳娜的爱情使那些年绵延伸展，而如果没有琳娜那些年就不会在记忆中铺展开来。毫无疑问，范登·胡尔觉得那些年太长、太痛苦了。那场轰轰烈烈的爱情始于1821年8月的一个星期六，止于1831年4月他看到她结婚的消息之时。从日历上来看，时间跨度不足10年，而范登·胡尔几次在自传中提到"11年漫长的岁月"。

不过，也许有人会说那段情从未结束过。他的确在自传中写道，他慢慢恢复了平静，不过，他也说道，他永远不会忘记她："我的心遭到如此重创，无论何时我于孤寂中想起她，都会感到有种不可名状、令人痉挛的东西，这就是那沉重打击的后果。"

震惊世界的是你20岁时发生的事

在高尔顿在《大脑》（Brain）杂志上发表了对其记忆的研究成果整整一百年后，麦科马克（McCormack）运用了高尔顿的方法来研究老年人的自传体记忆。他给那些平均年龄为80岁的实验对象展示诸如"马"、"河流"和"国王"之类的词，要求实验对象说明这些词所唤起的记忆发生的时间。实验结果显示，大多数的记忆来自一生中的头四分之一时间，来自人生中四分之二时间的记忆量相对要少一些，到了四分之三这个阶段——对大多数实验对象来说是指的40~60岁的这段时间——记忆量大幅下降。不少其他的研究也显示了类似的规律，不过各自的情况稍有不同。鲁宾（Rubin）和舒尔坎德（Schulkind）通过综合分析大量的实验结果得出，回忆的"高峰期"在40岁的人群中没有出现，在50岁的人群中开始慢慢展现，在60岁的人群中就非常明显。

怀旧效应是一个顽固不化的现象，即使在极度病态的状况下也不能将之完全抹除。弗罗姆赫尔特（Fromholt）和拉森（Larsen）曾做过一项实验，实验对象是30位健康的老人和30位患阿尔茨海默病（Alzheimer）的痴呆病人，所有人的年龄都在71—81岁之间。实验者给实验对象15分钟的时间叙述对他们来说很重要的事件的回忆。调查结果表明，阿尔茨海默病患者叙述的回忆量比健康人的回忆量要少（具体比例为8：18），但是那些回忆在一生各阶段的分布与健康的一组无异：阿尔茨海默病患者讲得最多的也是青春期发生的事情。

这种怀旧效应出现在另一类的调查研究中。社会学家卡尔·曼海姆（Karl Mannheim）在1928年写了一篇关于一代人概念的文章，他在文中指出，一个人在大致17~25岁之间所获得的人生经历对于政治一代（political generation）的形成至关重要。根据这一理论，社会学家舒曼（Schuman）和司各特（Scott）进行了一项关于几代人之间差异的量化研究。在对年龄超过18岁的1400位美国人的随机调查中，舒曼和司各特要求每位参与调查者提一到两个"国内、国际重大事件"。调查对象不必亲身经历这些事件，他们甚至可以提发生在自己出生以前的事情。答案五花八门，无奇不有。但是当调查者将提得最多的5件事——按年代顺序依次是：大萧条时期、第二次世界大战、肯尼迪总统遇刺、越南战争和70年代的数次劫机和扣押人质事件——按照提到这些事件的人的年龄进行划分时，结果表明了一个显著的特征：被调查者所认为的"国内、国际重大事件"主要是他们在20岁左右时所经历的事情。对65岁（以1985年为参照）的人来说，那个重大事件就是"二战"。对45岁的人而言，则是肯尼迪之死。开句玩笑，震惊世界的事就是你在20岁时所发生的事。

尽管这些统计和确定年代的做法确实反映了被调查者不同年龄组回忆的分布情况，但是这还不能说明问题。在历史文献中，我们找到了三大关于怀旧效应的理论。首先介绍第一个理论。可以想象的是，从神经生理学的角度看，我们的记忆力在20岁时达到最高峰。那个时候所发生的事毫不费力就可以被保存下来，那一时期储存的记忆比之后任何时期所储存的记忆都要多，这就解释了为什么大半个世纪后所唤起的回忆发生在那个时期的可能性要大得多的原因。这个理论可能看似很有说服力，但是也可能是错误的。如果记忆的质量是记忆最重要的特性，那么怀旧高峰期就得比实际出现的时间早10年，因为实验结果显示，当时的记忆力最强。

第二个理论是，一般来说，我们在15~25岁之间所经历的值得记忆的事情更多。这一理论被有关调查结果所证实，具体情况是当要求实验对象叙述三四件他们印象最深刻的事情时，其回忆结果的怀旧效应比使用提示词进行研究所得出的怀旧效应要明显。显然，一件事给人的印象是一个重要的因素。关于"更多难忘的事情发生在当时"这句话的解释不仅让我们为唤起的回忆标上具体的时间、打上标签，而且还让我们对这些回忆进行鉴别。那些会是什么类型的回忆呢？它们都有哪些共同点？为什么年老时那些回忆不常出现了呢？对于这些问题的研究还比较少见，但也绝非没有。詹萨里（Jansari）和帕金（Parkin）通过调查发现，在怀旧高峰期间的许多回忆都是与各种各样的"第一次经历"联系在一起的。这种"第一次经历"包括初吻、月经初潮、第一次公开演说、第一次没有和父母在一起过的生日、第一次驾驶课、我们见到的第一个死人、上班的第一天——这些关于第一次的记忆中有不少有着闪光灯记忆的特点。当然，第一次经历也会发生在年纪大的时候——第一根白发、更年期的第一次热潮红，不过可以肯定的是，随着年岁的增长关于第一次的经历会越来越少。

关于怀旧效应的第三个解释也已经被提出来了。童年和成年早期所发生的事情塑造了我们的个性，决定了我们的身份，同时也指引了我们的人生历程。意外的遭遇、一本给我们留下深刻印象的书、一次让我们猛然意识到自己究竟想做什么的谈话等，对于那些年里发生的诸如此类的事情我们的响应度是最强的，记忆也是最深的。其效应就是要一个人回忆起那些改变了他人生的事情。现在的我和已经塑造了那个我的经历之间的类似之处几乎自动地将老年人的联想带回到他们的青少年时代。根据这一理论，回首往事的老年人记得已成为其生活史一部分的那些事情。反过来，他们叙述那段历史的态度也定义和说明了他们自己的身份。心理学家菲茨杰拉德（Fitzgerald）认为，这些生活史的大部分都有一个共同点，也就是叙述者努力使这些生活史看起来或多或少具有连贯性。老年人喜欢回首他们的过往生活，就像讲述一个充满了惊喜和转折的故事，但是惊喜和转折是通过一个稳定的中心人物的特性反应而集合在一起的。第二个特征就是，固定的规律和特点一旦形成，新的事件就可以逐渐被省却。经过更细致的调查发现，不少看似新的东西其实是常规惯例，是过去事情的重复，是第无数个例子，而这些是一个动人的故事首先要省略的东西。菲茨杰拉德曾进行过一项研究，研究显示了记忆的重复面向。他要求30位老人讲述5个关于自己的故事，条件是如果他们得写一本自传，肯定会把这些故事写进去。研究结果显示，不同年龄段的回忆量分布是不均衡的，其怀旧效应更像一座山而不是一个峰岭：被调查者回忆起的发生在10~20岁之间的事情比发生在50~80岁之间的事情要多。

　　威廉·范登·胡尔的自传长达800页，其中描述的回忆也相当多。在这本自传中，他叙述了自己74年的人生经历，关于这些年的记忆材料呈不均匀分布，因此所用的篇幅或长或短，正如菲茨杰拉德的实验中调查对象对往事回忆的表现：开始时是山峰，继而是丘陵地带，再后来丘陵地带变成了平原。阅读范登·胡尔的所有回忆，我们发现该书体现的两大关于怀旧的理论——大致可以表述为"更多难忘的事件发生在那个时候"和"你的生命故事中的重要场景出现在这个时期"——是相互交叠的，像房上的瓦片一样。关于他的童年和成年早期生活的主要章节都有不少关于"第一次经历"的描述，不管是去新学校的第一天，第一次获准回马登斯代克探亲，还是担任助教的第一天，第一份任校长的工作，抑或是第一次购置房产。在后来的人生历程中也有关于"第一次经历"的回忆，比如当他看见琳娜款款向他走来那美妙而短暂的一刻，但是越往后关于"第一次经历"的记忆也就越少。同时，关于第一次经历的回忆强调了一个"故事"，这个故事贯穿着范登·胡尔对自己一生的回顾。第一次经历称得上是叙述线索的开端。没有伤感的无果的恋情，就不会有与琳娜的初次相遇。任何人在回忆时都是反向的：只有到了后来才会看见开端。

　　自传体记忆与自传的共同之处就在于自传中的记忆是切合主题、动机和情节的，它们作为事物发展的一部分而逐渐出现。某人不管是向自己还是向他人汇报自己的记忆，都是一种公开，同样地，它也不再是对事件本身的单纯记录。就范登·胡尔的怀旧而言，他所经历的那些记忆提供的只是粗糙的材料，他对那些记忆的解释需要一个内省的视角，因为他所描述的生平横跨60余年之久。即使是他最早的回忆，比如说与母亲互致问候的仪式、只要鞋子干净就会得到新鲜的牛奶，也在一个主题中有着自己的位置。他在自传中写道，这些细节近乎幼稚，不值一提，但是"这与一个人的成长却是极为相关的"。他童年时乘夜船去乌特勒支的那次经历，也就是当他爬上座位，任由凌晨的万籁静寂感动自己之时，这次经历在这个孩子当时还不知道的某个故事里已经有了位置，事实上，那个故事当时还不是一个故事。由于范登·胡尔到63岁时，也就是那次旅程的半个世纪之后才回忆起那段经历并且意识到很多东西已经从他的生活中消失了，所以那个故事才成其为故事。如此说来，晚年似乎把自身写进了童年的记忆里。有些在范登·胡尔20岁的时候曾被问及的事情会如同他在自传中描述的一样被识记下来，但是还有些事情要很久以后、直至它们成为一个规律或者一个主题的一部分时才会被想起。范登·胡尔在赋予其自传叙事特征时，是以那些已经不再是原始材料的东西为基础的。

　　范登·胡尔通过选择、阐释和润色所描述的主题也起到了另外的作用，让时间膨胀和收缩。当他遭受屈辱时，时间几乎停滞了，当女仆克莱切嘲弄地看着他，他觉得自己僵硬凝固了，或者那些育婴女佣的闲话仍旧大声地回响在小道上以至于我们被猛然抛回到了1817年的5月3日。再后来就是他对琳娜的痴恋把不足10年的时间变成了"11年漫长的岁月"。反过来也是如此,当主题开始逐步退出他的生活之际,时间似乎缩短了。"关于我的故事接下来要发生的事情",他在自传倒数第二章中写道,"从1841—1848年可讲的事情已经很少了——生活单调,鲜有特别之处。"这么一句话就说完了7年的事情!在后面的几行字里我们也看到了作者对于时间飞逝的感伤:"时时刻刻,一天又一天,一月又一月,时间似乎总是飞快地离我而去。"

"我站在那里,在我的出生地,一个失落的灵魂"

范登·胡尔对1849年的描述相比之前几年要多一些,虽然提及的都不是什么好事。那一年的1月,他最喜欢的姐姐贝特西(Betsey)去世了。他们曾一直生活在一起,包括在寄宿学校里,共同抚养他们领养的儿子。姐姐的死对他打击很大:"千次万次我回想起了那66年所记得的一切:我是多么喜欢回到童年时代,与玩伴们在一起,唉,只可惜他们早就离我而去,唯独我还幸存在这个世界上!"现在他的姐姐也撒手西去,他感觉无比孤独。在哈勒姆,没有人请他到家里做客。好朋友"要么去世了,要么搬走了,要么结婚了,所以我站在那里,在我的出生地,一个失落的灵魂。"自传的最后20页记述了直到他76周岁的那4年光阴,他描述了自己越来越孤独的生活。他唯一在世的妹妹也摔伤了膝盖骨,不能前来看望他。1849年10月的一天,范登·胡尔看见雪花纷飞,但他望着地面时却没有发现雪:他的眼睛一定出了什么问题。他的眼睛在后来的几个月里红肿得很厉害,以至于那段时间看不了书,也不能写字。他过去习惯在漫长的冬夜里看看书,写写东西,现在他什么也做不了,只能在一间黑屋子里等待上床时间的来临。正当他的眼睛有所恢复,他又遭遇了另外一件不幸的事。一天早上,他爬到一张椅子上去取放在书架上的一瓶墨水,不慎从椅子上摔下来,后脑勺磕到了一块大理石地面锋利的边角上。这一跤摔得很厉害,那声音在街上都听得到。范登·胡尔失去了一会儿知觉,不过过后自己站了起来,看着身后:

"地上有一大摊血,虽然头盖骨没受什么伤,后脑勺还是有一个3英寸长的伤口,害得我几天内戴不了帽子,也出不了门。"

范登·胡尔的生活变得愈加平静。他所得到的消息几乎毫无例外是某某人死了,其中包括家庭成员、熟人、朋友、老邻居和老同事、从前的学生,他们中的不少人曾在范登·胡尔的自传中现过身,现在范登·胡尔再一次提到他们,并记下了他们去世的日期和年龄。范登·胡尔很少再出门,他的右腿肿了,十分疼痛,几乎无法站立。他在想自己是不是太老了,再没有治愈的希望。他决定,正如他一生中常做的那样——听天由命。他痛苦地弯下腰,拿起两张纸,在一张纸上写下:"噢,上帝!以你的名义,是的,有希望",在另一张纸上写下:"噢,上帝!以你的名义,不,没有希望了",他将两张纸折叠起来,闭上眼睛,然后抽了其中一张,开始祷告。他抽中了"是的,有希望"那一张,他祷告,耐心地等候他的祈祷被听到。他是在1854年5月写下这个情节的,当时什么希望也还没有出现,令他伤心的是,正是那个时候人们将沙丘水抽到阿姆斯特丹,最后抽干了哈勒姆湖。他本来想去亲眼看看那一切的发生。

范登·胡尔的自传一直写到1854年,也就是他时年76岁时,最后四年没有记录,正像他对四岁前的经历没有描述一样。在自传的结尾,他又一次敞开心扉:他依旧思念琳娜,琳娜在1844年丧夫。他仍旧为琳娜向上帝祷告,尽管他开始怀疑自己的祈祷是否会有回应,"看看我已经75岁高龄了,那些不知道我的故事的人会对有人在这把年纪还想有个伴儿觉得荒谬可笑。"

第 14 章
为何生命随年龄的增长加速流逝
Why life speeds up as you get older

恩斯特·君格（Ernst Jünger）坐在书房里，天色沉沉，临近深夜，他正在写一本关于时间研究的书——《沙漏之书》（Das Sanduhrbuch）。在他面前的桌子上摆放着一个古代的计时器——沙漏，是亡友克劳斯·瓦伦丁纳（Klaus Valentiner）送给他的礼物，克劳斯·瓦伦丁纳"二战"期间在苏联失踪了。沙漏是用熟铁制成的。这个沙漏一定用了很多次，其腰部已经被磨成了乳白色。在上面的球体中有一个漏斗形状的漏孔，沙子慢慢无声地从这个孔中漏下，逐渐在下面的球体中堆成一座小山。那可不是一个令人欣慰的想法，他思忖道，尽管时间滑落但它没有停止。原因是从上面消失的在下面堆积成新的一堆。每一次把沙漏倒过来就恢复了可用时间的蓄积，这很简单，只需伸出你的胳膊。但是不管你这么做多少次，实际情况是时间过得越来越快了。沙漏里的沙粒相互摩擦，变得越来越光滑，直至最后它们是几乎不带摩擦地从一个球体流到另一个球体，沙漏颈部也因沙子的不断摩擦而变宽了。一个沙漏用得越旧，沙子就漏得越快，也就是沙漏所计的时辰就越短，而这一点是不易为人觉察的。这一不甚完美的计时仪器暗喻着："对人来说也是如此，一年年时间过得越来越快，直到时间量器储得满满当当。人也一样，会愈来愈被主观印象所渗透。"

《沙漏之书》一书于1954年问世。写这本书时恩斯特·君格年届60岁，那种年岁越大生命越加速流逝的感觉他一定感同身受，再熟悉不过了。这是一种让岁月缩短的加速度方式。人一旦过了四五十岁，日子就感觉越过越快，不再像15岁或20岁时那样了。这个神秘的加速度隐藏了第二个谜，也就是威廉·詹姆斯（William James）于1890年在他的《心理学原理》(*Principles of Psychology*) 一书中所提到的：看似一切如故时，一年年的光阴如何能加速流逝呢？

对于时间的加速度问题，用比喻来说明更容易让人理解。赫瑞特·克罗尔（Gerrit Krol）在《弗里斯兰人不要哭泣》(*Een Fries huilt niet*) 一书中写道，"时间就是在手指上捻弄的一小串链子"。但是为什么这串链子会在指头上转动得越来越快呢？量化的答案也不尽如人意。法国哲学家保罗·珍妮特（Paul Janet）在1877年指出，某人生命中一段时期的表面长度是与此人的寿命相关的。对一个10岁的孩子来说，过一年也就是他小小年纪的十分之一，而对一个50岁的人来说，一年就是五十分之一。威廉·詹姆斯把这一"规律"看作是主观上对时间加速度问题的描述，而不是对问题的解释，事实证明，他是对的。他自己把岁月表面上的缩短归结为：

> 记忆的内容千篇一律，回首往事也随之简化。青少年时期我们可能会有崭新的经历，不管是主观的还是客观的，每天、每时、每刻这种崭新的经历都会发生。我们对这些经历的理解也是深刻的，当时的记性特别好。关于那个时期的回忆，犹如回忆起那段四处游历的有趣经历，是纷繁芜杂、形形色色、漫漫无期的。但是当飞逝的岁月将这样的经历转变成了我们根本难以觉察的自动例行程序，那么一天天、一周周就会在回忆中变成空洞无物的单位，岁月也就变得空空如也了。

这种解释将记忆置于时间体验的中心。心理时间让一个心理钟上的分分秒秒在滴答声中溜走，与之相伴的是我们的回忆，其持续的时间和节拍在记忆中被加工制造。生命加速的体验是时间幻觉大家庭中的一部分。有些体验关乎分分秒秒的加速流逝，而另外一些是关于日月年的，甚至是人生更长时期的加速流逝，但是不管其长度如何，这些以时钟或日历来度量

图 23　让-马利·居友（1854—1888）

的时间都有着以下共同点：它们将时间体验与我们思想中发生的事情联系在了一起。早在1885年，法国哲学家和心理学家让-马利·居友（Jean-Marie Guyau，1854—1888）就针对心理因素对主观时间的影响这个问题作过不少论述。因肺结核而英年早逝的他提出了一个关于时间概念的精辟理论。

街道下面是地下街道

居友完成一本长达1000页的、关于伦理道德研究的巨著时年仅20岁。在此后的13年间，他共著书10册，论文无数，主要是关于美学、社会学、教育学和宗教等领域。他一生的著述是普通知识分子的两倍，这好像是为了弥补他短暂的一生似的。他最著名的作品是《时间概念之起源》(*La genèse de l'idée de temps*)，该书于1890年也就是他去世的两年后出版。这本书的印刷与一般的书无异，篇幅不过50多页，内容是基于1885年发表在《哲学评论》(*Revue Philosophique*)杂志上的一篇论文。为纪念居友逝世一百周年，米雄（Michon）

和他的几个同事再版了这本书并加上了评注以及居友的传记介绍。

居友1854年生于法国的拉瓦尔（Laval）。在居友出世的前一年，他的父亲让·居友（Jean Guyau）娶了比他小13岁的奥古斯丁·图勒丽（Augustine Tuillerie）。他们的结合并不幸福。米雄在新版书中写道，"奥古斯丁在结婚之时可能不清楚将要过着地狱般的生活"，"不过她很快就认识到了"。奥古斯丁不堪忍受丈夫的虐待并最终决定离开他，她带着3岁大的居友搬到了表兄——哲学家阿尔弗莱德·佛利（Alfred Fouilée）家里。

居友从母亲那里接受了最早的启蒙教育，后来，佛利接手了这项工作。他鼓励居友阅读古希腊哲学家柏拉图（Plato）和德国哲学家康德（Kant）的著作，他甚至让这个年仅15岁的孩子帮他写关于柏拉图和苏格拉底的著作。在居友过17岁生日那天，也就是他刚开始念大学时，他已经可以回顾一段忙忙碌碌的知识分子生涯。1874年，他被聘为巴黎里斯·康德赛特学院（Lycée Condorcet in Paris）的哲学讲师。

同年，他患上了肺结核。19世纪不少著名的人物英年早逝，居友就是其中一个。由于健康原因，居友决定放弃教职，到一个气候较温和的地方寻求启迪。他和妻子、母亲、佛利一道在法国东南部的普罗旺斯（Provence）安了家。1884年，居友夫妇喜得贵子，取名奥古斯丁。在空气清新的山间，远离了嘈杂的学术环境，居友过了几年快活的日子，著述颇丰。在这期间，他写了关于时间概念一书中最重要的章节。

居友的时间理论中基本的类比是空间，不是几何学的那种，而是用于透视画法的那种空间，也就是将自身展示给观察者的空间。关于时间的体验是一个"内在光学"（internal optics）的实例。记忆让我们对时间体验发出指令与一台打印机利用透视法对空间发出指令的原理非常相似。记忆在我们的思想里是有深度的。我们记忆中的指令一被切断，就像梦中幻影之间不易觉察的转换期所发生的一样，我们的时间感也消失了。居友讲了一个故事，一个学生突然陷入了昏睡状态，不过很快就被他心急火燎的朋友唤醒。在短暂的昏睡期间，那位学生梦见去了意大利。那些城镇、人、纪念碑和此行中个人经历的图像在他脑海中的变幻让他觉得自己做了好几个小时的梦。

　　居友总结了几个影响心理时间的因素。心理时间的长度（duration）和速度（tempo）取决于下列因素：感觉和思想的强度、它们之间的交替和数量、它们接踵出现的速度、付诸的注意力程度、将之储存在记忆里所花的工夫以及它们所唤起的感情和联想。这些帮助我们理解心理时间的因素，也会让我们对时间的看法做出错误的估计。比如说，集中精神就像一只望远镜，把细节呈现得十分清晰，造成物体近在眼前的错觉。居友从英国心理学家苏利那里借用了这一类比，苏利在1881年出版的著作《幻觉》（*Illusions*）中这样说道，一个轰动事件，比如说绑架或谋杀案，在人们看来比实际发生的时间要更接近现在。当犯人已经服刑时，没有人会相信其罪行是很久以前犯下的。

　　根据我们个人的理解，强度也是我们预估时间长度的一个因素。回顾一件让我们感受深切的事情，我们会有低估事件从发生到回顾之间的时间间隔的倾向，这种幻觉在精神病学中可以找到对应病症。损伤性事件穿透心理的现在（psychological present），也不能随意被消除。居友在书中写道，仿佛这种记忆是随时间而动，拒绝从视线中消失。站在温格恩山上（Wengern Alp），总觉得好像一定得向少女峰的广大冰河扔一颗石子。深度心理创伤与当下之间的距离就像那颗石子所能到达的距离一样。

　　清晰明确的想法能够引发邻近的幻觉，它作用于两个时间方向上。在等待我们期盼再次看到的事时，我们会把那件事想象得如此清楚透彻，以至于低估了将我们和事件隔开的时间。紧张的期待可以是漫漫无期的，但是一旦发生，那一直期盼的事情就如同飞逝而过，由于与先前时段有一个对照，所以感觉现在的时间加速了。

　　记忆对时间的长度和速度的预测意味着在我们当前的经历里可以找到

过去：

> 在几座城市的地下埋藏着火山灰，有迹象表明，在这些地方曾有更古老的城市存在，埋藏在更为遥远的过去。城市的居民在旧城的遗址上建起了新城。所以一层层的城市出现了，在街道的下面是地下街道，在十字路的下面是其他的十字路，活着的城市建在沉睡的城市上面。同样的事情也发生在我们的大脑里，我们现在的生活掩盖了过去的生活，对此我们并不全然知晓，另外，过去的生活是现在生活的支撑和看不见的基础。如果出其不意地造访，我们会徘徊在废墟中。

透视画图（perspective drawing）的空间关系也适用于对我们生命中更长时期的估计。如果引起我们注意的物体被置于开始和结束之间，那么这两点间的距离看起来就会比实际距离长一些。极为相似的是，有着重大事件发生的那一年看起来比单调而空洞的一年更长。对居友来说，回顾起来，一段时间的表面长度似乎是由我们注意到的所记事件明确而强烈的不同点之数量来界定的，这也就是为什么童年的岁月看来很漫长而老年的时光却很短暂的原因。下面援引了居友的评论：

> 童年在愿望方面是不安分的，它想挥霍掉未来的时间，但时间拖曳着。另外，关于童年的印象也是深刻鲜活而多样的，所以那些年无论怎么看都与众不同，也正因为如此，一个年轻人会把刚过去的一年看成是空间上很长的一个布景序列。后台消失了，布景在舞台的幕布后一个接一个地变换。我们知道一连串的背景幕正悬挂在那里，准备在适宜的时候进入观众的眼帘。这些背景幕源自我们的过去的重现图像，其中有些图像已经褪色，变得模糊不清，使人产生一种距离感，而另外一些则是作为舞台的侧幕。我们通过这些图像的视感强度和它们的出场顺序来对它们进行分类。我们的记忆是一个舞台管理人员。如此一来，对一个孩子来说，刚过去的元旦会愈来愈退缩在元旦之后

发生的事情的后面，而下一个元旦看来还很遥远，为此，这个孩子急切地盼望着长大。相比之下，晚年更像普通剧院里一成不变的风景，一个简陋的场地，有时候，时间、地点和行动能达成真正的统一，所有的一切都集中在一个最主要的活动上面而摒弃了其他的。还有的时候是没有时间、地点和行动的。一周与另一周没有区别，一月与另一月无异，生命的单调性在慢慢延伸。所有这些图像融合成一个图像。在想象中，时间被删减了。愿望也是如此：当我们接近生命的尽头，对于那逝去的每一年我们会说，"又一年过去了！这一年我做了什么？我的感觉、所见和成就是什么？这365天怎么可能过起来好像不过才几个月那么长？"

如果想拉长时间视角（perspective of time），那么有机会的话就用上千个新的事情充实它。去作一次刺激的旅行，通过向你周围的世界注入生气而使自己恢复活力和青春。当你回首往事时，你会注意到一路以来发生的事情和走过的路已经堆积在你的想象中，有形世界中所有这些片断将会排成一条长队，正如有人很确切地说的那样，这条长队向你呈现了一长段持续时间（stretch of time）。

居友的英年早逝让我们不禁唏嘘他那句"如果有机会的话"。在他生命的最后几年，他不再能够去作令人兴奋的旅行，至少不是地理意义上的旅行。你可能会说居友不止活了34年，因为他在每一个转折点上都更新了自己的内心世界。他那快速、几乎是强迫性的穿越哲学和心理学这两个完全不同的领域之旅一定如同一次真正的行程一样有着心智拉伸（mind-stretching）的作用。

1888年初，一场地震给法国和意大利沿海岸造成了重大破坏，居友的家也被毁了，当地居民被迫在潮湿的畜棚过了几个晚上。居友体质虚弱，受不了如此摧残。他患上了风寒，身体状况明显恶化。三个月后，也就是耶稣受难节前夕，居友病逝。当时他4岁大的儿子奥古斯丁睡在隔壁的房间里，第二天早上有人告诉他父亲远行去了。

普鲁斯特和托马斯·曼笔下的时间感

居友通过个体经验而不是通过实验来阐述对时间的看法。也许正因为这样，他的观察才如此中肯贴切。有种现象值得关注，某个对内在世界极为敏感的人知道如何为那些对其他人而言微不足道的小事找到合适的说法。从字面上看，内省可能意味着"内部观察"（looking inside），但是实际上内省还包括他人的体验，因此它变得外向了。在这个意义上，内省的观察是对小说中内心独白的回忆，有时候一种体裁似乎在另外一种体裁中共鸣。法国文豪普鲁斯特曾在名著《追寻逝去的时光》的一个章节"盖尔芒特家那边"（Le Côté de Guermantes）中作过几段精辟的论述，对紧张期待中时间的缓慢性进行了思考。在著作中，叙述者刚给他心仪的斯特玛丽娅小姐（Stermaria）写了一封信，邀请她共进晚餐，对方称将在当天晚上8点钟前给他答复，那个下午时间过得特别慢：

> 如果那个下午我不想她回信的事儿，或者有其他人来访，时间都会过得很快。当时间在谈话中度过之时，人们不再会去计算时间，或者真正地关注时间，时间消失了，变成了一条漫长之路，那条路上你看不到快速逃离的时间。但是如果我们一人独处，滴答作响的钟摆那单调、一成不变的频率让我们倍感等候时间的遥远和漫长，我们的当务之急就是去精心计算那些我们本该与朋友共度的、不该计算的分分秒秒。

经过漫长的等待信终于来了，斯特玛丽娅同意三天后与他共进晚餐。从那一刻起他所思所想的唯一一件事情就是他们的约会。虽然他只不过将与心爱的姑娘吃顿饭而已，但他真正的愿望是拥有她，他深信当晚她会委

身于他,在想象中他一分钟、一分钟地体验着他将如何对她进行爱抚。在约会之前的这段时间是十分难熬的:

> 等待与斯特玛丽娅约会的这几天对我来说一点也不快乐,事实上我所能做的就是熬过这几天。一般来说,与计划的目标之间的时间间隔越短,时间看起来就会越漫长,因为我们用了更小的量度标准,或者仅仅是因为我们想到要去度量它。我们知道,教皇统治制度的时间要用世纪来计算,不错,或许可能根本不会考虑计算时间的事情,因为该制度的宗旨就是代代相承、永生永世。我要度过的只是三天而已,我用秒数计算着时间,一门心思地想象着我要首先采取什么样的爱抚行动……

在这里,居友的内在光学法则起着显著的作用:欲望使想象力变得锋利,它将事件——就像望远镜里看到的景象——如此近距离地摆到了我们的面前,以至于真正的距离感觉上是不成比例地漫长,时间好像迟滞了。一旦等待的时间一过,事件又恢复了正常的速度,只可惜,书中的叙述者完全置身于错误的方向。当约会的那天晚上到来时,他派出了自己的马车去接她,马车空车而回。马车夫递给他一张斯特玛丽娅写给他的卡片,卡片上说她一直没有料到不能前来,她甚至还补充了一句表示歉意的话,"曾一直那么渴盼与你共进晚餐。"

德国小说家托马斯·曼(Thomas Mann)的《魔山》(*The Magic Mountain*)是关于时间和记忆的又一部重要作品,托马斯·曼因这部小说于1929年获诺贝尔文学奖。《魔山》的德文原著于1924年出版,书中间接地提到了居友于1885年所阐述的时间法则。在书中,汉斯·卡斯托普在达沃斯的一处疗养院待了几天,他是去看望在那里接受治疗的表兄。去那里之前有人曾警告他说,对于忙忙碌碌的健康人而言,在那里待超过一个星期和不足一个星期,对时间的长度感是迥异的。在一篇"关于时间感的附记"

(Excursus on the Sense of Time)的文章中,托马斯·曼思考关于时间的厌倦效应问题。人们常说厌倦会使时间看起来漫长难耐——所以德语的厌倦一词是"Langeweile"。不过,这种厌倦感可能适合一个小时或一天——更长的时间,诸如数周和数月,会被这种厌倦截短,于是时间缩减了:"当一天和其他的日子没有什么不同,当所有的日子都一个样,那种完全一致会使最长寿的生命看起来短暂,就好像它从我们那里偷走了时间,而我们毫无察觉。"反过来,充实而有意思的内容"将会赋予时间以重要性、广度和稳固性,而这些特性能够让有多发事件的年份比那些单调、空洞有如随风而逝的年份流逝得慢得多"。看起来有这样一个规律,任何希望长寿的人都必须尽可能多地放弃那些常规惯例,去改变周围的环境,去旅行,用心听取居友的建议。托马斯·曼游历过的地方可是要比居友多得多了,但他也意识到旅行的效果其实并不持久:

> 当我们初次来到一个新地方,时间有一个年轻的特性,也就是说,有着宽阔、广泛、流动的特性,这些特性可持续6~8天之久。然后,随着某人"熟悉了那个地方",就会感觉时间在逐步收缩。这个希望抓住生命的人发抖地看着日子是如何越来越没有内容,是如何像枯叶一样随风而去,不消一个月时间,日子可能就会变得令人惊恐地无法捉摸了。

站在高高的山上,汉斯·卡斯托普有许多机会揣测这种体会的对立面,也就是令人坐立不安的时间的延迟力。汉斯·卡斯托普也曾患有肺部疾病,并在疗养院治疗了7年之久。

普鲁斯特和托马斯·曼关于时间体验的解释与居友的观点相同。感情的强度和数量、记忆和期望的敏锐程度、常规惯例和离经叛道的影响,所有这些因素都赋予了心理时间以自身的律动和长度。时间随着我们的意识活动而加速或减慢,收缩变短或拉伸变长。居友认为,为了把握时间,关于时间的体验和在其中储存了时间体验的某个记忆都是需要的,因为"时间从一开始就存在于我们的意识里,就像存在于一个沙漏里一样。我们的感知和思想与沙粒从狭窄的出孔中漏出是相应的。正如那些沙粒一样,我们的感知和思想不是混成一团而是以其多样性相互替代的,沙漏里落下的涓涓沙流,就是时间。"

时间的方向感

居友那一句"沙漏里落下的涓涓沙流"的意境也使另外一个问题明朗化了。我们的想象只有将时间设想成图解术语才能达到掌控时间之目的。追本溯源,本质上,时间的语言就是空间的语言。之前、之后或其间的时间,长或短的时间,所有的一切都是一个假想时轴(time axis)上的刻度。西方人认为,假想时轴是一条直线,我们尽可能准确地将时间单元(units of time)放在这条直线上,就像一把尺子上的刻度,每秒、每分和每小时长度都是一样的。在有些关于时间的参考书中,这条线贯穿我们的身体,所以我们"前瞻性地"看待未来的事情,而过去的事情"被抛在了身后"。未来是将要到来的时间,而过去就是我们已经经过了的时间(passé)。游离于身体之外的时轴有个明确的路线:后来的时间间隔出现在右边。不管它是一个图表上的时轴,还是一本历史书里的时间分布(time division),其年表都是从左至右的。在《生命的阶梯》那幅画中(这类题材在中世纪常被作为绘画的主题),幼年是从左边的阶梯开始往上攀爬,而晚年是从右边的阶梯走下来的。未来的箭头——录像机上的"播放"键——总是一成不变地指向右边。我们关于时间和空间的直觉为何以这种方式运转目前还不清楚,尽管有迹象表明,我们用于书写的方向是导致直觉"未来位于右侧"的一个因素。心理学家兹万(Zwaan)曾在以色列开展过一系列实验研究,实验对象的母语是希伯来语,这种语言是从右往左书写的。大多数实验对象将代表"以前"的卡片放在了代表"后来"的卡片左侧。兹万在荷兰也进行了同样的实验,这次几乎所有的被调查者将"以前"放在了"后来"的左边。这说明未来是位于右侧的,因为向右移动是与时钟指针的运转方向一致的,这就转移了一个问题:到了钟面的下半部指针是几乎没有向右的运动的。事实上,我们总是将"顺时针方向"(clockwise)与"向右运动"等同起来,这只是整个谜题的一部分,而不是谜底。

除了给予时间以方向感,我们日常的言论也给了时间以变速和弹性的特征。时间可以缓慢蠕动,也可以飞逝而过;它可以放慢步子,也可以停滞不前;时间可以收缩或膨胀,也可以缩短或拉伸。思想和言论中的时间填充了空间,时间体验可以与空间体验相一致,这一事实是居友的"内在光学"思想以及普鲁斯特和托马斯·曼关于时间收缩的观点的一个至关重要的元素。方向、变速和弹性这三大特征将透视法则应用到它们的内在感知上。但是同一类比也有一个实验方面的配对物。在19世纪最后25年,关于时间的心理学实验研究已达数百次之多。其中大多数实验是在最近开放的德国各实验室里进行的,这些实验旨在研究我们的"Zeitsinn",或者说时间感的规律问题。当时研究所使用的方法可谓五花八门,无奇不有,而这些方法在当今就时间感知的研究中仍在使用。实验中一个常用的方法是给实验对象提供一个时间间隔(time interval),时间间隔由一个设备来提供,比如说蜂鸣器,听完蜂鸣器发出的嗡嗡声后,实验者要求实验对象根据印象模仿蜂鸣器的声音并重复那个时间间隔。实验者会在第一个时间间隔中添加各种各样的刺激物,如喧闹或温和的声音、快节奏或快拍子的音乐。随后,实验者将实验对象模仿的时间间隔与蜂鸣器发出的时间间隔进行比较,以此来测定实验对象是否高估或低估了有着慢节奏音乐伴奏的时间间隔的长度。还有一种实验方法就是,给实验对象呈现两个长度相等的时间间隔,并在这两个间隔中填充各种各样的刺激物,要求实验对象说出哪个时间间隔更长。为了使实验尽可能地规范化,德国莱比锡心理实验室的创始人,

图24　用于时间研究的Taktir时间测量仪。以威勒姆·翁特的设计为基础，可以精确地调节该仪器发出的滴答声的速度和音量。

心理学家、哲学家威勒姆·翁特设计了Taktir时间测量仪，这个仪器能够发出滴答声，使用者可以很精确地调节滴答声的速度和音量。翁特的同事梅伊曼（Meumann）通过使用这台仪器发现，如果在一个时间间隔中填充速度完全一样、而音量却越来越大的滴答声，那么仪器发出的滴答声似乎加速了。任何听过法国音乐大师拉威尔（Ravel）的作品《波莱罗》（Bolero）的人都会产生这样的幻觉，而且程度更甚：由于乐曲音量加大，感觉乐曲在尾段时比开始时要快。据悉，如果拉威尔在演出过程中发现管弦乐队指挥加快了节奏，他是会勃然大怒的。

使用Taktir时间测量仪和其他类似设备进行的实验通常适用于较短的时间间隔，最多不过几秒钟，半分钟已经太长了。在这样的时间间隔里，可以以相对严谨的顺序充实一些刺激物，从而尽可能精确地测定主观时间的长度和速度的变化，若有必要的话，其精确度可以用毫秒来表示。实验者希望将小心翼翼取得的关于数秒或数分钟时间间隔的实验测试结果挪用到关于数天、数月甚至数年的时间体验上。由于这些时间间隔太长，再也无法对变量进行控制，充其量生命本身可以被一直用来作实验，正如在《魔山》一书中所发生的那样，不过，也许主导较长时间间隔的法则可以在较短的时间间隔上被精确地测定，这个念头很有诱惑力。居友和普鲁斯特关于时间的描述很多超出了他们个人的自省，与他人的体会产生了共鸣，所以也许可以寄希望于实验仪器发出的不停的滴答声、嗡嗡声和咔嗒咔嗒声来告诉我们关于实验室外时间失真的一些事情。

经证实，跨越不同等级时间间隔的研究不是没有难度的。首先是术语的问题。即使是预测时间最简单的实验也会引起真正的术语表达上的混淆。某人被要求不借助时钟或手表准确说出一分钟的时间间隔，最终此人主观上一分钟的真正长度是50秒，那么这是一个低估或高估了时间的例子吗？有人会说，这是一个低估了时间长度的例子，因为当事人已经低估了一分钟的真实长度。还有人会说，这是一个高估了时间长度的例子，因为他已经高估了一分钟度过的速度。夸大这种措辞上的混淆轻而易举就能达到毫无条理的地步。某人休了一个星期的假，也只有在假期的最后一天他才闹明白这个假期都发生了些什么事，在回家的路上，他感觉在外面远不止待了一个星期。那么对他来说时间是过得更快了还是更慢了呢？如果假期要比其他的日子过得更快，那么飞逝而过的7天也就是一个星期，怎么可能似乎要长得多呢？主观上感觉漫长的一周里，时间肯定是流逝得更慢吗？除了长短快慢，任何寄期望于使用诸如膨胀或收缩之类术语的人只能指望割断"戈耳迪之结"(Gordian knot，即"难题")。所幸的是，关于时间的研究依赖于习俗惯例和概念上的差别，而这些能为我们提供一些帮助。对于我们所说的低估了时间或高估了时间的现象而言，时钟时间就是标准。一个将主观上的"一分钟"说成了50秒的人可能高估了钟表上的时间走动的速度，但即便如此人们也会认为他将一分钟说成了50秒是将时间低估了。在估计一个更长的时间时，我们得在主要估计和次要估计之间做出辨别。对一个指定时间所作的主观速度的估计与对时间间隔长度的估计是有区别的。在假期中，我们对于时间的估计通常存在一个反比关系，所以"快"的7天（主要估计）生成了"长"的一周（次要估计）。这种反比关系同样适用于无聊厌倦的时候。正如托马斯·曼指出的那样，其间"没有任何事情"发生的时间看起来很漫长，但这只是主要的判断，次要的判断则认为时间是缩短了。法国小说家、剧作家加缪（Camus）也注意到了这种似是而非的关系。在他的作品《局外人》(The Outsider)中，主人公被关进了监狱。在那里，除了回忆和日夜交替，再没有什么别的可以解闷的东西，时间就这么过去了。"我无法理解那些日子为何是那么漫长同时又是那么短暂。那些日子漫长难耐，但是时间膨胀得太厉害，以至于最后相互湮没了。"有一天，当监狱的守卫告诉他已被囚禁了5个月时，他虽然相信这个事实但是却搞不懂是怎么回事。"对我来说，在监狱里打发时光的日子永远都是一个样。"

还有一个问题就是在关于时间的实验研究中最先被发现的东西。美国心理学家、哲学家威廉·詹姆斯曾用"空洞"的岁月这样的提法来表示随着年纪的增长时间显著收缩这一现象。托马斯·曼也曾用"乏味、空洞、虚空"这样的词汇表示时间飞逝而过。但是对于空洞的时间在实验上的等同物是什么呢？是没有刺激物的一个时间间隔吗？没有实验者可以向他的实验对象提供这样的东西，即使他做得到也不会这样做。没有人会将自己变成一片完整的空白后去体验一个完全空洞的时间长度。空洞的时间如同绝对的真空是虚伪的，不存在的。这个所谓的空洞的时间照样会偷偷地攫取你的思想、观察和记忆。不少有着"空洞"时间的实验——也就是在一个时间间隔里不给实验对象提供刺激物——其结果除了一些前后矛盾的发现外可以说是一无所获。梅伊曼早在1896年就发现，有滴答声干扰充斥的时间间隔比没有滴答声、长度一样的"空的"时间间隔感觉上要长一些。不过这种比较只适用于不足10秒钟的时间间隔，超过了10秒钟没有刺激物的时间感觉会比有刺激物的要长一些。另外一位调查者发现，如果听到的不是滴答声，而是令人气愤的噪音，那么一个有噪音的时间间隔比一个有温和声音的时间间隔感觉上似乎要长一些。

美国心理学家列奥纳德·杜伯（Leonard Doob）曾写过一本名为《时间的程式》(Patterning of Time)的书，它对近一个世纪的时间研究作了精辟而博学的研究。学者迈克尔·弗拉赫蒂（Michael Flaherty）也曾写过关于时间研究的作品——《一只被观察的壶》（*A Watched Pot*），任何读过这两本书的人都会得出一个结论：所有这些关于时间研究的局限性早在19世纪末以前就被威勒姆·翁特和威廉·詹姆斯立桩标出了。我们估计时间时的失真激起了这两位学者的兴趣。翁特将这种失真视为视觉幻觉，实际上视觉幻觉与失真的时间预估在很多方面都极为相似，比如在一个较长的时间间隔之后似乎变短了的时间间隔。通过使用Taktir时间测量仪，翁特小心翼翼地一一控制着变量，等待这些变量对时间长度或速度所起的作用的发生。在实验过程中，他向实验对象提的问题可能都是一些小问题，但是实验对象所作的回答都很准确而且是可控制的。詹姆斯问的则是一些大问题。他想搞清楚为什么一周的假期在度假者回家时看似更长，为什么生了一个月的病但在记忆中可能感觉才不过一周那么长。他根据个人的经历、文献中记载的他人经历或是他人谈话的启迪来寻求这些问题的答案。这些体验有些是大家共有的，有些是个人独有的，通过实验来对它们进行验证或驳斥是不可能的。翁特在实验中没有向被调查者提问为什么生命随年龄的增长加速流逝这个问题。那些希望通过研究解答这个问题的人只得将他们的研究范围缩小。在近年来进行的关于时间和记忆的研究中，已经总结出了三个机制，它们是与逝去岁月的加速流逝现象相关联的。第一个机制是"望远镜"（telescope）现象，第二个机制是我们在上一章讨论的怀旧效应，第三个机制是与我们体内的心理钟（psychological clock）的律动紧密联系在一起的。

望远镜现象

绑架和谋杀了赫瑞特·扬·黑恩（Gerrit Jan Heijn）的重案犯弗蒂·E（Ferdi E.）被释放出狱时，荷兰全国上下的反应是："你是说他已经服完刑了？从绑架事件至今有多久了？"对大多数人来说，绑架发生的实际时间——黑恩是在1987年9月9日被绑架的——比他们认为的时间要早得多。心理学家苏利早在1881年就提到过一个类似的例子，也是关于一个备受瞩目的案子，犯人在监狱里做了三年的苦力之后被释放，但是公众看来事件好像不久前才发生。苏利用双目镜作类比对此现象作了解释：依旧清晰可见的细节给了你这样一个印象，那就是位于远处的一个物体用放大镜望上去比它实际所在的位置要近得多。

1955年，美国统计学家格雷（Gray）在问卷调查的回复中发现了一个奇特的现象。对于"在过去两年期间你多久去普通挂牌医生那里看一次病？"这一类的问题，他在检查问卷答案时发现，被调查者倾向高估发生的次数，原因就是他们把两年前去看病的次数也算上了。换句话说，格雷发现一般人都会把事件发生的时间比实际发生的时间算得更接近当前。大量的实验对此现象进行了专题研究，这个现象一直被称作望远镜现象，这与苏利的双目镜现象有异曲同工之妙。望远镜理论所作的阐释与苏利的双目镜现象的观点没有太大的差别：对过去的回顾被透镜放大了，使时间距离缩短了，所以所讨论的时间看起来更漫长。

当个人的经历卷入其中时，通常很难准确地判断望远镜的景深。公共事件的情况有所不同。1997年，英国心理学家克罗利（Crawley）和普瑞恩（Pring）进行了一项实验，实验中两位实验者对实验对象所作的对时间间隔的估计与实际的时间间隔进行了比较。他们草拟了一份用于提问的事件清单，对于这些事件即便不是很熟悉但任何一个英国人也都肯定想得起来。这些问题包括俄罗斯切尔诺贝利（Chernobyl）核反应堆事故（1986年）、洛克比空难（Lockerbie，1988年）等灾难性事件，以及主要的政治事件，如撒切尔夫人当选为首相（1979年）、阿根廷入侵马尔维纳斯群岛（Falklands，1982年）、甲壳虫乐队成员约翰·列侬（John Lennon）遇刺（1980年）、印度原国大党领袖英迪拉·甘地（Indira Gandhi）遇刺（1984年）、哈诺德（Harrod）爆炸案（1983年）、布赖顿大酒店（Grand Hotel in

Brighton）爆炸案（1984年）以及其他一系列重大事件。最早发生的事件是英国女王登基25周年大典（Silver Jubilee）（1977年），最近发生的事件是柏林墙倒塌（1989年）。接下来，克罗利和普瑞恩要求实验对象尽可能准确地说出这些事件发生的年月，结果发现了一个有趣的现象：被调查者年纪不同，所给出的答案也不一样。中年（介于35~50岁之间）实验对象所给出的事件发生的时间比实际时间离现在近得多，从而验证了早先实验中所发现的望远镜现象，但是其他的被调查者（平均年龄为70岁）所给出的时间比事件实际发生的时间要早得多，这就好像他们把望远镜掉转过来了，从而把事件的时间间隔拉长了。

"这有助于解释为什么人老时时间似乎是飞逝而过"，克罗利和普瑞恩在实验报告中写道。一种可能的说法是，主观感觉更长的一段时间一定逝去得更快。这一结论表明，要将关于时间概念的研究结果进行解释和说明是多么的不容易。因为有些事情的答案也可以反着说。正是那些认为事件是三年前发生而实际是五年前发生的人会惊呼："唉！时间过得可真快。"岁月加速流逝似乎是因为望远镜效应所造成的，而不是将望远镜倒转过来。克罗利和普瑞恩的理论只有在假定对一段时间长度的过高估计和这段时间的主观速度存在反比关系的条件下才站得住脚。这的确证明了一周假期过得快，但在度假者返家时那七天看起来比普通的一周要长些。如果是那样的话，不管是望远镜正着看还是反着看我们都会觉得时间是飞逝而过的，而这也就剥夺了它们的任何解释性价值。

怀旧效应

法国医生瑟欧都尔·瑞伯特（Théodule Ribot）1881年在他的经典著作《记忆的疾病》（*The Diseases of Memory*）中写道，任何试图给一个记忆标注日期的人都会利用标记（marker），亦即那些在时间中占有众所周知位置的事件。我们并非主动选择这些标记，而是它们把自己强加到我们身上。总的来说，这些事件纯属个人性质，但也有些是关于家庭或整个国家的。这些事件由一系列日常发生的事情、重要的家庭场合以及职业活动等组成。瑞伯特称，这些系列事件"数量越多，个人的生命就会越多姿多彩。标记的作用有如里程碑或沿途的路标，所有的一切都是从同一点开始，但是向着不同的方向展开。不管怎样正是因为这种特性，系列事件才得以并置，可以说是为了比较的目的而为之。"当今的众多作者们都已将标记概念纳入了他们关于自传体记忆的时间关系理论里：自传体记忆研究专家康威称之为参照点（reference point），沙姆（Shum）则称之为"时间的里程碑"（temporal landmark）。这些标记决定了某件事是多久以前发生的，它的发生是否先于或后于另外一件事，有时候甚至是此事发生的准确日子是哪一天。

只有在我们很难给一个记忆标明具体日期的时刻我们才发现自己的时间标记在起作用。通常记忆是在一个人的过去的时轴上来回往复地移动，每一次移动都有一个"但是"作为关键点：那是1993年以后的事，因为X已经和我们在一起工作了——但是邻居还没有搬走，因为我记得和他谈起过这件事，所以那一定是1995年以前的事——但是Z仍在家里住，所以一定是1994年9月后的事——但是那是一个很不同寻常的秋日，所以一定是1994年10月左右的事情，噢，对了，那件事发生在我们放秋假的前一天。标记让记忆在两个永远接近的终点之间回弹。符合记忆之间时间关系的程式正如记忆本身一样是个别的，它有着自己的颜色和情感，它与一系列更具体的联想联系起来，比如那时候你都有些什么朋友或者你的日常活动都有哪些。程式"我是什么时候为P效力的"比程式"我是什么时候生活在Q的"更能激活其他的记忆，即使两个程式在时间上是巧合的。正如瑞伯特所说的那样，时间标记（time marker）确实可以并置并进行比较。

瑞伯特曾不经意地说过当生命更多姿多彩时记忆标记的数量也会更多，沙姆一定受了瑞伯特这句话的启发。沙姆称，在老年人中比较容易发生的怀旧效应是由于所回忆的那段时期有大量的时间标记这一事实所造成的。如果时间标记的确向联想网络发出指令,正如研究显示的那样,那么同样的时间标记也能够唤起记忆,所以在时间标记的数量与记忆的密度之间存在着正相关。典型的时间标记是"我与……的第一次会面"、"我第一次……"、"当我第一次开始……",所有这些记忆都对怀旧效应产生了很大影响。简而言之,时间标记不仅仅标记时期和日期,而且还会引起晚年的幻想。

　　沙姆并没有将这一理论与人生迟暮时生命加速流逝的体验联系起来,但是前者的确是根据后者得出的。包含了许多记忆的一段时期回头再看时将会膨胀变长,比起长度相同而其中没什么记忆的一段时期似乎持续得要久些。反之,时间标记的数量到中年之后会变得没那么繁多,空虚怅惘的时间将会在主观感受上加速流逝。乍一看,这个解释与威廉·詹姆斯有关童年的记忆是深刻和刺激的、而晚年的记忆是枯燥和千篇一律的观点有许多共同之处,但是沙姆对上述观点进行了补充,那就是我们完全有理由认为最关键的因素是记忆的时间组织:如果时间标记越来越少,其多样性消失,时间标记的网络也会随之消失,抵达那个时期的记忆的重要通路也就不复存在了。

心理钟

　　影响时间体验的几大心理因素自20世纪30年代以来就已经广为人知了。体温可以导致主观感受上时间加快或放慢,这一认识是美国心理学家霍格兰(Hoagland)偶然发现的。霍格兰发烧的妻子责备他去拿点药为何花了那么长的时间,而实际上他只出门了一小会儿。霍格兰要妻子说出一分钟的时间间隔,发现她的"一分钟"的实际长度只有37秒。高烧温度越高,对她来说一分钟似乎就越长。研究记忆的心理学家巴德利进行了一个与此相反的实验——不如说是表演——他让实验对象在水温只有4℃的海里游泳，与期待相符，这些实验对象在计算他们待在水里的秒数时速度太慢。

在没有控制因素存在时，心理过程可以发挥令人意想不到的精确的"时钟"作用，甚至对长达数年的时间也可以做到准确判断。在20世纪30年代，法国医学家、微生物学家、1912年诺贝尔生理学—医学奖获得者卡雷尔（Carrel）在细胞层上发现了各种各样的、有着时钟或类似年历精确性的机制。例如，人体表面的伤口愈合的速度是随受伤者年纪的不同而有差异性的，这种差异性可以用等式精确地描述。根据等式就可以预测到一个20岁的受伤者其伤口愈合的速度可能是一个40岁受伤者伤口愈合速度的两倍。任何对愈合伤口进行测量的人都可以从伤口的愈合速度反向推导出受伤者的年龄。对于年纪在10~45岁之间的伤患者，数学公式所推算出来的数据是可靠的。

在我们体内运转的心理钟有数十种之多。呼吸、血压、脉搏、荷尔蒙的排放、细胞分裂、睡眠、新陈代谢、体温，所有这些过程都有其自身的周期，并依次赋予我们的生命以律动和节拍，这就恰如其分地说明了各种各样的心理过程都有一个特定的周期。将这些过程称作"时钟"更像一个比喻而不是一种解释，不过正是这个比喻引发了不少有意思的问题，它们包括：你能提前或延迟生物钟吗？你能重新调整已出现紊乱的时钟吗？我们的身体是由标准时间管理并由一个主时钟（master clock）控制的吗？首要一点，人老时生物钟是走得更快了还是更慢了呢？

走马观花地游览一下掌控我们内循环的钟表的内部构造（clockwork），你会发现，最快的节奏发生在神经系统里，有些神经细胞的发射速度可达每秒1000次。其次是脑电图（EEG）记录下来的大脑活动的周期：每秒8~12次不等。相比之下，最慢的周期可持续24个小时，比如体温和血压的波动。在长度超过一天的周期中最重要的当属月经周期，平均为29天。年度周期出现在体重增加的时候和免疫系统状态中。介于最快和最慢的周期中间的某个位置，我们可以听到并感觉到唯一的一个生理时钟——心脏。

它就是一块有着泵压作用的肌肉,其收放是由一个精密调节的计时器来控制。了解这些生物钟的节律使起搏器的设计成为可能,通过弱电流起搏器将有助于控制心脏不规律的跳动。

根据个人每天的生物节奏可以判定此人是早起者还是夜猫子。对于早起者来说,其体温在凌晨时开始升高,在下午四时左右达到最高峰,然后开始下降。另一些人黄昏后精力依然充沛、思维仍旧活跃,其体温要到更晚一些的时候才达到最高峰,早起者的生物钟比他们提前了四个小时。当我们垂垂老矣,生物钟向早上转移,早起者和夜猫子之间的差别也就开始减退了。这一过程是与生命速度的放缓同步发生的,所谓生命速度的放缓就是让在火车站和邮局排队办事等得急不可耐的毛头小子巴望着给那些老年人开设单独的服务窗口。

老年人中常出现的作息周期的问题很有可能是由于视超束交叉核子细胞(suprachiasmatic nucleus,简称SCN)中细胞消耗所造成的。完整无缺、体积不超过$1mm^3$的SCN含有约8000个细胞,刚好位于视神经交叉点的上方。SCN发挥着主时钟的功能,如果它出了问题,人体内其他所有的时钟都会失调。实验表明,SCN是由光线来控制的。神经递质多巴胺(neurotransmitter dopamine)在这个过程中发挥着重要作用,人到老年时多巴胺这种神经递质会减少。SCN中的细胞消耗(cell depletion)以及多巴胺不足可能会引起我们在应对时间方面的大问题。美国神经学家曼甘(Mangan)认为这些问题说明了相关的实验结果,在这些实验中实验者要求一群实验对象估计一个三分钟的时间间隔要多久才过完。我们从早先的实验得知,孩子准确估计时间的能力是随着年纪的增长而增强的,到20岁时达到巅峰,然后开始下降。人进入晚年后,其估计时间的能力已下降到了幼童时的水平。曼甘认为,老年人对时间的流逝总是高估的。他将被调查者分成三个年龄组(19~24岁、45~50岁和60~70岁),他要这些实验对象按秒数报数来测算一个长度为三分钟的时间间隔。年纪最轻的一组报出的时间非常精确,其平均误差不超过3秒钟,中年的那一组的平均误差为16秒,而老年人一组的平均误差达到了40秒。到了实验的第二个阶段,那三分钟的时间过得更快了。为了分散实验对象的注意力,实验者要求所有的被调查者做一件将物品进行分类的工作,然后再让他们估计三分钟的时间。结果年纪最轻的一组将三分钟的时间说长了46秒,中年人的那一组也高估了63秒,老年人的一组把三分钟估计得最长,平均不少于106秒。换句话说,三分钟时间过后,老年人在他们的预测数上又额外加了大约两分钟。

看起来,人到老年时就变成了一个滴答作响走得很慢的皮袋钟(carriage clock)。皮带钟的滑轮不会比以前运转得更不规律,它们只是转得更慢,并且慢得极有规律。那些知道其自身时间偏差的人可以根据需要将时钟调节得和过去一样准确。正如居友用一个古老的沙漏,以其锈迹斑斑的颈口计算时间一样,当我们年老时,我们也必须在对时间进行估算时采用一个老年常数。

望远镜(或者倒转的望远镜)、怀旧效应和曼甘的实验发现这三大元素是否能结合起来,对人老时岁月加速流逝这一问题给出令人信服的解释呢?老实说不能,理由很简单,实验的结果针对的是不同的方向。曼甘调查的那些老人将"三分钟"的时间估算得太长了,而克罗利和普瑞恩的那些老年实验对象也把事件放置得太久远,把事件和现在的时间间距拉得太长,使"岁月"变得过于漫长。而实际上,他们与所体验到的时间消逝的关系正好是相反的。如果在曼甘的实验中在三分钟过后向实验对象提供一个注解说明,那么那些人会自问,"肯定三分钟不会更长吗?"相比之下,克罗利和普瑞恩的实验对象会想,"洛克比空难只是9年前发生的事吗?(被调查者提供的空难发生时间比实际时间提早了两年半多)我认为那是更早以前的事了。"只有在人们把10年前发生的事情说成是5年前发生的时候,才会生出那种介于当时和现在之间的岁月已经消逝了的幻觉。

我们最可以信赖的是怀旧效应和生理钟的放缓。一位七旬老者会想过去的5年是否比更早的岁月过得更快，这位老人不会将43~48岁或是56~61岁这段时间与之前的5年进行比较，而是会倾向于与在中学读书的5年，或童年和青春期的5年来作比较。在某种意义上，这是一种极端的比较。在内心世界，你实际是将最丰富多彩、充实完整的记忆与千篇一律、枯燥无味的记忆进行比较。随着身体器官节拍的放缓，外部世界可能看上去加速了。

青春长，老年短

童年时的街道比它们在记忆中呈现出来的要狭小。追溯儿时在四邻街坊漫步的经历，在童年的记忆中漫长无迹的街道，现在不出几步就能走完。小路、花园、广场和停车场，这一切似乎已萎缩到了它们原来的一半大小。连学校也萎缩了，奇怪的是和原来一样大小的老师们还能往里装。关于在孩子眼里街道似乎很长这一问题的解释，通用的说法是小孩将自己当成了码尺（yardstick）。一旦他长大成人，个头有原来两个那么高时，以前的街道看上去就只有原先的一半那么长。如果用原来的步子来丈量，那么街道的长度和原来一个样。显然人类的记忆被一个视觉幻觉欺骗了，而这种情况会贯穿一个人的一生。尽管每个人都意识到了这种幻觉的作用，但是却难以逃避。你从未听哪个人这样说：我最近回到很久以前的街区了，虽然所有的东西看来都很小，但是你信不信，它们的大小其实和原来的一个样。正如视觉幻觉作用一样，用现实进行比较不会使正常的关系得到修复。街道一旦变窄缩小，就再也不会拥有其正常的长度，就像一件在过热的水中洗过后缩了水的毛衣，即使再放回冰水里也于事无补了。

记忆对童年的时间所做的也是这样的吗？时间和空间之间本质的区别是你时常可以回到以前熟悉的地方，而却回不到很久以前的时间中去。在过去的街道上，你再也不会像一个6岁的孩子那样走路了。你所记得的时间流逝不再可以用现实来检验。也许那样的检验是没有任何意义的。不少对于时间的估算和判断，诸如"很久以前"或"古老的"，已顽固不化地存在于我们的记忆中，就像昨日的街道变小了就是变小了。街道变小也许是因为一个特别的码尺发生了变化，那就是你自己。在一个小孩子的眼里，一年已是一生的一大部分，小孩子会想为什么一年会那么长。孩子们在长长的街道上度过了他们长长的日子。我们的一生都在不断地使用这个码尺，它是不断变化的，因此码尺本身根本就不存在。在我们看来，父辈们总是老的，不管是你有了自己的孩子之时，还是你只有你孩子那么大时。老师们也总是老的——直到20年后的一次聚会上再见他们时，他们好像有点返老还童了。大学新生每年越过越年轻（就像他们的父母青春焕发一样）。一个10年或20年期在年历上是一成不变的，但是在个人体验中其长度各有不同，这也许意味着年历上那段被越来越远地抛在身后的时光似乎主观感受上变得反而更近了。那些在战后10年出生的人在15岁生日时看待过去时间的流逝和他们在50岁时看待岁月的流逝是不同的。即使在判断未来的事件时，个人的码尺也发挥着关键的作用。一旦到了已经熟悉时间加速流逝的年龄，10年时间也会看起来很短暂，而在一个20岁的人看来，这10年也算得上是一个短暂的永恒（small eternity）。简而言之，每个人都是他自己用于计算时间的码尺，正如一个老式的计算尺，计算的结果取决于滑片所在的位置。

不过，关于人到老时时间速度变化的方向性问题是毫无疑问的。客观上的速度减缓造成了主观上速度的加速，在这个过程中我们体内生物钟的运转速度起了作用。这些生物钟有不少在小孩子身上比在老年人身上运转得更快。如果我们根据生物钟的运转说出我们的年龄，正如法国医学家、生物学家卡雷尔所说的那样，我们得说，我们拥有长长的青春和短暂的老年。也许这解释了为什么孩提时日子那么漫长而老年时时间过得快得吓人，这是因为我们无意中在生理时间（physiological time）的背景下看了时钟时间（clock time）。卡雷尔解释说，客观时间，即时钟时间，是匀速流逝的，就像流过山谷的一条河。某人在少小时在河岸边轻快地奔跑，速度比河水流得还快。到了快正午的时候，他的速度减慢了，与河水的流速保持同步。到了晚上，因为他倦了累了，所以河水流得更快了，他落后了。最后，他停下来不走了，并在河边躺下，而河水仍旧以它那一贯沉着的速度沿着河道继续向前流去。

第15章
遗 忘
Forgetting

记忆既脆弱又很有韧性。不用费什么力气就可以让它出现问题，一块小小的血液凝块、缺氧、脑膜炎——最轻微的器官失常都会引起机体永久的损伤。然而即使在记忆力丧失最严重的情况下，还是有很多部分未受到影响。患健忘症的人仍能回想起单词和符号的意义，仍然知道穿衣服或吃东西时该做什么动作。不管与脑损伤相关的创伤有多么严重，仍有部分记忆奇迹般地规避了伤害而安然无恙。

在记忆的所有形式中，自传体记忆是最容易受到破坏的。记忆会随着两种可以用时间标尺（timescale）来标示的记忆丧失形式的出现而出现问题。其中一种记忆丧失的形式是逆行性遗忘（retrograde amnesia），在这种情况下，对损伤之前事件的回忆被破坏了。在最严重的情况下，过去的一切记忆都消失了：你刚从哪里来，刚才在做什么，你是谁。对于过去几乎一无所知，正如对未来不可预知一样，对自己也毫无了解，就像与一个陌生人在一起。另外一种记忆丧失的形式是顺行性遗忘（anterograde amnesia），也就是发生损伤之后不能再储存记忆。你记得损伤之前发生的事情，但是那之后发生的事情永远不会成为过去。打个比方，如果自传体记忆真的是一本日记的话，那么这本日记中所有的空白页已经因为顺行性遗忘而被撕下，而逆行性遗忘除了给你留下空白的页面以外什么也没有。

不管病人患的是以上哪一种形式的健忘症，对于这位病人来说时间都在一个方向上被切断了。用美国心理学家威廉·詹姆斯的时间比喻来说，以前他跨上时间之鞍，不管向前看或向后看都一样轻而易举，但是现在只能永远地背对着过去或未来。不幸同时患上了两种健忘症的人（这种情况的确存在），只能在一个支离破碎的时间中了却残生，这个破碎的时间开始从两个不同的方向同时合围，最后收拢成一个没有宽度的现在，也就是一个既没有过去也没有未来的现在。

记忆和遗忘

我们习惯性地认为记忆和遗忘是相互排斥的。记得的事情不会忘记，而已经忘却了的事情也想不起。一件事停下来的地方也就是另外一件事的开始之地。但是在这个二分法中你要将对所遗忘之事的记忆放在何处呢？不是那些对已经忘记了的事件本身的记忆，而是对过去你所知道而现已消失的某件事的了解。如果能够记住已经忘却了的事情，那么就是说那件事情已经清清楚楚地留在了记忆里，就像是墙上那褪了色的修补之处，其轮廓告诉我们那里曾悬挂了什么东西。

记忆和遗忘之间的关系比单纯的相互排斥要复杂得多。有时候我们想不起某件事，但是我们很肯定地知道那件事储存在我们的记忆里。每个人都知道一个词已到嘴边，但就是想不起其发音和音节是什么样的感受。最令人不解的就是这个词在那个时刻就是不出现，不过这也正暗示了它的存在。正如威廉·詹姆斯所说的：

> 假设我们努力回忆一个已经被忘记了的名字。我们意识的状态是奇特的。在意识里有一个缺口，但不仅仅是缺口，它是一个活动激烈的缺口。那个名字的某种幻觉就在缺口里面，在一个指定的方向上向我们招手呼唤，让我们开始为快靠近那个名字而兴奋，继而又使我们因未能如愿地获取它而气馁。如果这时错误的名字被提交给我

们，那么这个令人无法理解的缺口就会马上作出反应否定它们。那些错误的名字套不进那个忘记了的名字的模子，一个单词的缺口与另一个单词的缺口摸上去也是不一样的，当被描述为缺口时，所有那些空洞的内容都可能看上去有必要成为那个样子。当我试图想起斯波尔丁（Spalding）这个名字但无功而返时，我的意识与当我未能成功想起鲍尔斯（Bowles）这个名字之时已经远远不在一个地方了。

可以证明那个"缺口"是相当持久的，它用一种令人懊恼的顽固姿态不断对我们的注意力提出要求。心理学家布朗（Brown）和麦克内尔（McNeill）曾做过一个实验，他们给实验对象展示了一些相对不常用的单词的定义，如"舢板"（sampan）或"血仇"（vendetta），要他们说出相对应的单词。当实验对象有了那种字到嘴边的感觉时，实验者向实验对象提了几个问题。那个词是以什么字母开头？它有几个音节？词中的元音是什么？你能说出与那个词类似的一些词吗？那个"缺口"的确把持着信息。有一半的实验对象似乎对单词的第一个字母和音节数很清楚。但是，同样的"缺口"也引发了一个新的现象。通常发音、音节和单独的字母组合成一个单词，而它也符合定义中的形容和描述，而且这个词还再三地插队，试图捷足先登，真可谓是"丑陋的姊妹词"。对那些搜肠刮肚想找到"舢板"一词的人来说，最后想出诸如"saipam"这样的一个词证实了一个具有讽刺意味的事实，那就是当你明明知道该到哪里去找那个词（就在那个丑陋的、错误的姊妹词背后）的时候，你还是不可能找到它的。

同样常犯的错误是错误的记忆，也就是你确信已经忘记了根本不可能记得的事。从个人经历来讲，我对这种错误是熟悉的。1979年，荷兰工党政客及上议院前院长安妮·冯德林（Anne Vondeling）在一起意外事故中丧生。我记得由工党党魁签署的讣告中包含一首诗的四行，第一行是"在石南林间，穿过薄雾"，之后的一行诗我不是很喜欢，所以很快就忘记了，接着是后两句：

夜幕降临，伴着链条的咔嗒咔嗒声，

世界的眼睑也重重地垂下来。

讣告中注明这首诗的作者是赫瑞特·阿赫特贝尔。这首诗所描绘的意境是，眼睑得由链条吊起来，一旦它垂下来遮盖了眼睛，自己是无法将它抬起来的。这行诗牢牢地刻在了我的记忆里，忘也忘不掉。在后来，也就是我的女儿出生的那一年，别人送了我一本阿赫特贝尔的《诗集》(*Verzamelde gedichten*)。为了寻找上述两行诗，我在这本诗集中找了数个小时之久，但是什么也没找到，甚至连类似的诗句也没有。我问了四五个研究阿赫特贝尔的行家也没有什么收获，有几个十分肯定地认为上述诗句不是阿赫特贝尔写的。真是奇怪，工党的领袖们肯定不会自己写下那些诗句，然后把阿赫特贝尔的名字安上去。

20年后，那时我的女儿已经离开了家，在一则讣告中我再一次看到了那两句诗。那几句与我所记得的有两处不同：我忘了的那句已被省略，而眼睑不是"重重地垂下来"（slam down）而是"合上了"（go down）。这次诗作者又是阿赫特贝尔。为了确认是他，我再一次一页页地翻阅了那本阿赫特贝尔的诗集。此外，我还查找了阿赫特贝尔的传记作者黑泽的索引，我又一次无功而返。我把讣告剪下来，把它搁在旁边一小会儿，然后我给讣告的第一位签署人打电话。那人非常有礼貌。我问他们是从哪儿得到那几句诗的，那人回答我说，死者，也就是他的合作伙伴曾在安妮·冯德林的讣告中读过那几句诗。

我在寻找一个答案，但是转了一大圈居然还是停留在那个老谜语上。是什么样幽灵般的诗句若隐若现地浮出薄雾？那几行诗真是阿赫特贝尔写的吗？就此事的来龙去脉我写了一篇稿子投给荷兰的一家报社，并等待着事情的进一步发展。一个星期后，我收到了不少阿赫特贝尔迷的来信。他们在信中所写的让我觉得自卑，那种感觉持续了好多天。我真的把整个事情搞错了。首先，那几行诗确实是阿赫特贝尔写的，摘自诗作《既成事实》

(*fait accompli*)的倒数第二节。这首诗的结尾是：

> 今天的决定不容错过。
> 明天我的信笺将从海牙邮出。
> 那里，最后一封邮件刚刚寄走。

另外，这首诗收录在了阿赫特贝尔的那本诗集中。还需说明的是，安妮·冯德林的那份讣告也不是工党党魁签发的而是冯德林家族发的。最后，阿赫特贝尔描绘的那句眼睑垂下来用的不是"slams"而是"goes"这个词。阿赫特贝尔的作品《诗》(*Gedichten*)的史评版作者彼得·德·布劳恩（Peter de Bruijn）让我明白，在最后一稿的手稿中，阿赫特贝尔描写眼睑垂下原来用的动词是"let"而不是"goes"，更不是"slams"（砰地放下）这个词，我的记忆将原诗句通俗化了，而这一点是阿赫特贝尔没有做到的。现在回想起来，无怪乎当时询问的那几位研究阿赫特贝尔的专家们都不知道那几行诗出自何处。

不过事情还更加糟糕。对那行已经忘了的诗句，我只记得它并不是很美。实际上，那个诗节根本就没有四行。所以我肯定是虚构了一行诗，并且之后将它忘记了。许多回信者也指出，《既成事实》这首诗原来收录在另一本诗集里，书名译作《忘却了的》(*Forgotten*)。

被遗忘的遗忘

任何为自己的记忆惴惴不安的人都会喜欢完成"每日记忆调查问卷"，它是英国记忆研究学者艾伦·巴德利（Alan Baddeley）和他的几位同事编选的，问卷中描述了27种常见的失忆情形。对问卷中的每一项，被调查者都得用1~9的评估等级对那种情形在他身上"过去半年根本没有发生过"（1）或者"不止一天一次"（9）进行评分。对一群没有任何记忆失常的普通人进行抽样调查发现，下列情形实际对所有人来说都会每月发生一到两次：得回过头检查是否做了想做的事情、忘了把某样东西放在哪儿了、一个词"到了嘴边"就是想不起来、忘了刚才说的话（"我刚才说什么来着？"）或者是忘记了某件事是昨天发生的还是上周发生的。而另外一些情形则要少见些，大约半年才发生一次，它们包括：忘记去做说过要做的事、忘记去传个重要的口信、忘记物品通常放在何处、在一个之前常去的建筑物里迷了路或者重复刚刚做的事（"为什么这个牙刷是湿的？"）如果你不认得过去常光顾的地方、开始阅读报纸上的一篇文章而没有意识到那篇文章之前曾读过、忘记了头一天所做的重要的细节、不记得自己的生日、不知道报纸上的一篇文章讲的是什么或者同一个问题要问别人两次一样，那么你无法从调查结果的统计数据中得到任何安慰。被调查者称，过去半年里上述情况还没有发生过。对于一般人而言，所有具有代表性的平均数很长一段时间都让人放心（"我的体重、酒量和健忘程度只超出平均水平一点点。"），但是之后记忆丧失的情况就更加令人担忧了。

　　通过使用这样的问卷，出现了一个稀奇古怪的方法论上的人为选择。在诊断测试中，各种各样的方法被用来研究记忆失常的严重程度。第一位治疗专家会要求他的病人们坚持写日记，第二位治疗专家会与病人们进行详细的访谈，而第三位治疗专家会对病人们进行标准的记忆测试或是要求他们填写问卷调查表。巴德利和他的研究小组致力于研究是否这些不同的方法能够得出相同的答案。他们的实验对象是曾经遭受脑损伤，一般都是在交通事故中受的伤而且事后都出现记忆问题的一群人。令他遗憾的是，巴德利发现自己的问卷调查结果与其他的研究测试结果并不是那么紧密相关。回头想来，其原因似乎也显而易见：那些记性差的人忘记了他们已经忘却的事。巴德利引用了一位学法律的学生所记的一篇日记中的话，这位学生在患脑溢血之后就得了健忘症："昨晚夜深时我记得我忘记了对那些已经忘却的事情列个清单。不过那么我怎么知道我忘记了什么呢？"在对一群健康的老年人所进行的研究中，也发现了同样的问题：在调查问卷中取得高分也意味着可怜的记忆已经忘却了自身的缺陷。有些人的记忆非常之糟糕，以至于他们根本不记得任何抱怨的理由。

黑暗中的书写

迄今为止，记忆和遗忘之间最奇怪的关系出现在被称作"隐性记忆"（implicit memory）的现象里。这种记忆形式由我们对之无意识回忆但影响我们行动的经历层所组成。这是一个内省行为无法洞察的间隔，从它对我们行为的作用力可以推断出它的存在。它秘密地工作，却是牢不可摧的。即使是最严重的健忘症，这种隐性记忆也能保持完好无损。

首先要指出的是，类似隐性记忆的东西一定会毫无预期地出现在患顺行性遗忘症的病人身上。当要求这些病人练习阅读倒着写的文字时，他们与没有记忆失常的正常人做得一样快。奇怪的是，他们忘记了练习材料和练习活动——每天早上礼貌地出现在实验者面前——但是他们在阅读倒书的文字方面不断进步，其阅读速度丝毫不亚于健康的实验对象。他们记得学会了什么，而不是怎样学的。人们起初认为隐性记忆只是简单的运动和知觉的技能，但是心理学家丹尼尔·沙克特（Daniel Schacter）和他的同事们也发现了其"更高级的"心智功能，比如说对句子的理解，其结果同样是逆直觉的。在一次测试中，实验者给那些有严重记忆丧失的实验对象一些不作进一步解释就毫无意义的句子。举个例子，"干草堆很重要，因为伞盖撕破了"。只有在伞盖这个词的前面加上"降落伞的"才能完全明白句子的意思：降落伞撕破了，不过幸好落在一个干草堆上。同样地，只有在接缝处一词的前面加上"风笛的"才能明白"音符出错了，因为风笛的接缝处裂了"这个句子的意思。实验者向记忆失常的病人提供了一系列这样的句子以及解决办法。几天后，当再给那些病人展示没有加上修饰词的相同的句子时，病人对那些句子的反应完全是陌生的："从来没见过这个句子。"由于那些病人记忆失常，得出这样的结论也在实验者预料之中，不过病人对理解句子的意思没有任何问题。问及病人们怎么可能理解这样莫名其妙、含义模糊的句子，他们一副愕然的样子。句子的意思肯定是明晰和完全有逻辑性的吗？在几分钟内即被一扫而光的那一层下面，有某种东西似乎已经登记注册，它不再能通过意识心智而被唤起，但是它的确对语言的处理过程产生了影响。

1880年，法国医生瑟欧都尔·瑞伯特发表了一篇关于记忆生理学基础的论文。他在论文中阐述道，在日常言语中，记忆包含三个要素：经历的储存、对经历的回忆以及经历在过去中的位置。前两个要素是不可或缺之物，如果它们丧失了，不管是出于什么原因，记忆都被破坏了。但是如果第三个要素消失了，"记忆就不再为自身而存在，也没有结束自身的存在"。这个句子很准确地描述了什么东西还在，而什么东西已经失去了。即使对于意识心智而言，记忆好像失了效，不过它仍能继续记录东西，在黑暗中记录着如此众多的铭文。

将这个黑暗中的铭文（inscription）的概念囊括进完美记忆的理论大家族里是一件非常诱人的事情。难道我们的记忆无法捕捉我们所见的、所经历的、所想的、所梦到的或所想象的一切？1980年，伊丽莎白·洛夫特斯和杰弗里·洛夫特斯共同发表了一项对心理学家进行问卷调查的结果。调查结果显示，绝大部分（84%）的被调查者认为我们的大脑包含着我们所有经历的一个完整记录。如今，不容否认的是，记忆可以将某些类型的信息无限期地保存下来。心理学家巴赫瑞克（Bahrick）曾做过一项实验，是关于实验对象自童年以来没有运用过的外语对记忆的影响。研究结果表明，大部分词汇50年后也没有受到影响并依然储存在记忆中，巴赫瑞克将这种记忆储存的形式称之为"永久性储存"（permastore）。瓦格纳在自己的日记式研究中同样也没有找到自传体记忆从记忆中消失的证据：他能够记住所有的事情。这里需要强调的是，那些事情是瓦格纳出于研究目的需要而记录下来的，正因为这个原因，那些事情完全有可能比其他事情更保险地被储存起来。瓦格纳将遗忘的原因归咎为获取已储存经历的能力的丧失，也许那些经历还在脑海里——没有证据证明它们不存在——但是我们的记忆力不再能够获取它们。我们完全可能有个完美的记忆，而我们却没有意识到。如果是这样的话，那么它就得是完全由瑞伯特三大要素中的第一个所组成的记忆。从生物学角度看，记忆储存了所有的经历这种说法似乎是不大可能的。记忆储存在脑组织里，而脑组织经历着各种各样的变化：发育、新陈代谢、损伤、衰退和死亡。某些经历的痕迹会在一个人的一生中保持完好无损，关于这一点丝毫不容质疑；但是至于所有的痕迹都能幸存下来这一点就值得怀疑了。

空白的恐惧

任何患了严重记忆失常的人都会丧失其大部分的心智资本（mental capital），或者是即时，或者是更长一段时间。神经的损伤、缺氧、感染，或者是以阿诺伊斯·阿尔茨海默（Alois Alzheimer）和谢尔盖·柯萨可夫（Sergei Korsakoff）的名字命名的病症——不管其病因如何，结果都是灾难性的：许多已经获得了的或者学会了的东西，一直以来都得到妥善存储的东西都消失了。一个顺行性遗忘症患者失去了以一种日后能被唤起的方式储存新的经历的能力。他虽然活着，但是已经没有了未来。对逆行性遗忘症患者而言，过去已经被擦掉了或者无法获知了。那个曾经是他，有能力、有才干、有个性，有着充满了亲身经历的内在生命的一个人已经消失了。不管是顺行性遗忘还是逆行性遗忘，病患者都已经丧失了其大量的心智资本，并且没有办法补救。

对与记忆的顽障最有共同点的健忘症而言，修复某些记忆也许是可能的。触电或者头骨遭受重击都会引发逆行性遗忘,病人苏醒后发现过去的一部分记忆消失了。一个截止点(cut-off)是相对清晰的,也就是苏醒的那一刻。而另一个截止点是模糊的,记忆恢复所花的时间是随着受伤程度的不同而变化的。记忆的恢复有一个固定的过程,这一点最早由瑞伯特阐明,而自那以后,通过案例分析人们对这个问题的了解也进一步加深了。瑞伯特在《记忆的疾病》一书中写道,最初的记忆是最先恢复的,记忆丧失是从较早的记忆开始,再到较晚的记忆。在他称之为"老年性痴呆"(senile dementia)所导致的记忆丧失中,最近期的记忆最早恢复,而最初的记忆最后才出现。瑞伯特警告说,我们千万不要对这个过程产生一种过于简单的看法,"这样想是幼稚的:记忆储存在大脑皮层里,鉴于患者的年龄,就像考古地层一样,疾病由表及里,其行动就像是一个一片片地把动物大脑切除的实验者。"瑞伯特自己也在寻找如今被称作"瑞伯特法则"(Ribot's law)的解释,他从那些较早的记忆之间更坚固的联想纽带中寻找答案,那些较早的记忆经常被重复,因此与其他的记忆更紧密地结合在一起。在当今关于健忘症的病因的理论中,联想力仍旧是有关"较早的记忆相对牢固"的一个重要假说。也有研究表明,较早的记忆是储存在相对不易受到搅扰的大脑区域。丧失了对损伤之前不久发生的事情的记忆,说明了损伤已经妨碍了与巩固记忆痕迹有关的化学过程。

对于那些不是因为突发性的撞击所引起的、但是似乎是不知不觉渐渐发生的记忆失常,偶尔某些东西会被保留下来,并足以让病患者安度一生。心理学家丹尼尔·沙克特在《寻找记忆:大脑、心理和过去》(Searching for Memory: The Brain, the Mind, and the Past)一书关于大脑失常对记忆的作用和影响的章节中描述了与弗雷德里克(Frederick)一起打高尔夫球的经历,弗雷德里克年届五旬,患上了早期阿尔茨海默痴呆症。弗雷德里克打了30年的高尔夫球,是个老手了。在两个回合中,让沙克特印象深刻的是弗雷德里克还能打球。他击球的质量没有因为身体的缘故而发生变化,他挑了合适的球棒，一招一式都没有困难，而且还兴高采烈地谈论着小鸟球。他打球的礼数也让人无可挑剔和指责，当他自己的球落在球洞和沙克特的球之间时，他会把自己的球捡起来，并在那个地方放一枚硬币作记号，然后礼貌地等着沙克特打完那一杆。对弗雷德里克来说，找球不是什么难事。他把球打出去以后，就会跟在后面。第一回合打到一半的时候，沙克特决定做一个实验，毕竟他是一个心理学家。他提议改变发球的顺序，弗雷德里克先发球，然后是沙克特发球。马上问题就出现了。轮到沙克特发球时弗雷德里克不得不等待，等待的时间太长了，以至于他想不起把上一杆球打到哪里去了。当他们击杆后向前移动的时候，沙克特得帮助弗雷德里克找球。打完球回到俱乐部会所，弗雷德里克把这次赛球的事情一古脑儿全忘了。他还不停地装门面说，今天表现一般，"入洞情况不是太好"。一个星期后，沙克特又找弗雷德里克打球，弗雷德里克对他说可不要期望过高，他已经几个月没去高尔夫球场了。

记忆丧失会引起空洞、缺口和空虚。没有人可以忍受一种真空的状态。在这种情况下，通常不是用记忆而是用捏造的故事来进行再填充。患柯萨可夫综合征的病人们会编造上一周发生的事情，然后煞有介事地说给你听：虚构（confabulation）是该综合征的一个典型症状。有些记忆失常是能在内心里被"感知的"，即便记忆失常也不会导致内心空虚。对于已经忘记了的事情你是不会怎么想念的，就像一个去看眼科医生的人才会发现其视域变窄到什么程度，在作诊断测试之前记忆恶化的情况有时是不为人所知的。日常惯例、复制和一个你在其中以固定的模式作出反应的环境，常常会长时间地充当一个以其自身的能力几乎无法维持的记忆的支撑组织。

大事不妙的第一个迹象通常是一种面向未来的记忆形式的恶化，面向未来的记忆指的是前瞻性记忆（prospective memory），也就是识记将要做的事情的能力。即使在健康人群里，这也是一个有疑问的回忆形式，对自己说,"我一定不能忘记……"有时候看起来像一个暗号,反而会让你真的遗忘。在更为严重的记忆失常的情况下,记忆个人的计划、意图以及记住要及时去实施那些计划和意图等方面出现的问题不仅会对日常生活产生干扰作用,还是记忆减退和下降的敏感指示器。对于病患来说,记忆丧失是难以忍受的,特别是在早期阶段。阿尔茨海默症早期病患者一旦意识到他们自己再也不能像健康和正常人那样,他们就会经历从有点焦虑到彻底恐慌这一过程。想象着最后你将忘记所有已经遗忘了的事,而且还不会记挂它,真的无法给人以安慰,因为这意味着你将不会作为一个人而存在。你最亲爱的人也无法忍受记忆丧失的空落。与那些开始失去记忆的近亲们进行接触分外让人痛苦,因为交谈所需要的手段,即单词和理解单词的能力,会在相当长的一段时间内保持完好无缺,而他们的话里已经没有了感情和深度。对共有经历的提及和引用揭示了这些经历并不是真正的共有。那些单词还是原来的意思,但是再也不能唤起同样的联想,那些单词里已没有了共鸣的过去,就有点像拨动再也不能被绷直到音箱上的琴弦。

即使在记忆丧失更为严重的阶段,在与病患者的过去或周围环境几乎没有任何接触之时,意识心智还会不顾一切地企图找出那种情形下紧迫问题的答案:我在哪里?那些人是谁?在我身上发生了什么事?有这么一位83岁的老妇人,自丈夫死后她就一直住在养老院里。她患了阿尔茨海默症,记不得丈夫8年前去世了。当她激动的时候就会给丈夫写信。

寄自登荷尔德(Den Helder)

我亲爱的丈夫,

正如你所见,我们正在登荷尔德与来自阿尔芬(Alphen)家中的老人度假呢,我们期待着在这里共同度过愉快的一周。我才发现,与你分离是件非常伤感的事,希望我们的一切会再次好起来。我们现在在登荷尔德,和来自阿尔芬家中的老人在一起。希望我们的一切会再次好起来，因为这样的分离太痛苦了。这出乎我们的意料。这里有不少人。我正想着如此凄清的分离是多么的痛苦。希望我回家时一切都好好的。这样的分离真是太让人伤心了。这里很好，所有的人都在一起。没有太多东西要写，只是希望我回家时大家都有一个更好的心情。这里很好，所有的人都在一起。噢，亲爱的丈夫，没有太多东西要写的了，希望一周后回到家，希望那时都有一个好心情。噢，亲爱的丈夫，我的思想与你同在，相信我，深深地吻你，

你亲爱的妻子

　　这封信最打动人的地方就是句子的重复。显然，这位老妇人的记忆只留下了一扇小小的、开启着的时间窗口，不到一分钟内所有说过的话又被重述了一遍。也许甚至都不能称其为窗口，它只是一个至多只容得下两三句话的一个狭小的裂缝。还有一个感人之处是她不断重复的内容。为什么她总是一个劲地提起不快乐的心境呢？她心里想的可能是与丈夫和睦恩爱相处时的心情，之后她想的是双方不愉快的争吵会成为过去。或者，这是她退化的记忆里仅见的视野，而某个相符的记忆正好融入她一片迷惘的感觉中？或许也不是那样，或许与丈夫残酷的离别根本就不是记忆，而待在养老院里的度假亦非记忆。她待在那里，唯有老人相伴，没有丈夫的陪伴，她被一个她自己无法理解的原因困扰着：肯定这是一次老人的出行，她的丈夫在等着她回家呢。写在信纸上的是残存的过去，信纸有多长内容就重复了多少，她可以带着一个深深的吻度假去了。

第 16 章
我看见生命从眼前闪过
'I saw my life flash before me'

1836年，德国物理学家、哲学家古斯塔夫·费希纳（Gustav Fechner，1801—1887）发表了一个关于死后等待着我们的是什么的、令人欣慰的理论。他在《死后生活手册》(*Büchlein vom Leben nach dem Tode*) 一书中阐述了自己的观点。费希纳在书中间部分讨论了人在地球上生活期间意识的局限性问题。在正常情况下，人的意识只能同时容纳一个思想和一个记忆，我们绝不可能一下子就获取心智里所有的东西。记忆力一次只能在一个地方驻足，如果要回忆起脑海里拥有的东西，可以说就好像用一个提灯来搜索我们的记忆，提灯微弱的光线只照亮记忆很小的一块地方，而其他大部分还处在未知的黑暗里。如此一来，这个探究自身记忆的人会感觉像个陌生人一样在自己的心智里游荡："感觉像沿着一根金属丝前行，被照亮了的思想是极其有限的，旁边还隐藏着大片大片的阴影呢。"

想想这个画面真让人感觉不是滋味，不过还有更令人沮丧的情形呢。光线慢慢移动，并最终消逝在一个巨大的贮藏室里。进入到意识光环里的东西总是固守着原来的地方，只要我们的思想一向前移动，它就又重新回到黑暗里。光环的边界就是一道分水岭：任何东西只要位于光环之外，那么就如同最遥远的物体是暗不可见的。对于那些提灯没有照到的地方我们可是一点儿也不知情。不过，费希纳认为人死时这一切都会发生改变。双眼闭上的那一刻，我们想着永恒的黑夜即将降临，原先那束微弱的光线事实上将开始照亮我们的整个内心世界。只要瞥一眼，我们就可以领悟自己一直感兴趣的一切，所有储存在记忆里的东西。费希纳称，人在弥留之际对此已略有所知，当我们回首一生，那些似乎已经完全被忘却了的记忆又回来了。对于垂死的人来说，"一道光亮突然点燃了脑海里的所有内容"。

费希纳在书中所阐述的景象如今常用"我看见生命像放电影一样从眼前闪过"这么一句话来描绘。多年来，有相当多的文献资料谈到了那些有濒死体验（near-death experience，简称NDE）的人。那些曾与死神擦肩而过的人看见一系列图像从自己的脑海中快速闪过，在他们看来，这就是死前的最后时刻。文献中所说的濒死体验包括几乎溺死、从高处摔下来，或者是最后一刻死里逃生等体验。1825年，英国海军少将弗朗西斯·博福特爵士（Sir Francis Beaufort，1774—1857）在写给自然学家海德·渥拉斯顿博士（Dr W. Hyde Wollaston）的一封回信中描述了1795年发生在他身上的一次濒死体验，当时还是一名年轻海员的博福特不慎掉进了朴次茅斯港的海水里，事后博福特承认自己在溺水过程中脑子里塞得满满的：

以至于不能准确地标记出事件的一幕幕。不过脑子里想的无论如何不是那些即将要发生的事情，正因为如此，我的心智经历了一场突然的变革，这一变革是如此显著地展现在眼前——过去所有的一切至今还生动、鲜活地储存在我的记忆里，就好像是昨天才发生的一样。

从那一刻起所有的挣扎都停止了……一种无与伦比的宁静之感取代了原先混乱喧嚣的感觉——或许可以将这种感觉称之为漠然，不过肯定不是顺从，因为溺水看起来不再是一件可怕的事情了。我不再想有人会来救我，也不再想身体的疼痛。相反，我的思想处在一种亢奋的状态，同时还体验着一种无趣但很满足的感觉，这种状态比奋力挣扎后的睡意先期而至。尽管官能衰减了（不是指心智），但是它似乎仍以一种非语言所能形容的速率保持着旺盛的活力，因为念头一个接一个地快速冒出来，对此任何一个没有类似经历的人是难以形容的，也是无法想象的。直至现在我仍记得那些念头是怎么一个个冒出来的——

我想到了自己是怎么落水的（博福特原本划着一条小船准备回到自己的船上去，他试图将小船固定在一个弦环上，"当时我很急切，踏上了船舷上缘，自然小船就翻了，我就掉进了水里……"），想到了以前曾见过类似的场景（因为我曾经看到过两个人跨过船边的铁链跳进了水里），想到了我不幸遇难的消息对慈爱之极的父亲的影响，想到了他会如何把这个噩耗告诉家里的其他人，想到了与家庭有关的许许多多的其他事情，而这些都是最先涌现在我脑海里的东西。然后我想的东西更多更广了，我想起了最近一次出海，想起了船只失事，想起了我读书的学校，想起了在那里取得的进步和虚度的光阴，甚至想起了孩提时的梦想和历险。如此一来，回顾人生，每一件往事都好像倒退着一一闪现在我的眼前。不过，闪现在我眼前的不只是那一桩桩往事的轮廓，而是有着每个细节和连带特征的详实画面。简单地说，我的一生似乎以一种全景的方式展现在了自己眼前，对于其中的每一个画面和场景，我似乎都要做出一个对或错的判断，或者思考其产生的原因和造成的结果。的确，很多早已忘却了的小事又重现于我的脑海中，好像才发生没多久，有关情形我也再熟悉不过……一个特别值得注意的情况是，闪现在心智里的无数个念头全部都是对往事的回顾……我是在一个有着宗教信仰的环境中长大的……然而就在那个令人费解的时刻，我深信自己已经跨越了极限，脑海中没有一个念头是关于将来的——我完全被困在过去里。现在我已讲不清当时那些奔流泛滥的念头占据了头脑多长时间，不过感觉从窒息开始到窒息感消失时间不超过两分钟。

博福特爵士给渥拉斯顿博士的信的最后一句是："如果这个无意中所作的关于死亡历险的实验让你觉得满意或感兴趣，那么我，你诚挚的博福特就没有白白遭那个罪了。"

博福特是在最后一刻被救起来的，他以自己顽强的生命力而赢得了美名。

图25　弗朗西斯·博福特爵士银板像

这样一个关于濒死体验的叙述可信吗？或者只是博福特简单地重复了自己的传记作者弗兰德利（A. Friendly）所言的"一个溺水者所有回忆的民间传说"？这似乎是不可能的。作为"皇家水道测量家"，博福特对精确度非常热衷，而他的职业本身也决定了精确度和可靠性的决定性价值。他在写给著名的渥拉斯顿博士的回信中描述了自己亲历的濒死体验，其本意是为科学研究作贡献，因此他对此很重视，对有关叙述也是很慎重的。尽管博福特有着宗教信仰，但是他并没有把这次经历看成是神的意志和安排，他反而很惊诧于为什么自己当时一门心思只想着过去的事情而不是即将降临的死后命运。最后但并非最不重要的一点是，博福特在信中所说的死亡体验大部分被后来的案例所证实。

博福特爵士所描述的死亡体验几乎句句让人产生疑问。为什么念头是一个接一个快速闪过呢？博福特怎么能够在多年以后还想得起当时头脑中的那一大串图像呢？为什么他的思维起初"前进"到想起自己的死讯对父亲的打击，然后才是坚定地"后退"到过去的生活里呢？为什么他的记忆是以倒序的形式放映着自己的生活呢？那些念想果真是对他"整个一生"

的回顾吗?那与记忆"琐碎小事"和"每一个细小的、连带的特征"是相吻合的吗?为什么对所有往事的回顾都会有一个或对或错的判断,都会有对事件动机和结果的考虑呢?博福特的叙述也提出了这样一个问题,那就是发生在他身上的经历是否具有普遍性、规律性。人之将死脑海中出现的一幕幕总是"在时光中倒退",还是有时也是按时间顺序排列的吗?人在临死之际脑海里出现的都是些视觉映像,还是有时也会产生非视觉的回忆呢?人在临死前回顾一生时用到了词汇吗?身陷致命险境的原因是个影响因素吗?不慎从高处坠落的体验和那些故意从高处跳下来的体验有所不同吗?那种快速回顾一生的体验同样也会发生在没有遇到致命危险的人身上吗?

潜藏在这些问题之下的问题是如何来表述那种非常态的体验。博福特的叙述说明了他曾经历一种完全非正常的体验,死亡的体验。自然地,在描述那段经历的时候,他得使用语言文字来表述那种超出自己想象力范围的东西。那也是所有有关濒死体验的描述中常有的困扰:作者苦于不得不想象一种语言来描述发生在正常时间流程之外的系列事件。这也正是那些有过濒死体验的人在回顾那段不堪回首的经历时运用各种比喻的原因。费希纳突然让普照之光照耀整个记忆的贮藏室,而博福特在一幅"全景"中看见了自己的一生。"我看见生命像放电影一样从眼前闪过"这句话是个比喻。关于在文献中经常提到的"全景记忆"(panoramic memory)一词最早是由英国神经学家基尼尔(S. A. Kinnier)于1928年提出来的。

全景记忆的体验既是短暂易逝,同时也是经久难忘的。体验的条件制约了实验研究的进行,不过还是有令人瞠目的大量研究已经展开。精神病学家们调查了那些曾经从很高的桥上跳下水的人,医生们也对那些曾遭遇险些送命的事故、差点儿被溺死或曾被枪射中的人进行了研究,其他的学者们也研究了能够产生类似回忆景象的精神失常病症,神经药理学方面的有关研究也揭示了与全景记忆中时间体验有趣的相似之处。近代对濒死体验最早进行系统研究的是瑞士地质学家阿尔伯特·海蒙(Albert Heim)。19

世纪末、20世纪初,他从自己的一次亲身经历开始了濒死体验研究。出于对海蒙的敬意,以他的研究为发端再合适不过了。

海蒙的坠崖经历

阿尔伯特·海蒙爱好登山,1871年春,他和哥哥以及三位朋友一道攀登位于瑞士东部地区的名山森蒂斯峰(Säntis)。当时海蒙虽然只有21岁,但已经是一位很有经验的登山者了,他还担任了登山会会长一职。他从很小的时候开始就对地质学非常感兴趣,16岁那年,他做了一个托迪山(Tödi)的地形立体模型而且还获了奖。他在苏黎世大学主修地质学,这次登山活动的5天后他将作一个就职报告,成为学校不领薪金的地质学讲师。一行五人在暴风雪中登上了1800米高的菲拉尔普峰(Fehlalp),这时他们来到了一个坡度很陡的雪层上。其他人犹豫不决,而海蒙决定从那儿下山。意外事故马上就要发生了。海蒙事后在关于这段经历的报告中写道:

> 这时一阵大风吹掉了我的帽子,我没有任它被风吹走,而是作出了一个奋力去抓住它的错误举动。大风将我吹下悬崖,在坠落过程中,我一直都是头和背朝下,在坠落了大约20米后我被摔在了悬崖下面一块大雪覆盖的石沿上。
>
> 从被风吹落的那一刻起我就意识到会遭到悬崖的猛烈撞击,我想象着撞击将要来临。我把指头勾得紧紧的,抠进雪地里,这样做是想起到一个刹车缓冲的作用。指尖磨出了血,但是我并没有感觉到疼痛。我清晰地听见头上和身后呼呼的风声,最后我听到一声闷响,那是我撞到了地面。我是在坠崖后几个小时才感到疼痛的。在坠落悬崖的过程中,我的脑子里涌现出了无数个念头。在被风吹落的最初5~10秒钟内脑际中出现的景象就是用10倍那么长的时间也讲不完。所有那些在脑海中出现的景

象都是连续播放、异常清晰的，与梦境不同，它们是绝不会轻易被消除的。首先，我接受了命运可能的安排，我对自己说，"显然我会从悬崖峭壁上摔下来，因为我根本望不到悬崖下的地面。在悬崖底部是否有雪覆盖这一点至关重要。如果悬崖上融化的雪在底部形成一块地界，而我摔在这块地上，那么还有生还的可能，但是如果那里没有什么雪，我肯定会摔在碎石上，以这种速度摔下去死亡将是不可避免的。如果摔下去大难不死或者还有一点意识，那我得马上抓起醋酸瓶子的细小颈口往舌头上滴几滴。我可不想丢掉我的登山杖，兴许我还用得着它。"这么一想我就紧紧地把登山杖抓在手里。我想过摘掉眼镜并把它们扔掉，这样眼镜的碎片就可能不会伤及我的眼睛，但是我被重重地抛了出去，打了很多个滚，根本连动动两只手的力气也没有。随后，我浮想联翩，是关于那几个同行的登山者的。我对自己说，摔到地面上后自己有没有受重伤都无关紧要，出于友爱之情我得立马告诉他们说，"我没事儿！"这样我哥哥和其他几位同事才能从惊慌失措和恐惧中恢复过来，也只有这样他们才能顺利地下山与我会合。接下来我想的是不能如期作首场大学讲座了。我还想到了我的死讯如何传达到挚爱的亲人那里，我在心里安慰着他们。仿佛在一个离我有些距离的舞台上，我见到了自己过去的一生以各种各样的形象出现。我看到自己是这出戏的主角。所有的一切好像都被天堂之光美化了，没有悲伤，没有焦虑，也没有痛苦，一切都那样绚丽。那些曾经遭受的悲惨经历的回忆也十分清晰地呈现在眼前，不过并不让人感到悲哀。没有冲突和矛盾，冲突已转化为爱意。高尚与和谐的思想主宰并统一着单个的意象。一种神圣的宁静感如同奇妙的音乐一般涤荡着我的灵魂。我被辉煌壮丽的湛蓝天空包围着，天上飘着美丽的玫瑰色和紫罗兰色的云朵。我掉了进去，没有疼痛。我看见自己正从空中自由落体，而下面有块雪地正躺在那儿等着我呢。所有的客观观察、头脑中的想法以及主观的感觉都是同步发生的，最后我听见一声闷响，我终于落地了。

片刻后，一个黑色的物体从我眼见拂过，我向同伴们大喊了三四声"我没事儿！"，然后我仰头喝了几滴醋酸，抓起了摔落在一旁的眼镜，眼镜还没有摔破。我摸了一下背部和四肢，确认没有摔断骨头。然后我看清了看似已经很靠近的同伴们，他们在我摔下来的悬崖处开出了一条路，正缓慢地一步步向我靠近。我不明白他们为什么离我还有那么远。他们大声告诉我他们整整呼唤了我半个小时而我没有回音。就在那一刻我猛然意识到自己因撞击地面曾一度失去了意识。眼前闪过同伴们在远处的黑影曾经也是下意识的，不过不到一秒钟，我恢复了神志并清晰地看见了他们。当时我并没有注意到自己的意识曾短暂丧失，我以为自己的思维活动如同先前那样是连贯的。而实际上这其间曾出现主观意识的完全空白。我只是在飞过天空，能够观察和思考的时候才体验着那天堂般美妙的意象和感觉。随着撞击到地面时意识的丧失，那些美好的体验也戛然而止，之后再也无法继续。当朋友安德里亚斯·安东·多瑞格扶我起来的时候，我可以动弹了。不过，这时头部和背部伤痛难忍，我尖叫起来，同伴们帮我包扎了伤口，将我送到了附近的麦格里萨尔普（Meglisalp）救治。尽管如此，我还是在原定的时间也就是5天后作了首场就职报告。

可以肯定的是，看见别人从高处坠落比起某人自己从高处掉下来，不管是事发时刻的感受还是事后的回忆都会更痛苦一些。关于这一点被无数的濒死体验的报告所证实。一般来说，那种凄惨的场景给目击者带来的不只是一时的惊吓，更是永久性的创伤，而从高处坠落的幸存者，如果伤势不重，那么那段经历就不会给他留下恐惧和痛苦。当然了，从高处摔下来的人当时很快就会有严重的头痛和极度疲乏之感。我有好几次看到别人从高处摔下来，虽然他们都幸免于难，但是一想起当时的情景我就觉得很恐怖，甚至想起曾经见过一头奶牛从高处掉下来之事也让我难受不已。而在我的记忆中，自己的那段不幸遭遇却是没有痛苦、没有烦恼的，正像我所体验的那样。

图 26　阿尔伯特·海蒙（1849—1937）临 70 岁之际

"跌进了天堂"

　　阿尔伯特·海蒙被坠落过程中所经历的一切搞糊涂了。他曾料想自己可能会极度恐惧、惊慌或悲痛，但绝不会是意识清晰并由此揣摩自己是否还有生还的希望，也绝不会是泰然自若地看见历历往事从眼前闪过。这次经历促使海蒙对众多有过类似经历的人进行广泛的研究。20多年间，他一直通过访谈或信函的方式了解那些人在失去意识前最后时刻里发生的事情。1875年被授予苏黎世大学地质学教授职位后，海蒙在阿尔卑斯山脉开展了大规模的测量项目，他也得以与登山者有了频繁的接触。在那些登山者中有人有过类似的经历，从高山上掉下来却逃过一劫。他还研究了一些曾经从高高的脚手架上掉下来的建筑工人以及曾在高山上铺设铁轨不慎失足坠落的工人。海蒙的研究对象不只是高山坠落的幸存者，而且还包括战争中受伤的士兵以及差点儿被淹死的渔夫等。1892年，海蒙在一次给登山者所作的讲座中汇报了自己多年来关于濒死体验的研究成果。

海蒙用了一个刁钻的问题作为开场白：某人在生命的最后时刻（其实并不是真正的最后时刻）的体验是什么样呢？回答是：我们最终只能向那些幸存者了解情况，对他们而言所谓的生命最后时刻其实并不是真正的最后时刻。海蒙觉得这样的异议是缺乏依据和说服力的。人死后的无意识状态和不可思议地逃脱劫难后的无意识状态没有什么两样，只是在后一种情况下当事人有可能知道自己失去意识前都发生了些什么，而这个人"会在他的一生中死两次"。因此，海蒙又回到了下面这个问题上：人之将死的感觉是什么样的呢？根据海蒙的调查研究，几乎每个有过濒死体验的人，不管他有没有受过教育，对于坠落的体验是一样的。这种体验与海蒙自己的经历很相似：没有恐惧，没有怨恨，没有疑惑，也没有痛苦，没有人有绝望的恐惧之感，那种恐惧在相对不是那么性命攸关的情况下（比如说火灾事故）可能会产生。在命悬一线的时刻，人的思维是极其活跃的，其速度和强度是平时的上百倍。脑海里涌现出来的事情和这些事情所带来的后果一切都是那么的客观明晰。时间在那个时刻停滞了。通常情况下，随之而来的是幸存者回顾一生，最后是耳聆天上仙乐缭绕。"然后意识没有痛苦地消失了，通常意识的消失是在撞击到地面的那一刻，最多当事人能听见撞击地面的一声闷响，但绝不会有痛苦的感觉。显然听见那声闷响是即将失去意识前的最后一个感觉。"

不少有过濒死体验的人都证实在坠落过程中思维是异常清晰的，而在撞击到地面后就一度失去了意识。海蒙的登山伙伴西格里斯特（Sigrist）曾有一次从卡帕夫斯多克山（Kärpfstock）上滚落下来，事后他坚持说自己当时的思维非常清晰，一切都历历在目，直到撞击到地面的最后一刻："没有痛苦，也没有紧张绝望，我想了很多事情，想到了自己死后家里会变成什么样子，出于对家人安全的考虑，我用一种前所未有的速度为他们做好了安排。在坠落的过程中没有人们常说的呼吸停止的迹象，我只是最后重重地摔在了悬崖下面的积雪上才没有痛苦地失去了意识。"一个曾在8岁时从22米高、多石的山峰上摔下的人说,他在空中翻了三四个筋斗,一直担心裤袋里父亲送给他的小折刀会掉出来。一位主修神学的学生有一次乘火车旅行,赶上了横跨比尔斯河(Birs)的桥倒塌,列车车厢一头扎进了河里,而他所在的那节车厢还被压在了下面。他在写给海蒙的信中描述当时的经历时说,随着木头断裂,周围陷入一片混乱,"我思如潮涌,许许多多的想法和念头以最清晰的方式穿过我的脑际","众多的图像和景象一幅幅地飞速闪过,所有的都很美好,惹人喜爱"。

在海蒙所调查的30名坠落幸存者中,几乎所有人当时都有思维清晰透亮和心态平和之感。没有一个人在坠落过程中吓得哇哇大哭,也没有一个人因为生命即将终结而感到绝望。"那些已经死在高山上的朋友们,相信他们在生命的最后时刻回顾了自己的一生,而那些历历往事都是美化了的。"这样一想,他们的挚爱亲朋也会感到宽慰。海蒙在讲座快结束时对听众说,他的发现帮助一位失去了两个从高山上坠落身亡的爱子的母亲打开了心结。"心态释然和宁静平和是他们挥手作别这个世界的最后情感,可以说,他们已经跌进了天堂。亲爱的朋友们,我们已在心里、在那些摔死了的人的墓穴上放了一个花圈!"

潜意识何时取代意识

1929年,与海蒙住在同一个城市的精神分析学家、神学家奥斯卡·普菲斯特(Oskar Pfister)又问了海蒙几个关于他当年坠落悬崖的问题。那一年海蒙虽已是80岁高龄,但依旧在地质学方面笔耕不辍。尽管那次坠崖事故是在60年前发生的,海蒙还是对普菲斯特提出的问题给予了详尽的回复。普菲斯特(1873—1956)是弗洛伊德的老朋友,作为一名牧师,他经常在布道时用到心理分析。普菲斯特自己也曾两度在登山时失足并险些送命。

在两次事故中他都能挽救自己的生命，第一次是在最后一刻抓住了一根树枝，第二次是他把冰镐凿进了冰层里。他也有着无数念头以闪电般的速度闪过眼前的体验：起初我还不相信，"这不可能是真的，我正想着自己掉下山"，然后是对情形的一个正确评估（"没错，我掉下山了"），紧接着是采取自救行动。在一篇关于他所谓的"震惊思维"（shock-thinking）的论文中，普菲斯特详细描述了海蒙和一位军官的濒死体验，自从自个儿从山上掉下来差点儿摔死之后，普菲斯特就在一段时间里把海蒙和那位军官作为研究分析的对象。

对于普菲斯特提出的在坠落过程中所有自我感受的顺序这个问题，海蒙回复道无法给出一个准确的答案："我认为所有的意识活动几乎是同步发生的。或许可以将之比喻为快速放映的图像，或者可将它与梦境中快速依次闪过的景象进行比较。"在复函的末尾，海蒙补充道，"我看见的仿佛是投射在一面墙上的影像，那些影像依次闪过，按照合意的顺序，带着丰富的变化，没有任何情绪上的间断。我觉得那短短的几秒钟好像有5分钟那么长。"海蒙自忖众多浮现在脑际中的景象是否会在他撞击地面的那一刹那而倒退，"如果景象倒退，学生时代的影像应该是后退的思绪的一部分。可我想事情并非如此。回想起坠落的时刻，我戏剧性的人生从学校开始，并最终以掉到虚无或天堂里而告终。"应普菲斯特的要求，海蒙详细地介绍了历险时所见到的景象：

> 就好像是我从一座很高的房子的窗户往外看，我看见自己变成了一个7岁的孩子，正往学校去的路上（位于苏黎世市克拉兹的那座老校舍），然后我看见自己坐在敬爱的维兹老师所带的4年级班的教室里。表演着自己的人生，就像舞台上的一个演员，站在舞台上居高临下正如坐在戏院最高的楼座上看台上的表演。我好像既是剧中的英雄，又是台下的观众，两者是同位一体的。我看见自己在坎顿学校的画室里刻苦学习，参加入学考试，去登山旅行，参照托迪山（Tödi-relief）

从苏黎世山地区（Zurichberg）画平生第一张全景素描。我的姐妹们和亲爱的母亲——我生命中非常重要的人，陪伴着我。突然一个念头从中闪过："我就要死了。"然后我看见一位邮差把一封关于我的死讯的电报或信函送到在家门口守候着的母亲的手里。母亲和家里的其他长辈们对我的死深感悲痛，但是还是表现出了他们的宽容气度：没有怨恨，没有哀嚎，也没有哭泣，就像我自己没有丝毫紧张绝望或痛苦之感，而是从容赴死。

普菲斯特并没有对海蒙的濒死体验进行分析，而是讨论了一位军官的经历。这位军官时年45岁，13年前在"一战"中差点被一枚炮弹炸死（我们在前面的"似曾相识"一章中曾提到过此人）。普菲斯特将这位军官所说的"最后"时刻作为他的理论基础，用海蒙的濒死体验作为佐证。炮弹爆炸后，这位军官看见了许许多多的景象，其中有一幅是关于他两岁左右时乘坐一辆小拖车的情景，最后一幅图像是他驾车或乘火车旅行，一路上风景秀丽壮美，他看见自己正过着美好的生活。至于那个乘坐小拖车的情景连这位军官自己都搞不清楚是怎么回事，后来母亲告诉他，他小时候在蹒跚学步时经常乘坐家里一辆狗拉的小车。有时候狗会把小车拉到离家一公里外的地方，没有其他人陪着，就他一个人。这位军官在报告自己的濒死体验时补充道，自己是绝不会让一个小孩子在无人看管的情况下离家那么远。对于军官在生命攸关的一刻想起儿时乘坐小车这么一回事，普菲斯特尝试着从心理分析的角度作出解释。

乍眼一看，军官在炮弹爆炸时想到一个蹒跚学步的孩子坐在狗拉的小车里似乎是毫不相干的。不过，军官的母亲事后承认确有其事，这其实说明了一个问题，也就是坐在小车上是有危险的，拉车的狗可能曾被另外一条狗攻击过，或者可能被一辆经过的马车吓着过，但是终有什么事或什么人保护了他。炮弹在战壕里爆炸后，这位军官就失去了意识，在命悬一刻时，他的思维还在找类似的事件聊以自慰——你曾经身处险境，但最终安然无恙。你现在又一次面临危险，你会再次受到保护。这位军官有意识记起的一切就是坐在小车上的小孩子，他甚至连那条狗也想不起，正是潜意识（the unconscious）赋予了这个景象以情感意义。

顺便提一下，普菲斯特认为，这位军官当时所见到的最后景象与海蒙在失去意识前所见到的景象是一致的：军官坐着汽车或火车穿越超自然的美丽风景，而海蒙则感觉自己漂浮在蓝天上，周围是玫瑰色的云朵。两个人都没有紧张和痛苦之感，所有的感受都是轻松愉悦的。简单地说，二人最后所见到的美丽景象掩盖了置身绝地的可怕危险，可见，潜意识在这个时候选择了美好的景象明摆着就是要他们不要去想那个无法忍受的事实——死亡。

普菲斯特给自己提了一个问题——为什么人类的心智是以这种独特的方式表现出来的。思如潮涌、回顾一生和那种离奇的宁静平和之感是怎么来的呢？普菲斯特认为这个问题的答案可以用弗洛伊德的"刺激屏蔽"（stimulus barrier）概念来解释。与感觉不会受到过于强烈的刺激物的影响极为相似，我们的心智也有一种自我防御功能，可以抵御过于强烈的精神刺激。其中一种自我防御方式就是"失真感"（de-realization），也就是在当时情境下的感觉不是真实的。普菲斯特举了一位登山者目睹自己的朋友被摔死的例子。

看见朋友躺在地上，口鼻出血并在喉咙里发出声响，他不禁笑起来了，"不要紧，好像就是这个样子，不过是一场梦而已。"之后他有整整一个小时的时间在离尸体很远的地方徘徊，他的意识已经模糊不清了，他不停地问另外一个同伴，"费希尔去哪儿了？我们本来有三个人的！"当这位队长告诉他费希尔已经摔死了时，他才开始感到周身的痛楚。

普菲斯特自己也曾有过这样的失真感，他两次从悬崖上掉下来时都曾一度感到"这不可能是真的"。海蒙也看见自己的生活好像在一个有点距离的舞台上上演,这也是抵挡过于强烈的刺激的一种方式。

普菲斯特认为,刺激屏蔽概念有着一个生理功能。人在危急时刻头脑中飞速地闪过无数个念头,因而避免了正常的恐惧绝望的反应。思如潮涌和回顾一生让坠落的、溺水的、遭遇到撞击的、中枪中弹的人不再去想死亡即将来临这个痛苦的现实。众多的意识活动还有另外一个作用,那就是保护受害者不致失去意识,如果受害者在事发过程中果真昏了过去,那么再作任何营救都是徒劳的。所以遇险的人在失去意识前的最后体验其实就是受"刺激屏蔽"保护的结果,这种保护作用是按照下面两种方式来体现的:避免恐惧和绝望,除去现实骇人的面目。为了保持意识清醒,潜意识上演了一出让人宽心的虚假把戏。如果有意识的思维无法在危难时刻提供一个解决方案,哪怕意识活动很活跃,也会被潜意识所取代。

在研究论文的结尾,普菲斯特用了不少拟人法和比喻,弗洛伊德在这方面也是个高手。他写道,在突如其来的致命险境中,意识必须忍气吞声,接受接二连三的羞耻,它是软弱无力的,"像一个被流放的君主只能靠来自故土那少得可怜、不知就里的消息打发日子,这位失去了君权的人在等待命运的眷顾时必须做一个被动的接收者。"这个比喻说法提醒我们,"即使在个体心灵的政治生涯里,也没有绝对专制暴政这样的东西。"所以普菲斯特认为,"弗洛伊德的心理学是民主的"。

作为潜意识取代意识的标志,全景记忆的观点引发了一个棘手的问题,普菲斯特对这个问题给予了关注。如果某种感知和意识因其创伤性特征而必须让位于安慰和宽心,那么在我们脑海里的某个地方,就一定领悟到了那些感知危险的存在。普菲斯特对此解释说,这里的"某个地方"就是前意识(preconscious)。前意识了解危险的存在,但是会尽量将危险置于意识之外。这就如同一个很负责任的秘书,将不受欢迎的来访者直接挡在候客室外,并请他们立马走人。再打一个比方,前意识就是酒店的门童,门童的职责是保护酒店客人免受不速之客的骚扰，但是他终究不能完全避免有些人在外面吵吵闹闹。意识只听到遥远的嘈杂声，除此以外什么也听不到。它自欺欺人地想周遭是安全的，而不知道死亡正在逼近。在令人愉悦的错觉中，意识度过了自身最后的时刻。

《美国丽人》片尾的全景记忆

关于全景记忆比较早的叙述总是给人一种乡土特色的感觉。19世纪的著述者们所关心的是能够反映当时人们日常生活的那些意外事故：一匹马突然受惊，马车上的所有乘客掉进水里，一个小男孩往水井里撒尿，诸如此类。如今这个时代致命的危险更多了：飞机失事、降落伞未成功地打开、迎面撞击的威胁等。最后的施救也有了新法子，心跳骤停的人借助于先进的医学设备有望被救活；而对于那些服药过量的人也可以通过及时注射针剂以减轻药效。关于全景记忆的体验是否随着时代的变迁而发生改变我们无从得知。意识是只有一个座位的剧院，在另外一个剧院上演的剧目是我们间接知道的事情。可以肯定的是，随着岁月流逝而改变的是描述全景记忆所使用的语言。体验本身可能是恒久不变的，而人们为了描述那样的体验而运用的比喻却是时代的产物。即使不知道福布斯·温斯洛（Forbes Winslow）"关于大脑不为人知的疾病"那本书是在19世纪60年代写的，从书中的内容来看也不难给有关叙述加个时间注解，比如下面的一段话说的就是发生在摄影术发明之后、电影术发明之前的事：

> 事情已经发生了，溺水的人……在与死亡进行搏斗的过程中，呈现在他们脑际的是过去一生中最细节化和最引人入胜的一系列**静态画面**（tableaux）！……在这种情形下，孩提时的事情也被唤起，并像精心制作的艺术像一样呈现在脑海中。

在摄影术发明之前有关濒死体验的叙述中所用的比喻突出了事故体验的视觉特征。1821年，英国著名散文家和文艺批评家德·昆西（De Quincey）在《瘾君子自白》（*Confessions of an English Opium-Eater*）一书中描写了自己的一位亲戚掉进河里的事情。书中这样写道，在快淹死的时候，"她看见了自己的一生，看见了那些最细致入微的事情，一个个并排着，就像在镜子里一样，她突然培养了一种领会整体和局部的能力。"德·昆西完全相信她关于那段经历的叙述，因为她"像福音传道者一样推崇真理和事实"，并且有着"男人一般的理解力"。弗朗西斯·博福特爵士则将自己的历险经历形容为一种"全景回顾"，这个说法在当时还是比较新潮的。世界上第一幅可从中间观赏的环形的画（circular painting）于1787年问世，当时有关这种新式画法还没有一个合适的名称，"全景画"（panorama，"pan"意为全部，而"norama"指的是景色）这个术语直到1800年左右才开始使用。随着全景画时代的到来，这个词语也被赋予了新的含义——广阔而全面的风景。当博福特在1825年描写那段濒死体验的报告时，全景仍是一个时髦的比喻，用来形容一眼所见的广阔风景。

不少近代关于濒死体验的报告中用视觉媒体来描述全景记忆。一位驾驶着摩托车迎面撞向昏暗路面的人将自己的体验比作放映幻灯片，许许多多图像被飞速地放映出来。一位降落伞未成功打开事故中的幸存者说，当时他的大脑好像一台计算机，有人在短短的数秒钟内就往里输入了一生的图像。一位在战争中严重受伤的越南士兵记得当时他的一生像台高速运行的电脑一样展开了。不过相对来说，这些比喻都不太常见。迄今为止，描述全景记忆用得最多的是电影（film，亦指胶卷）以及与电影相关的词语，比如：闪回（flashback）、重放（replay）和慢动作（slow motion）。以下是濒死体验报告中用到的有关电影比喻的一些例子：

"在一生快速重放的过程中，我已经搞不清时间……"

回忆从脑海中闪过,就好像"在突然从相机里弹出的一卷胶卷上面"

只有那些关于亲密关系的回忆是"被选择为慢动作播放的"

"像在一个快速放映的电影里,每个图像都是连接有序、按照一定的版式清晰呈现的"

"一部飞逝而过的电影,只有精彩的情节和确凿的事件"

"像部电影,像台运转的电影放映机"

以上只是少数几个例子,可见,侥幸逃生的人对用电影打比方是趋之若鹜的,阿尔伯特·海蒙就是其中的一个。正是由于精神分析学家普菲斯特事隔多年后又追问了海蒙关于他当年从阿尔卑斯山上坠崖的几个问题,我们才有了海蒙濒死体验的前后两份报告,而后一份用到了电影这个比喻。在1892年的第一份报告中,海蒙描述道他看见自己的一生"存在于许许多多的形象中,好像在一个离我有些距离的舞台上"。在1929年的第二份报告中,海蒙仍旧沿用了剧院演出那个比喻,不过他又补充道,"最好将之比作快速放映的图像",他看见"那些图像好像投射在一面墙上"。

我们不应大惊小怪。电影是个很贴切的比喻,它既能表现全景记忆的视觉特征,也能唤起从局外欣赏那些图像的情感。当某人说他的一生"像部电影一样从眼前闪过"之时,也就是他那个密密麻麻的联想网络被激活之际。电影与时间的流逝在许多方面是相似的。电影的放映可快可慢,无论哪种情况都会影响图像的感情色彩。即使是以正常的速度放映,电影也会因为剪辑之故而感觉或"快"或"慢"。电影既可以按事件发生的时间顺序来表现,也可以打破时间框框,采用闪回镜头和倒叙。全景记忆的各个方面,包括主观感受上速度的快慢和时间的方向性都能在电影这个比喻中找到最佳的阐释。

在1999年上映的电影《美国丽人》(*American Beauty*)的最后一幕中,各种时间层次经过了巧妙的处理后完美地展现出来。这部电影主要是围绕由凯文·斯帕西(Kevin Spacey)饰演的一位42岁、名叫莱斯特·伯恩海姆的中年男子的生活危机而展开的。在电影接近尾声时,剧中的另外一个人物朝莱斯特头部开了一枪。枪响后，一切归于平静，然后背景音乐响起，开始是缓慢而柔和的钢琴伴奏，然后是小提琴合奏，继而观众听到一个画外音，是莱斯特的声音，他说道："我总是听人这么说，人在临死前的一秒钟会看见自己的一生从眼前闪过。首先需要说明的是，所谓的一秒钟其实根本不止一秒钟，它可以拓展为无限那么长，就像时间之海那么浩瀚。对我来说，那最后的回忆就是躺在童子军营里仰望天上的流星，枫树的落叶覆盖了大街小巷，或是祖母那满是皱纹的双手和她那纸一样惨白的皮肤。"与此同时，电影出现了以下黑白图像：一个躺在地上的男孩、枫树、一双满是皱纹的手，这一系列不相关的图像缓慢地展现在观众面前，说明最后的一秒钟真的成了时间之海。

　　诸如此类的场景具有某种奇怪的周期性。在电影语言中，用宁静的图像、慢动作、闪回镜头、黑白场景和奇异怪诞的灯光来表现人在临死前对过去一生的回忆是屡见不鲜的。实际上，用影片来描述全景记忆的体验本身在电影摄影术中已司空见惯，但这样做的不利之处也是昭然若揭的。首先，如果电影这个比喻已经用得太多太滥，那么就可能对幸存者事后描述其濒死体验产生一种同化作用，影响到幸存者描述自身经历的方式，或许也影响到他们审视这段经历的方式。和其他任何比喻一样，电影这个比喻选择自身的联想系列，因而安排着自身的视角。也许我们该对一种可能性保持敏感，那就是用电影来形容全景记忆的惯例可能会反过来决定人们回顾那种太难以言表的经历的方式。其次，运用电影这个比喻可能会遗漏全景记忆的某些特征。如果在全景记忆中存在着无法用电影词汇表达的特征，那么我们的描述就可能将这些特征悄悄地遗漏掉。以濒死体验中许许多多的念头感觉好像是同时出现的为例，德·昆西在《瘾君子自白》一书中"像在一面镜子中并排着"的说法符合这种意境，博福特爵士运用的"全景"比喻也与此相吻合，但是用电影这个连续性比喻就不太合适了。

全景记忆案例统计

在近些年关于濒死体验的报告中,有关全景记忆的叙述可谓相当普及。自从美国医生雷蒙德·穆迪(Raymond Moody)的著作《死后的世界》(Life after Life)于1975年问世以后,一整套关于濒死体验研究的标准迅即出现。穆迪博士对150个"临床死亡后复活"的案例进行了研究,其中包括那些心跳停止或在手术中临床死亡了一段时间的复活者。穆迪从诸多的案例中发现了濒死体验的惊人相似之处——心态宁静平和、通过黑暗隧道、飘离身体、遭遇一个发光体、重返生命的决定,这些都是有过濒死体验的人所反映的死亡过程中出现的普遍现象。穆迪研究认为,濒死体验的一个过程就是"一生的全景回顾",这个过程介于遭遇一个发光体和重返生命之间。濒死者通过发光体回顾了自己一生的主要图像。在穆迪的案例研究中,有不少关于全景记忆的描述与之前有关平静地回顾一生的濒死体验非常相似,但是发光体是个全新的提法,在以前的任何叙述中从未出现过。穆迪的研究极大地启发和影响了新一代濒死体验研究者,其影响程度可与电影的发明者——法国的卢米埃尔兄弟相提并论。

20世纪70年代末,在东方神秘论思潮的影响下,老套的濒死体验进入人们的集体意识之中。继穆迪的《死后的世界》之后,大量关于濒死体验的作品问世,在这些作品中有不少关于濒死者触及彼岸的叙述。也就是在同一时期,众多的濒死体验研究者们开展了各种更为系统的研究。这些研究者大多为心脏病专家、精神病学家和临床心理学家,由于职业的便利,他们调查和研究了不少曾与死亡仅有一步之遥的人。一系列的问卷调查和访谈结果显示,许多幸存者都曾有过全景记忆,由于全景记忆的案例众多,所以研究者们也总结出了一些结论,包括全景记忆在濒死体验中出现的频率,全景记忆与年龄、性别和危及生命的危险类型等变数的关系。心理学家肯尼斯·瑞恩(Kenneth Ring)博士搜集了102个濒死体验案例,包括重病患者52例，溺水、高处坠落等事故26例，自杀未遂24例。在被调查者中有12个人反映在死亡体验中有过全景记忆，而这12人中有10人曾遭受意外的生命威胁。在自杀未遂案例中，只有1人体验到了全景记忆。上述研究结果与美国精神病学家大卫·罗森（David Rosen）得出的研究结果相吻合。罗森曾调查了7个从金门大桥上跳下来而大难不死的人（英国女心理学家苏珊·布莱克摩尔［Susan Blackmore］曾计算过，从75米高的桥上跳下来时速可达120公里，以这种速度撞击水面能够侥幸生还的比率仅为1%），这7个人中没有一个有过全景记忆的体验。看来，全景记忆的体验只有在危及性命但不是自己寻死的情况下才会发生。

美国精神病学家小拉塞尔·诺伊斯（Russel Noyes, Jr.）和临床心理学家罗伊·克莱蒂（Roy Kletti）曾对200多个濒死体验案例进行了问卷调查或访谈研究。在这些幸存者中，身临绝境的原因更为多样，其中高处坠落57例、汽车事故54例、溺水48例、重症疾病27例以及其他事故29例。在所有被调查者中，表示有过全景记忆体验的共60人。这其中年龄似乎是个影响因素，20岁以下的年轻人比那些上了年纪的人体验到全景记忆的机会要大得多。同样，在思维活动的速度方面，也是年轻的比年长的感觉要快得多。在这个方面博福特爵士和海蒙可以代表青年组，两人经历险境时分别为17岁和21岁。诺伊斯和克莱蒂还问了幸存者们一个问题，即他们在危难之际是否相信自己会死，答案可谓五花八门：有些人说那个时候根本没有想到生和死，而有些人则肯定自己将大难不死，不过也有相当多的人反映他们片刻间曾产生过难免一死的念头，产生死的念头的人是怀有其他想法的人数的四倍，而有过全景记忆体验的人数也是没有这种体验的人数的四倍。诺伊斯和克莱蒂的研究结果还表明，理解、幸福以及灵魂与肉体的分离等感觉在那些幸存者的濒死体验中非常普遍。研究结果同时也说明了身临绝境的原因也是一个起作用的因素，据统计，溺水者中有全景记忆体验的人数最多，占溺水总人数的43%，其次是汽车事故和意外坠落事故，两种事故中有过全景记忆体验的人数分别占各自事故人数的33%和9%。关于这个结论海蒙有不同的说法，他曾声称几乎所有坠崖幸存者都有过全景记忆的体验，不过心理学家瑞恩的研究结果支持上述观点，他也发现溺水者体验到全景记忆的比例较高。

上述关于全景记忆体验的研究既有共同点，也有不同之处。共同点就是对每一个有过全景记忆的人来说，全景记忆是一种占支配地位的视觉体验。全景记忆里所见的形象和画面异常清晰和详实，遇险者都是作为"局外人"来观察自己，就像一个观众。众多图像的出现是飞速的，是非人力所能控制的，也就是说遇险者是被动但却顺从地看着那些图像从眼前闪过。总的来说，那些图像所唤起的感觉都是愉悦的，在如潮的思绪中，有不少是关于儿时的回忆，而遇险者常常感觉那一幕幕就像一出戏，自己则是戏中的一个角色。以上关于全景记忆体验研究的不同之处主要在于事件在头脑中出现的时间顺序，有些人回顾往事时是倒叙的，而有些人对事件的回忆是按时间顺序呈现的。另外，有些人所见的图像是浑然一体、并列出现的，而有些人看到的景象是孤立、断断续续的。还有一个不同点就是不是所有的人看到的都是过去一生的全景回顾，也有些人看到了将来事情的闪现，如记忆一般清晰，而且几乎毫无例外包括自己最深爱的、最亲近的人听闻噩耗后的悲痛场景。

关于幻觉产生的阐释

早在19世纪60年代，温斯洛博士就注意到了人在生命的最后时刻回忆童年往事的抚慰作用。老人们在临终之时通常会想起儿时和伙伴们玩耍嬉戏的情景：

> 在与死亡作最后抗争的时刻，满脑子想的都是美丽的田园风光和

美好的儿时往事，以及那些天真烂漫的嬉戏和美轮美奂的乡间生活。所有天真的渴望和童年的幻想都呈现在眼前，一切都那么美好，在此命悬一线的时刻，那些追忆带着恍如昨日的美丽、鲜活和纯净而涌上心头！

在温斯洛看来，全景记忆不过是在死亡突然降临的情况下将自然的过程加速了。诺伊斯和克莱蒂的研究也得出了类似的结论，他们发现，在濒死体验中，遇险者所见的图像是宁静而祥和的，其中有不少情节是关于快乐的童年的。可以说，正是宁静平和之感与性命攸关之间的强烈反差赋予了全景记忆一个非常重要的生理功能。在这个意义上，全景记忆与"人格解体"现象颇为相似，人格解体现象是在危急情况下个体作出的一种适应性反应，以保护意识不致于惶恐和崩溃。伴随人格解体的是时间感知的扭曲、思维活动的加速、灵魂与肉体的分离、突然置身于现实之外以及作为局外人观察自己行为的感觉。诺伊斯和克莱蒂认为，人格解体现象和全景记忆有诸多相似之处，因此他们将全景记忆看作是人格解体现象的一个特例。在全景记忆里，历历往事飞快地展现在遇险者眼前，给人以安全感和愉悦感，好像死亡根本不存在。身临绝境的人似乎顷刻间就分裂成了两半，一半出现在头脑中的场景里，而另一半像个事不关己的第三者一样冷眼旁观。如此一来，遇险者就产生了一种离体感（detachment），它的作用是将绝望的恐惧有效地阻挡在意识之外。

离体感之说与普菲斯特提出的潜意识取代意识的观点有不少共同之处。隐含的观点是：两种现象都是一种本能的生理反应，具有相通性。然而，人格解体假说增添了一个尚未得到广泛认可的新的因素：

身临绝境者实际看到的图像都是毫无生气的、苍白的，如果说这些图像唤起了某种情感的话，那么也都是漠然的感觉，而伴随全景记忆体验的离体感则不同，它源于一切都是美好的、令人宽慰的感觉。

19世纪末期，英国著名神经学家休林斯·杰克逊提出了一个关于幻觉产生的原因的新理论，它如今被用来解释全景记忆。根据杰克逊的理论，人脑在没有感觉刺激物的情况下几乎是无所适从的。如果因为刺激物单一、缺乏变化而致使感觉丧失或失灵，而此时外部刺激物供应也被取消，那么大脑就会提出应急供应，也就是说大脑会求助于那些储存起来的过去的刺激物，并对这些刺激物进行再加工。这是一个剧烈的过程，以至于快要死的人觉得自己像个局外人一样观察着所发生的一切，就好像所有的情节在眼前被表演出来一样。快死的人"从局外"体验到正常的记忆（似乎可以"在头脑中"看见那些记忆），所唤起的关于一生回顾的全景记忆的形象鲜明而生动，而正常情况下只有"源自外部"的形象才可能具备鲜明而生动的特点。精神病学家韦斯特（L. J. West）曾就上述问题作过一个经典的描述，他将人脑的意识活动比作一个站在窗前的人。在此人的身后，壁炉的火正熊熊燃烧着。白天，他从窗户看外面的世界，而当夜幕降临，房间内的陈设慢慢地映在了窗玻璃上，最后他看见自己站在灯火通明的房间里，对此变化他尚未察觉。在夜色的衬托下，在窗棂的内侧，那些景象是从那个人的内在自我里投射出来的。

作为一种幻觉的全景记忆体验是由感觉刺激物丧失所产生的这一说法似乎比较符合溺水者的濒死体验。博福特爵士在回忆那段死亡历险时写道，在"一阵喧嚣嘈杂"之后，起初的绝望恐惧变成了"一种无与伦比的平静之感"，对此他补充道，此时感觉如同死了一般。继而许许多多异常清晰而生动的图像浮现在他的脑海里，"充盈着每一个细小的、同步的特征"。其他不少溺水的幸存者也表示他们是在一阵喧嚣混乱之后开始回顾一生的。1896年，《哲学评论》（*Revue Philosophique*）杂志上发表了一篇报告，报告的作者8岁时不慎掉到水井里并在最后一刻被救了起来。这位幸存者记得当井水灌进他的嘴巴和耳朵里时，他使尽浑身的力气去抓住井边，到了最后，肯定自己难逃一死时，他停止了挣扎，任由自己平静地漂浮在水面上。瞬间，"无数关于过去生活的事件飞速地、千姿百态地展现在眼前。"

那些形象"非常鲜明而生动,而且来自外部,我就像个旁观者观察着自己的一举一动"。这个例子再次说明了以下事实:濒死体验中头脑中出现的形象似乎来自外部,且只有外部世界没有其他刺激物的情况下那些形象才变得清晰可见。

对于溺水以外的其他濒死体验案例,幻觉假说乍眼看去似乎缺乏说服力。对于那些曾经历高处坠落或者迎面撞击某物、历险过程持续两三秒的人来说,事发时他们的大脑没有出现感觉刺激物短缺的现象。海蒙在描述当年坠崖的那段经历时写道,当他将手指抠进雪地里,或是头部撞击到峭壁下的积雪上时并没有疼痛之感,当时唯一还灵光的感觉是听力——在落地时他听到了一声闷响。也许是在生死关头这一极端的情形下,太多的感官变得迟钝或者被关闭了,所以即使在片刻时间里一个幻觉屏蔽也得以架设起来。

将全景记忆解释成一种幻觉也有不足之处,因为它无法解释众多图像带给人的宁静平和以及万事皆美好之感。如果幻觉是由储存在记忆里的内容所组成,那么为什么在临终时偏偏出现的是平静异常和无忧无虑的童年记忆呢?为什么没有疼痛、悲伤和疲倦之感?为什么大脑里除了映射在窗户上的美妙景象外其他什么也看不到呢?此外,幻觉之说也无法对头脑中众多图像飞速出现这一现象作出合理解释。不管濒死体验者所见到的图像是倒叙的还是按时间顺序呈现的,所有关于"生命的最后时刻"的报告都提到那些"电影"画面飞快地闪过,而非在常态之下所能见。而对于时间的体验为什么也是随着从"内部"到"外部"的转化而变化的呢?所以说,幻觉这个说法充其量只能提供部分解释。

还有一种学说阐释了最广义上的全景记忆,它是基于以下三个方面的研究而提出的:大脑的生物化学机理、癫痫症和海马体的活动。20世纪70年代,科学研究显示,在人脑脑浆里有着一种类似吗啡的蛋白质——内啡肽(endorphine),这些内啡肽是肌体在痛苦和压力的情况下而产生的神经递质,或者说这些神经递质是肌体内生的吗啡。内啡肽削弱了痛苦的刺激,并产生一种安宁和欢欣的感觉,正是这种递质让跑步者感到了一种"与痛苦共存的美"(runner's high),也正是这种物质让跳伞者感到了一种极度的欣快感(euphoric high)。不过,内啡肽对癫痫病患者有个副作用:它们弱化了病情发作的征兆,使病患者更不易察觉到病情的发作。潜在的机制尚不清楚,可能是内啡肽抑制了对癫痫发作起控制作用的神经元的活动。作为癫痫症的一种,颞叶癫痫症(我们曾在"似曾相识"一章中讨论过)的发作征兆有时与全景记忆有许多相似之处:时间的扭曲、产生幻觉、作为局外人观察自己、熟悉感以及闪回镜头等。法国神经学家费利(Féré)早在1892年就提到了癫痫症与全景记忆的相似之处,这说明了全景记忆与颞叶中活动的联系。

除了内啡肽和颞叶的功能,还有另外一个因素也对神经病学关于全景记忆的解释发挥了作用。那就是对扁桃体进行电刺激会引发焦虑或者舒缓的感觉,而毗连的海马体对于全景记忆的储存是不可或缺的,对海马体的刺激产生了极度清晰和详实的闪回镜头。海马体中的神经元比起大脑中其他地方的神经元对自发的放电要更加敏感。许多不同的癫痫症状、暂时的记忆丧失和模糊都是因为海马体中精密的平衡被打乱所致。

所有这些神经病学上的发现、假说和类比都可以归结为对下列事件过程的解释:人在极度恐慌的最初片刻,肌体会释放出大量的肾上腺素,而大脑随即进入了一种极为活跃的状态。头脑中出现的无数想法和念头以及相关的反应和态度的速度之快、内容之连贯使得时间好像膨胀了。紧接着,具体的、生命攸关的险境可能带来的压力、痛苦、缺氧或者其他什么情况都会导致内啡肽的产生。这些内啡肽使人对痛苦的感觉和刺激变得迟钝,并且确保本能的恐惧反应先是一阵喧闹,继而一切归于宁静。不过,正是这种让感觉麻木的功能解放了与记忆和时间感知相关的大脑区域的活动。海马体中的神经元、扁桃体以及颞叶其他部分的自发活动把一连串图像投射到意识里，而这些图像飞速地闪现、散漫地集合在一起。头脑中没有出现令人忧虑的图像或场景，或者更准确地说，在舒缓麻木或者绝对欣快异常（euphoria）的状态下，濒死者是用一种积极乐观和宁静平和的态度来观察所有的一切。当那些图像在眼前闪现时，濒死者随即失去了意识或者疼痛感又回来了，不管是哪一种情况，原来所见的图像都消失了。

阿尔伯特·海蒙的坠崖经历与上面的描述惊人地相似。当海蒙失去平衡掉下悬崖时，他极为惊慌恐惧，一种本能的反应让他把手指抠进了雪地里。当时他的疼痛感已经麻木了，只有听觉告诉他最后撞到了悬崖下面的积雪上。在坠崖的过程中，海蒙的思维极其活跃，他想到自己存活的可能，那些念头以闪电般的速度闪过他的脑际。他想到了那瓶醋酸，想到了登山杖和眼镜，想到了一落地他该做什么，想到了自己的兄弟和朋友，想到了他无法按原定的日期作就职后的首场讲座，也想到了家人对自己的死讯的反应。在坠崖的过程中，海蒙没有接触到外部的其他刺激物。头脑中的想法变成了眼前所见的形象，而那些形象都是对过去一生的回顾。此时，海蒙心态平静而祥和。头脑中闪现的那些形象是由联想所掌控的，他自己是无法控制的，在这个过程中，他不过是个被动的顺从者，换句话说，他不是联想的导演而只是一名观众。他想起一件痛苦的往事，不过他不再感到伤感，即使是想到母亲从邮差那里接过关于自己的死讯的电报或信函也没有让他感到难过。海蒙看见众多的回忆在眼前闪现，如同那个邮差给自己家里送信的场景一样清晰。头脑中出现的形象给了海蒙一种宁静和平和的感觉，而此时正常的时间感消失了，以至于他事后都搞不清楚那些形象是按时间顺序还是倒着出现的。根据神经药理学关于全景记忆的解释，海蒙的确是一位旁观者，他在自己的意识里观看了一场演出，演出中的道具和场景来自于自身的记忆，而演出的方向却是掌握在肾上腺素、内啡肽以及颞叶中自主发射的神经元手里。

濒临死亡

如果对以上关于全景记忆的假说进行仔细的分析,我们不难发现:所有关于全景记忆的研究成果加起来也就是少数几个猜测臆想、几种统计学上的联系和富有暗示性的类比。能够引起幻觉产生的感觉丧失之说本身是个类比,正如创伤性事件可能引发人格解体现象,或者癫痫症发作的征兆都可以理解为一个类比。不管是哪种情况,类比依旧是不完整的,所以沿着"全景记忆只不过是……"这一思路所得出的每一个结论都是不妥当的。如果关于全景记忆的阐释中所用的心智或神经药理学机制确如其倡导者所说具有因果力的话,那么就会产生一个问题,也就是为什么不是所有置身险境的人都体验了全景记忆。实际的情况是,即使在最容易产生全景记忆的条件下,比如说溺水,也只有一小部分幸存者有过这种体验。

现代关于全景记忆的解释和说明通常都借鉴和沿用了19世纪医学和神经病学方面的研究成果,比如说童年记忆的慰藉作用(福布斯·温斯洛),或者是幻觉的功能(休林斯·杰克逊),再或者是与癫痫症状的相关性(费利)。后来开展的关于全景记忆的调查研究证实了早先的学者们提出的观点和看法,部分调查研究从实验的角度对先人的理论和学说进行了确认。有些研究成果和发现,诸如大脑中自然鸦片剂——内啡肽的存在以及它们对情感的影响,可以将看似迥异的不同理论联系起来。普菲斯特关于全景记忆的心理分析学说没有提到内啡肽或自主发射的神经元的概念,而神经生理学解释中提到的被流放的国王和酒店门童一样没有涉及这两个概念。尽管如此,这两个貌似迥异的理论都作出了遇险者最初的感觉是惊慌恐惧,继而是放松了的愉悦之感这一预测。通过生动形象的拟人手法,也许普菲斯特已经言中了大脑在危急时刻所表现出的亢奋活动的心理学层面。

任何一个相信自己将在片刻间死去的人会突然想起很多过去的往事,而对于未来发生的事情的念想是少之又少的。从此时到彼时,这个人成了一个濒临死亡（in extremis）的人。对于某些人而言，意识在濒临死亡的情况下似乎展翅飞翔。这些人的记忆被赋予了一种强度，一种从未体验过的强度。这些濒死者在某个从未看见过那些记忆的地方"看见"了诸多的回忆，就在他们的眼前，外向地、外在地呈现出来。太多的图像在瞬间飞逝而过，以至于常规的时间长度和速度感出了问题。在危急时刻，头脑中所唤起的所有记忆不再有其熟悉的感情色彩和意义，即使是对痛苦事件的回忆，在那一刻体验到的也是一种平静的心绪。正因为这种体验是非正常的，所以再用正常的方式方法来表述这种非正常的体验就不充分。博福特爵士在描述自己那段濒死体验时曾写道，当时他的心智活动"以一种前所未有的速度"进行着，所有的想法和念头飞速地闪现，"对任何一个不曾有过与此类似的经历的人而言，都是不可名状的，而且也许难以令人置信"。在所有关于濒死体验全景记忆的报告中都不乏与上述说法意思相似的措辞。将全景记忆的体验诉诸文字表述似乎有个倾向，那就是引入一个与内省体验不相称的时间标尺。

诸多关于濒死体验全景记忆的报告所运用的各种比喻也显示了一定程度的无能为力。一个作者只能从他和读者共有的经验领域里提取自己的比喻。与此同时，他充分意识到了比喻和他的真实生活之间的歧义。全景、剧院演出、快速运行的计算机、35毫米胶片、放映幻灯片、电影或录像等比喻在关于全景记忆的描述中比比皆是，而运用这些比喻的人却在背地里作出了一个道歉的姿态，向读者传达了这样一个讯息：比喻仅仅是对无与伦比的经历笨拙的类比。对全景记忆有着浓厚兴趣的医生、神经病学家和精神病学家们都感到了这种无能为力，轻易地掉进了比喻和类比的陷阱，来源于各种解释的满足感通常也只是审美的而非科学性的。

奥斯卡·普菲斯特在论文的末尾处也试图用一个比喻来表达全景记忆的美妙清晰之感，那个比喻将读者带到海蒙坠崖和普菲斯特两度遇险的崇山峻岭中。普菲斯特刚爬完山回到家，此时夜幕已经落下山谷，很难辨识出山岭的轮廓，只有最高峰还携着最后的日光，带着神秘的一抹红霞矗立在暮色之上。

第17章
来自记忆
肖像静物画

From memory — Portrait with Still Life

致我的父亲

在荷兰莱顿市的拉肯哈尔（Lakenhal）市立美术馆，你会见到一幅题为《Vanitas静物———一位年轻画家的肖像》(*Vanitas still life with portrait of a young painter*)的名画。这幅画的作者是17世纪莱顿著名的画家大卫·贝利（David Bailly），我们完全有理由相信这是一幅自画像，因为我们从大师的其他画作中知道画家本人就是这个模样。关于贝利这位画家我们知之甚少，那个年代几乎没有留下什么关于他的记述。贝利1584年出生于荷兰的莱顿，他是在参观了雕刻巨匠雅克·德·赫恩（Jacques de Geyn）的画坊后才立志成为一名画家的。1608年冬，24岁的贝利赴德国和意大利，在那里开始了绘画生涯。5年后，由于"厌倦了旅行"，贝利重回故土，很快成为一位知名的肖像画家，他的客户主要来自学院圈子。

贝利1642年才结婚，当时他已经58岁了，新娘艾格妮塔·范·斯万伯赫（Agneta van Swanenburgh）的年龄不详。1657年春，这对夫妇立下遗嘱，当时贝利身体已十分虚弱，连在文书上签字的力气都快没有了。贝利的具体死亡日期可能是当年10月份的最后几天，而莱顿彼得教堂（Pieterskerk）登记的死亡日期是1657年11月5日。很显然，贝利之死在当地算不上什么大事儿，因为在教堂登记的死期和地方上下葬的日期都不一样。

如今，人们之所以还记得贝利主要是因为《Vanitas静物———一位年轻画家的肖像》这幅画作。Vanitas是一种静物画的重要类型，17世纪流行于荷兰，这些画总是表达生死轮回之意，而静物（still life）这个词本身也预示着死亡。现在让我们来欣赏《一位年轻画家的肖像》这幅画。如果将画作的一条对角线连接起来，我们不难发现，画家贝利的头部和放在桌子上的骷髅头都在这条对角线上。骷髅头可以说是这幅画中最抢眼的东西了，实际上Vanitas静物画中总会出现骷髅，代表着我们必须承受死亡。在画中，骷髅头空洞的眼窝朝向挂在桌子最边沿的一张纸，纸条上写着"Vanitas vanitum, et omnia vanitas"。在画家的头部和骷髅头之间，有一只刚刚吹灭、还冒着徐徐青烟的蜡烛，这只蜡烛也在对角线上。桌子上摆满了各式各样的东西，主要是个人饰物什么的，不错，生命本身也是一个徒有其表的东西，容易幻灭。骷髅头放在一堆物品中间，这些物品都是些凡尘俗世的东西，可保存的时间都很短，代表着尘世的短暂和空虚。一只大酒杯倒在桌子上，烟斗已经熄灭，一旁的玫瑰花已经凋谢。硬币和装饰物摆满了整个桌子，

图27　大卫·贝利的《Vanitas静物——一位年轻画家的肖像》

桌子上还有一个沙漏，放在书本的后面，沙漏里的沙也快要漏完了。

在荷兰著名画家弗朗斯·哈尔斯（Frans Hals）的肖像之后是一位琵琶弹奏者的画像，挂在墙上，画像的下面是一块调色板。在画家贝利的面前摆放着一个记录器，而且只露出了后半部分。在画中所有的艺术品中，音乐的保存期是最短的，因为在17世纪音乐还不能被保存下来，最初的记忆声音的东西——留声机直到1877年才被发明出来。

在X光下，这幅画的细节之处更散发着迷人的神采。据说，在这幅画之前的一稿设计中，贝利将他的腕木指向了放在桌子正中央的一个女人头像的脸上，而现在在这幅画中，腕木改为放在桌子上，女人头像也改为放在一只高脚玻璃杯的后面，不过女人的脸部仍旧沿用原来的设计模糊不清，看上去就像一个幽灵。在我们看来，这个女人是个神秘人物。她会是谁呢？为什么在最初的设计稿中她被放在了一个如此凸显的位置上呢？是什么原因促使贝利让她退居幕后呢？最重要的是，他为什么现在把她藏在了一个毫不起眼但仍能依稀辨识其面貌特征的地方呢？

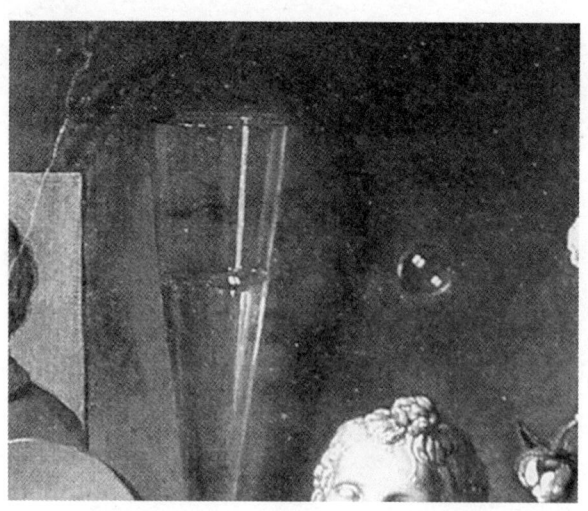

图28　大卫·贝利《Vanitas静物——一位年轻画家的肖像》的细节部分

在画中，贝利的脸上有种傲慢自负的神情。看上去当时的他30岁左右，也许正是刚刚结束了在国外的漂泊生活之时，不过现在他可是自信满满，宛若一颗冉冉升起的新星。不过，他那种自满的表情被一种严肃感调和了，贝利手上拿着一幅小的老人肖像，正是这幅老人像让画中的那种庄重而严肃的感觉更加昭显。贝利好像在说他意识到自己有朝一日也会变成一个像画中人物那样的老头子，这也正是《一位年轻画家的肖像》这幅画所要表达的意境，也就是衰老和死亡是我们任何人都无法回避的。

欣赏着贝利的这幅画，不禁感慨良多，它带给我们的启迪是，人在生命的最后时刻会不由自主地回首往事，因此我们必须有计划地安排一生。我们该如何回头审视那些决定了我们一生的价值观呢？我们曾经为之追求的财富、美丽、艺术、书本知识以及其他所有的一切当时给我们的好处何在呢？想要领会个中的韵味，得从左到右、从青年到老年、从过去到未来研读这幅画。正如时间的箭头总是指向右边一样，这幅画的方向也是向右的。

不过，这幅题为《Vanitas静物———一位年轻画家的肖像》的画作其实可以看作是两幅作品，一幅就是我们上面所介绍的，而另一幅要看得出来得先了解两件事情。其一，在写着"vanitas"字样的那张纸上还写着"大卫·贝利于1651年所作"；其二，贝利在1651年时已届67岁高龄。

正是这两个细节改变了一切。"真正"的自画像（如果我们可以称其为自画像的话）其实不是拿着腕木的年轻人，而是椭圆形框架里的那位老人，贝利在画中把自己画成了40年前的年轻模样。在这幅自画像中，我们看到的不是一位憧憬着未来的韶华青年，而是一位追忆美好往昔的垂垂老者。

现在再来看这幅画，耳闻着那隐隐约约的滴答声，我们感受着画中时间的转变之妙。倒着看，这幅画的时间脚步不是前进而是后退的，也就是从右到左，与时间的方向是相反的。贝利在画中所绘的一老一少两个肖像组成了一个不是空间上而是时间上的完形（gestalt），看出画中的这一奥妙是可能的，不过思考一下深谙其中之道可不是件轻巧事儿。

令人称奇的是，即使是照这样理解也丝毫无损于画中的意境，因为不管是追忆青年时光还是憧憬未来都代表着时间的轨迹。这就是贝利所要表达的思想吗？是不是年轻时的渴望曾经美好地藏在记忆里而现在已经消失得无影无踪了呢？这是否暗示着画家本人一生没有虚度，而是掌握了许多技能，所以这幅静物画才得以面世？也许画家只是想说明一生含辛茹苦却终究一场空？或者画家想传给后人一幅可将永恒寄托于无常中的绘画艺术珍品？除了这幅沉默的作品，我们没有任何关于画家绘制这幅画的文字资料，因此画家作画的真正意图也就永远无从得知。

在画中，椭圆形框架里的老贝利正位于画作两条对角线的相交点。老人的肖像放在桌子上，也是静物的组成部分，不过我想，贝利同时也是轻轻地握着这幅"来自记忆"画成的肖像。所以说，贝利在自己死前6年绘制这幅《Vanitas静物——一位年轻画家的肖像》时就把记忆定格在了属于它的地方——永恒和无常之间。

延伸阅读

第一章

Benschop, R., and D. Draaisma, 'In pursuit of precision: the calibration of minds and machines in late nineteenth-century psychology', *Annals of Science* 57 (2000) 1, 1–25.

Crovitz, H. F., and H. Schiffman, 'Frequency of episodic memories as a function of their age', *Bulletin of the Psychonomic Society* 4 (1974), 517–18.

Ebbinghaus, H., *Über das Gedächtnis*, Leipzig, 1885.

Galton, F., 'Psychometric experiments', *Brain* 2 (1879), 149–62.

Nooteboom, C., *Rituals*, translated by Adrienne Dixon, Baton Rouge, 1983.

Schulze, R., *Aus der Werkstatt der experimentellen Psychologie und Pädagogik*, Leipzig, 1913.

Trazel, W., and H. Gundlach (eds.), *Ebbinghaus-Studien* 1, Passau, 1986.

Wagenaar, W. A., 'My memory: a study of autobiographical memory over six years', *Cognitive Psychology* 18 (1986), 225–52.

第二章

Blonsky, P., 'Das Problem der ersten Kindheitserinnerrung und seine Bedeutung', *Archive für die Gesamte Psychologie* 71 (1929), 369–90.

Colegrove, F. W., 'Individual memories', *American Journal of Psychology* 10 (1899), 228–55.

Dudycha, G. J., and M. M. Dudycha, 'Some factors characteristic of childhood memories', *Child Development* 4 (1933), 265–78.

Freud, S., *Screen Memories*, translated by J. Strachey, Standard Edition, vol.3, London, 1974.

The Psychopathology of Everyday Life, translated by J. Strachey, Standard Edition, vol.6, London, 1974.

Henri, V., and C. Henri, 'Enquête sur les premiers souvenirs de l'enfance', *L'Année Psychologique* 3(1986), 184–98.

Howe, M. L., and M. L. Courage, 'On resolving the enigma of infantile amnesia', *Psychological Bulletin* 113(1993), 305–26.

Matsier, N., *Gesloten huis*, Amsterdam, 1994.

Nabokov, V., *Speak, Memory*, London, 1951.

Nelson, K.(ed.), *Narratives from the Crib*, Cambridge, Mass., 1989.

'The psychological and social origins of autobiographical memory', *Psychological Science* 4(1993)1, 7–14.

Piaget, J., *The Child's Construction of Symbols*, London, 1945.

Potwin, E.B., 'Study of early memories', *Psychological Review* 8(1901), 596–601.

Sand, G., *Histoire de ma vie*, Paris, 1855.

Usher, J. A., and U. Neisser, 'Childhood amnesia and the beginnings of memory for four early life events', *Journal of Experimental Psychology: General* 122(1993), 155–65.

Waldfogel, S., 'The frequency and affective character of childhood memories', *Psychological Monographs: General and Applied* 62(1948), 1–38.

Wharton, E., *A Backward Glance*, New York, 1933.

Woolf., V., 'A sketch of the past', *Moments of Being: Unpublished Autobiographical Writings*, London, 1976, 61–137.

第三章

Ackerman, D., *A Natural History of the Senses*, New York, 1999.

Chu, S., and J. J. Downes, 'Long live Proust: the odour-cued autogiographical memory bump', *Cognition* 75(2000), B41–B50.

Delacour, J., 'Proust's contribution to the psychology of memory. The *réminiscences* from the standpoint of cognitive science', *Theory and Psychology* 11(2001), 255–71.

Laird, D. A., 'What can you do with your nose ?', *Scientific Monthly* 45 (1935), 126-30.

Matsier, N., *Gesloten huis*, Amsterdam, 1994.

Murphy, C., and W. S. Cain, 'Odor identification: the blind are better', *Physiology and Behavior* 37 (1986), 177-80.

Proust, M., *Du côté de chez Swann*, 1913. Quoted from *Swann's Way*, translated by C. K. Scott Moncrieff, London, 1922.

Rubin, D. C., E. Groth and D. J. Goldsmith, 'Olfactory cuing of autobiographical memory', *American Journal of Psychology* 97 (1984), 493-507.

Schab, F. R., 'Odors and the remembrance of things past', *Journal of Experimental Psychology: Learning, Memory and Cognition* 16 (1990), 648-55.

'Odor memory: taking stock', *Psychological Bulletin* 109 (1991), 242-51.

Vroon, P., A. van Amerongen and H. de Vries, *Verborgen verleider: psychologie van de reuk*, Baarn, 1994.

第四章

Wagenaar, W. A., 'Remembering my worst sins: how autobiographical memory serves the updating of the conceptual self', in M. A. Conway, D. C. Rubin, H. Spinnler and W. A. Wagenaar (eds.), *Theoretical Perspectives on Autobiographical Memory*, Dordrecht, 1992, 263-74.

Wundt, W., *Erlebtes und Erkanntes*, Stuttgart, 1920.

第五章

Brown, R., and J. Kulik, 'Flashbulb memories', *Cognition* 5 (1977), 73-99.

Colegrove, F. W., 'Individual memories', *American Journal of Psychology* 10 (1899), 228-55.

Conway, M., *Flashbulb Memories*, Hillsdale, 1995.

Neisser, U., 'Snapshots or benchmarks?', in U. Neisser (ed.), *Memory Observed:*

Remembering in Natural Contexts, San Francisco, 1982, 43-8.

Neisser, U., and N. Harsch, 'Phantom flashbulbs: false recollections of hearing the news about *Challenger*', in E. Winograd and U. Neisser (eds.) , *Affect and Accuracy in Recall: Studies of 'Flashbulb Memories'*, Cambridge, 1992, 9-31.

第六章

Amis, *Time's Arrow*, London, 1991.

Bergson, H., *L'Evolution crè atrice*, Paris, 1907. Quoted from *Creative Evolution*, translated by A. Mitchell, New York, 1911.

Bradley, F. H., 'Why do we remember forwards and not backwards?', *Mind* 12 (1887) , 579-82.

Hanlo, J., *Verzamelde gedichten*, Amsterdam, 1970.

Krol, G., *Wat mooi is is moeilijk*, Amsterdam, 1991.

第七章

博尔赫斯于1942年发表富内斯的故事,并将该故事收录在1944年出版的《虚构集》(*Ficciones*)中。由安德鲁·赫利(Andrew Hurley)翻译的英译本《虚构集》(*Fictions*)于1967年在伦敦出版。

Bell-Villada, G. H., *Borges and His Fiction: A Guide to His Mind and Art*, Chapel Hill, 1981.

Lachmann, A., 'Gedächtnis und Weltverlust – Borges' memoriosomit Anspielun-gen auf Lurija's Mnemonisten', in A. Haverkamp and R. Lachmann (eds.) , *Memoria-Vergessen und Erinnern*, with the collaboration of R. Herzog, Munich, 1993, 492-519.

Lurija, A. R., *The Mind of a Mnemonist*, New York, 1968.

The Making of Mind: A Personal Account of Soviet Psychology, Cambridge, Mass., 1979.

Nietzsche, F., *Human, All Too Human*, Lincoln, 1984.

第八章

Anonymous, 'The life of Jedediah Buxton', *Gentlemen's Magazine* 24（1754）, 251-2.

Geschwind, N., and A. M. Galaburda, 'Cerebral lateralization', *Archives of Neurology* 42（1985）, 428-59.

Howe, M. J. A., *Fragments of Genius: The Strange Feats of Idiots Savants*, London, 1989.

Howe, M. J. A., and J. Smith, 'Calendar calculating in "idiots savants": how do they do it?', *British Journal of Psychology* 79（1988）, 371-86.

Kayzer, W., *Vertrouwd en o zo vreemd*, Amsterdam, 1995.

Langdon Down, J., *On Some of the Mental Affections of Childhood and Youth*, London, 1887.

Miller, L. K., *Musical Savants: Exceptional Skill in the Mentally Retarded*, Hillsdale, NJ, 1989.

Ockelford, A., 'Derek Paravicini: a boy with extraordinary musical abilities', *Eye Contact*（1991）, 8-10.

O'Connor, N., and B. Hermelin, 'Idiot savant calendrical calculators: maths or memory?', *Pshchological Medicine* 14（1984）, 801-6.

'Visual and graphic abilities of the idiot savant artist', *Pshchological Medicine* 17（1987）, 79-90.

Sacks, O., *An Anthropologist on Mars: Seven Paradoxical Tales*, London, 1995.

Smith, S. B., *The Great Mental Calculators*, New York, 1983.

Treffert, D. A., *Extraordinary People*, New York, 1983.

Wiltshire, S., *Floating Cities: Venice, Amsterdam, Leningrad-and Moscow*, London, 1991.

第九章

Binet, A., and L. Henneguy, *La psychologie des grands calculateurs et joueurs dêchecs*, London, 1894.

Fine, R., 'The psychology of blindfold chess. An introspective account', *Acta Psychologica* 24（1965）, 352-70.

Groot, A. D. de, and F. Gobet, *Perception and Memory in Chess: Studies in the Heuristics of the Professional Eye*, Assen, 1996.

Jongman, R.W., *Het oog van de meester*, Assen, 1968.

Sijbrands, T., 'Goudse notities', *Dammen*, 141(2000), 15-26.

Wereldrecord blindsimultaan dammen, Gouda, 2000.

第十章

Arad, Y., *Belzec, Sobibor, Treblinka:The Operation Reinhard Death Camps*, Bloomington, 1987.

Bettelheim, B., 'Individual and mass behavior in extreme situations', *Journal of Abnormal and Social Psychology* 38(1943), 417-52.

The Informed Heart, Glencoe, 1960.

Cohen, E. A., *De afgrond: een egodocument*, Amsterdam and Brussels, 1971.

Glazar, R., *Die Falle mit dem grünen Zaun: Überleben in Treblinka*, Frankfurt am Main, 1992.

de Mildt, D., *In the Name of People: Perpetrators of Genocide in the Reflection of Their Post-war Prosecution in West Germany. The 'Euthanasia' and 'Aktion Reinhard' Trial Cases*, The Hague, 1996.

Patterson, D., *Sun Turned to Darkness: Memory and Recovery in the Holocaust Memoir*, Syracuse, 1998.

Sereny, G., *Into that Darkness: An Examination of Conscience*, London, 1974.

Sheftel, Y., *Defending 'Ivan the Terrible' : The Conspiracy to Convict John Demjanjuk*, Washington, DC, 1996.

Steiner, J.-F., *Treblinka*, Paris, 1996.

Wagenaar, W. A., *Identifying Ivan: A Case Study in Legal Psychology*, New York, 1988.

Wagenaar, W. A., and J. Groeneweg, 'The memory of concentration camp survivors', *Applied Cognitive Psychology* 4(1990), 77-87.

Wiernik, Y., *A Year in Treblinka*, New York, 1945.

第十一章

瓦格纳夫妇的系列照片见于柏林的夏洛腾堡文化博物馆。全套照片发表在《德国平安夜：一本家庭影集》(*Deutsche Weihnacht: ein Familienalbum*) 一书上，乔森斯 (B. Jochens) 编著，1996年于柏林出版。所有关于瓦格纳夫妇生活的资料均摘自此书。

第十二章

Achterberg, G., *Verzamelde gedichten*, Amsterdam, 1963.

Anjel, J., 'Beitrag zum Capittel über Erinnerungstäuschungen', *Archiv für Psyc-hiatrie* 8 (1877), 57–64.

Arnaud, F., L., 'Un cas d'illusion de "déjà vu" ou "fausse mémoire"', *Annales Médico-Psychologiques* 3 (1896), 8th series, 455–70.

Bancaud, J., F. Brunet-Bourgin, P. Chauvel and E. Halgren, 'Anatomical origin of déjà vu and "vivid memories" in human temporal lobe epilepsy', *Brain*) 117 (1994), 71–90.

Bergson, H., 'Le souvenir du present et la fausse reconnaissance', *Revue Philosophique* 66 (1908), 561–93.

Bernard-Leroy, E., *L'illusion de fausse reconnaissance*, Paris, 1898.

Berrios, G. E., 'Déjà vu in France during the 19th century: a conceptual history', *Comprehensive Psychiatry*) 36 (1955), 123–9.

Brauer, R., M. Harrow and G. J. Tucker, 'Depersonalization phenomena in psychiatric patients', *British Journal of Psychiatry* 117 (1970), 509–15.

Dickens, C., *David Copperfield*, London, 1850.

Pictures from Italy, London, 1913.

Forel, A., *Das Gedächtnis und seine Abnormitäten*, Zurich, 1885.

Harper, M. A., 'Déjà vu and depersonalization in normal subjects', *Australian and New Zealand Journal of Psychiatry*) 3 (1969), 67–74.

Hazeu, W., *Gerrit Achterberg: Een biografie*, Amsterdam, 1988.

Heijden, A. F. T. van der, *Vallende ouders*, Amsterdam, 1983.

Heymans, G., 'Eine Enquête über Depersonalisation und "Fausse Reconnaissance"', *Zeitschrift für Psychologie* 36 (1904) , 321-43.

'Weitere Daten über Depersonalisation und "Fausse Reconnaissance"', *Zeitschrift für Psychologie* 43 (1906) , 1-17.

Jackson, J. H., 'On a particular variety of epilepsy "intellectual aura" , one case with symptoms of organic brain disease', *Brain*, 11 (1888) , 179-207.

James, W., *Principles of Psychology*, New York, 1890.

Jensen, J., 'Über Doppelwahrnehmungen in der gesunden wie in der kranken Ps-yche', *Allgemeine Zeitschrift für Psychiatrie und Nervenkrankheiten*) (Suppl. Issue) 25 (1868) , 48-64.

Kooten, K. van, *Meer modernismen*, Amsterdam, 1986.

Myers, D. H., and G. Grant, 'A study of depersonalization in students', *British Journal of Psychiatry* 121 (1972) , 59-65.

Myers, F. W. H.m 'The subliminal self', *Proceedings of the Society for Psychical Research* 11 (1895) , 334-593.

Neppe, V. M., *The Psychology of Déjà vu: Have I Been Here Before?*, Johannes-burg, 1983.

Pfister, O., 'Schockdenken und Schockphantasien bei höchster Todesgefahr', *Internationale Zeitschrift für Psychoanalyse* 16, 3-4 (1930) , 430-55.

Pick, A., 'Zur Casuistik der erinnerungstäuschungen', *Archiv für Psychiatrie* 6 (1876), 568-74.

Richardson, T. F., and G. Winokur, 'Déjà vu in psychiatric and neurosurgical patients', *Journal of Nervous and Mental Disease*, 146 (1968) , 161-4,

Scott, W., *Guy Mannering*, London, 1815.

Sno, H. N., *The Déjà Vu Experience : A Psychiatric Perspective*, Amsterdam, 1993.

Sno, H. N. and D. Draaisma, 'An early Dutch study of déjà vu experiences', *Psychological Medicine* 23 (1993) , 17-26.

Sno, H. N. and D. H. Linszen, 'The déjà vu experience: remembrance of things past?', *American Journal of Psychiatry* 147(1990), 1587-95.

Sno, H. N., D. H. Linszen and F. E. R. E. R. de Jonghe, 'Déjà vu experiences and reduplicative paramnesia', *British Journal of Psychiatry* 160(1992), 565-8.

'Een zonderlinge zweming…Overdéjà vu ervaringen in de belletrie', *Tijdschrift voor Psychiatrie* 4(1992), 243-54.

Sully, J., *Illusions: A Psychological Study*, London, 1881.

Wigan, A. L., *The Duality of the Mind*, London, 1844.

第十三章

范登·胡尔的养子的最后一个后代的遗孀于1992年将自传手稿捐献给哈勒姆市档案馆（Haarlem Municipal Archives）。自传后来出版，书名叫做《自传（1778—1854年）》（Autobiografie [1778—1854]），书中有雷默德·帕德默斯（Raymode Padmos）作的序，以及范登·胡尔所列的参考书目和族谱。此书为自传系列丛书之一，1996年在希尔维叙姆（Hilversum）出版。

Conway, M. A., and D. C. Rubin, 'The structure of autobiographical memory', in A. F. Collins, S. E. Gatercole, M. A. Conway and P. E. Morris(eds.), *Theories of Memory*, Hove, 1993, 103-37.

Fitzgerald, J. M., 'Autobiographical memory and conceptualizations of the self', in M. A. Conway, D. C. Rubin, H. Spinnler and W. A. Wagenaar(eds.), *Theoretical Perspectives on Autobiographical Memory*, Dordrecht, 1992, 99-114.

Fromholt, P., and S. F. Larsen, 'Autobiographical memory and life-history narratives in aging and dementia(Alzheimer type)', in M. A. Conway, D. C. Rubin, H. Spinnler and W. A. Wagenaar(eds.), *Theoretical Perspectives on Autobiographical Memory*, Dordrecht, 1992, 413-26.

Galton, F., 'Psychometric experiments', *Brain* 2(1879), 149-62.

Jansari, A., and A. J. Parkin, 'Things that go bump in your life: explaining the reminiscence bump in autobiographical memory', *Psychology and Aging* 11(1996), 85-91.

McCormack, P. D., 'Autobiographical memory in the aged', *Canadian Journal of Psychology* 33 (1979), 118–24.

Rubin, D. C., T. A. Rahhal and L. W. Poon, 'Things learned in early adulthood are remembered best', *Memory and Cognition* 26 (1998), 3–19.

Rubin, D. C., and M. D. Schulkind, 'The distribution of autobiographical memories across the lifespan', *Memory and Cognition* 25 (1997), 859–66.

Schuman, H., and J. Scott, 'Generations and collective memories', *American Sociological Review* 54 (1989), 359–81.

第十四章

Baddeley, A. D., 'Reduced body temperature and time estimation', *American Journal of Psychology* 79 (1966), 475–9.

Camus, A., *L'étranger*, 1942. Quoted from A. Camus, *The Outsider*, translated by J. Laredo, London, 1982.

Carrel, A., *Man, the Unknown*, London, 1953.

Conway, M. A., *Autobiographical Memory*, Milton Keynes, 1990.

Crawley, S. E., and L. Pring, 'When did Mrs. Thatcher resign? The effects of ageing on the dating of public events', *Memory* 8 (2000), 111–21.

Doob, L. W., *Patterning of Time*, New Haven and London, 1971.

Flaherty, M. G., *A Watched Pot: How We Experience Time*, New York and London, 1999.

Gray, P.G., 'The memory factor in social surveys', *Journal of the American Statistical Association* 50 (1955), 344–63.

Guyau, J.-M., *La genèse de l'idée de temps*, Paris, 1890.

Hoagland, H., 'The physiological control of judgments of duration: evidence for a chemical clock', *Journal of General Psychology* 9 (1933), 267–87.

James, W., *The Principles of Psychology*, New York, 1890.

Janet, P., 'Une illusion d'optique interne', *Revue Philosophique* 3 (1877), 497–502.

Jünger, E., *Das Sanduhrbuch*, Frankfurt am Main, 1954.

Krol, G., *Een Fries huilt niet*, Amsterdam, 1980.

Mangan, P. A., *Report for the Annual Meeting of the Society for Neuroscience*, Washington, DC, 1996.

Mann, T., *Der Zauberberg*, 1924. Quoted from *The Magic Mountain*, translated by H. T. Lowe-Porter, New York, 1968.

Meumann, E., 'Beitrage zur Psychologie des Zeitbewusstseins', *Philosophische Studien* 12 (1896), 127–254.

Michon, J., V. Pouthas and J. Jackson (eds.), *Guyau and the Idea of Time*, Amsterdam, Oxford and New York, 1988.

Orlock, C., *Inner Time*, New York, 1993.

Proust, M., *The Guermantes Way, Part II*, translated by C. K. Scott Moncrieff, London, 1941.

Ribot, T., *Les maladies de la mémoire*, 1881. Quoted from *The Diseases of Memory*, London, 1882.

Shum, M.S., 'The role of temporal landmarks in autobiographical memory processes', *Psychological Bulletin* 124 (1998), 423–42.

Sully, J., *Illusions: A Psychological Study*, London, 1881.

Zwaan, E. J., *Linsks en rechts in waarneming en beleving*, Utrecht, 1966.

第十五章

Achterberg, G., *Verzamelde gedichten*, Amsterdam, 1963.

Baddeley, A. D., *Human Memory: Theory and Practice*, Hove, 1990.

Bahrick, H. P., 'Semantic memory content in permastore: 50 years of memory for Spanish learned in school', *Journal of Experimental Psychology: General*, 113 (1984), 1–29.

Brown, R., and D. McNeill, 'The "tip of tongue" phenomenon', *Journal of Verbal Learning and Verbal Behavior* 5 (1966), 325–37.

James, W., *The Principles of Memory*, New York, 1890.

Loftus, E. F., and G. R. Loftus, 'On the permanence of stored information in the human brain', *American Psychologist* 35（1980）, 409-20.

Ribot, T., 'La mémoire comme fait biologique', *Revue Philosophique* 9（1880）, 516-47.

Les maladies de la mémoire（1881）. Quoted from *The Diseases of Memory*, London, 1882.

Schacter, D., *Searching for Memory: The Brain, the Mind, and the Past*, New York, 1996.

Sunderland, A., J. E. Harris and A. D. Baddeley, 'Do laboratory tests predict everyday memory?', *Journal of Verbal Learning and Verbal Behaviour* 22（1983）, 341-57.

Wagenaar, W. A., 'My memory: a study of autobiographical memory over six years', *Cognitive Psychology* 18（1986）, 225-52.

第十六章

博福特爵士描述自己溺水遭遇的信件摘自《约翰·巴洛爵士的自传体记忆》（An Autobiographical Memoir of Sir John Barrow）一书，1847年于伦敦出版，398-403页。同一素材也可见于威廉·芒克（William Munk）的《安乐死》（Euthanasia: or Medical Treatment in Aid of an Easy Death），1887年于伦敦出版。海蒙在阿尔卑斯山的坠崖经历摘自《瑞士登山协会年报》（*Jahrbuch des Schweizer Alpenklubs*）杂志（1892年于伯尔尼出版，1891—1892年版第27期，327-337页）的"坠落之濒死体验有感"（'Notizen über den Tod durch Absturz'）一文。关于海蒙坠崖经历的英文译稿摘自诺伊斯（R. Noyes, Jr.）和克莱蒂（R. Kletti）的"坠落之濒死体验"（'The experience of dying from falls'）一文，该文发表于1972年第3期45-52页 *Omega* 杂志。普菲斯特撰写的关于濒死体验的论文摘自发表在 *Essence* 杂志（1981年第5期，5-20页）上的《致命危险中的心智状态》（'Mental states in mortal danger'）一文，诺伊斯和克莱蒂合译，本章关于普菲斯特的引用语均摘自此文。

Basford, T. K., *Near-Death Experience: An Annotated Bibliography*, New York, 1990.

Blackmore, S., *Dying to Live: Near-Death Experiences*, London, 1993.

De Quincey, T., *Confessions of an English Opium-Eater*. Originally published in *London Magazine*, 1821.

Egger, V., 'Le moi des mourants. Nouveaux faits', *Revue Philosophique* 42 (1896), 337-68.

Fechner, G. T., *Das Büchlein vom Leben nach dem Tode*. 1836. Quoted from *Life after Death*, translated by M. C. Wadsworth, New York, c. 1904.

Féré, C., *Pathologie des emotions*, Paris, 1892.

Friendly, A., *Beaufort of the Admiralty: The Life of Sir Francis Beaufort 1774-1857*, New York, 1977.

Kinnier Wilson, S. A., *Modern Problems in Neurology*, London, 1928.

Moody, R. A., *Life after Life*, Atlanta, 1975.

Noyes, R., Jr., and R. Kletti, 'Panoramic memory: a response to the threat of death', *Omega* 3 (1977), 181-94.

Noyes, R., Jr., and D. J. Slymen, 'The subjective response to life-threatening danger', *Omega* 4 (1978-9), 313-21.

Oettermann, S., *The Panorama: History of a Mass Medium*, New York, 1997.

Pfister, O., 'Schockdenken und Schockphantasien bei höchster Todesgefahr', *Internationale Zeitschrift für Psychoanalyse* 16, 3-4 (1930), 430-55.

Ring, K., *Life at Death: A Scientific Investigation of the Near-Death Experience*, New York, 1980.

Rosen, D. H., 'Suicide survivors: a follow-up study of persons who survived jumping from the Golden Gate and San Francisco-Oakland Bay bridges', *Western Journal of Medicine* 122 (1975), 289-94.

Winslow, F., *On the Obscure Diseases of the Brain and Disorders of the Mind*, London, 1861.

Zaleski, C., *Otherworld Journeys: Accounts of Near-Death Experience in Medieval and Modern Time*, New York and Oxford, 1987.

第十七章

Bruyn, J., 'David Bailly, "fort bon peintre en pourtaicts et en vie coye"', *Oud-Holland* 66(1951), 148-64, 212-27.

Draaisma, D., '"Naer' t onthoud". Bij het Portret met stilleven van David Bailly', *Feit & Fictie* 3(1996), 79-83.

Popper-Voskuil, N., 'Self-portraiture and vanitas still-life painting in 17th century Holland in reference to David Bailly's vanitas oeuvre', *Pantheon* 31(1973), 58-74.

Wurfbain, M. L., 'Vanitas-stilleven David Bailly (1584-1657)', *Openbaar Kunstbezit* 13(1967), 76.

出版后记

每个人的人生都建立在记忆之上，没有了记忆，我们的生命就失去了长度。

记忆对于我们来说像呼吸一样自然，所以我们常常会忽略它的存在。其实在人生的道路上，记忆一直在与我们相伴而行。在你欣喜时，悲伤时，抱着怀旧的心情追忆过往时，辗转反侧、夜不能寐时，记忆总会不期而至，温柔地向你昭示自身的存在。你有没有试过话到嘴边，却怎么也想不起来？会不会突然被熟悉的声音或气味带回遥远的旧时光？试没试过突然觉得某人、某物或某地似曾相识，再想仔细回想时这种感觉却倏忽而逝？这些意识异常现象的出现其实都是记忆在作祟，记忆的影响力遍布我们生活的每一个角落，从未远离。

本书着力探讨的"自传体记忆"正是所有类型的记忆中与我们关系最密切的，它就像你的私人秘书一样，勤勤恳恳地帮你记录人生中大大小小的事。但这位秘书并不会对你言听计从，他常常会在你背后耍些花招，比如你拼命想记住的事他偏偏随手丢弃，而你想忘记的伤心过往反而会被他牢牢地记录在册。这位既忠实又叛逆的秘书常常让我们哭笑不得、困惑不已。在本书中，荷兰心理学家杜威·德拉埃斯马从科学的角度严谨地为我们揭示了自传体记忆的运作规律，更生动地与我们探讨似曾相识、闪光灯记忆、怀旧效应等长期困扰我们的记忆谜团，必能在记忆方面为你答疑解惑，让你受益匪浅。

最难能可贵的是，本书探讨的内容不只局限在心理学，更延展到了文学、哲学、历史等各个相关的领域。作者才气纵横，在书中旁征博引了各个领域的文献资料来支持自己的观点,并邀来普鲁斯特、狄更斯、纳博科夫等文学大家与读者一起探索记忆世界的幽微与神秘,这使本书达到了一般心理学著作难以企及的深度。作者在书中说道:"答案不只存在于心理学中,作家、诗人、生物学家、生理学家、历史学家和哲学家也从事过这方面的研究,他们的研究成果有时候甚至超越了那个时代心理学的界限。"这也是全书贯穿始终的理念:要想真正破解记忆的奥秘,我们不能只在心理学中寻找答案。

让我们与作者一起漫步于时间的河岸,在记忆风景的若隐若现之间,捕捉一丝痕迹……

服务热线:133-6631-2326　188-1142-1266

读者服务:reader@hinabook.com

后浪出版咨询(北京)有限责任公司

2014 年 5 月

图书在版编目（CIP）数据

记忆的风景 /（荷）德拉埃斯马著；张朝霞译. ——北京：北京联合出版公司，2014.5
（2017.3 重印）
ISBN 978-7-5502-2971-6

Ⅰ.①记… Ⅱ.①德…②张… Ⅲ.①记忆—研究 Ⅳ.①B842.3

中国版本图书馆 CIP 数据核字（2014）第 086238 号

Originally published in Dutch by Historische Uitgeverij as: Waarom het leven sneller gaat als je ouder wordt. Over het autobiografische geheugen © Douwe Draaisma 2001

本书为荷兰 Historische Uitgeverij 出版社授权后浪出版咨询(北京)有限责任公司在大陆地区出版发行简体字版本。

记忆的风景

作　　者：［荷］杜威·德拉埃斯马
译　　者：张朝霞
选题策划：后浪出版公司
出版统筹：吴兴元
特约编辑：王　頔
责任编辑：王　巍
封面设计：周伟伟
营销推广：ONEBOOK
装帧制造：墨白空间

北京联合出版公司出版
（北京市西城区德外大街 83 号楼 9 层　100088）
北京京都六环印刷厂印刷　新华书店经销
字数 266 千字　690 毫米 ×960 毫米　1/16　20 印张　插页 3
2014 年 7 月第 1 版　2017 年 3 月第 4 次印刷
ISBN：978-7-5502-2971-6
定　价：42.00 元

后浪出版咨询(北京)有限责任公司 常年法律顾问：北京大成律师事务所　周天晖 copyright@hinabook.com
未经许可，不得以任何方式复制或抄袭本书部分或全部内容
版权所有，侵权必究
本书若有质量问题，请与本公司图书销售中心联系调换。电话：010-64010019

死后的世界

著　　者：雷蒙德·穆迪
译　　者：林宏涛
书　　号：978-7-5100-6961-1
出版时间：2014 年 4 月
定　　价：28.00 元

全球销量超过 1300 万册，被《纽约时报》誉为"濒死体验之父"的奠基之作

穆迪的研究开启了"一个新的世界"。

——布鲁斯·葛雷森，弗吉尼亚大学精神医学教授

《死后的世界》让我们回想起沉睡在我们心里的灵性。它给了我们许多灵性工具，让我们去理解自己的生命。这是一本永垂不朽的书。

——麦尔文·摩斯，华盛顿大学儿科副教授 著名濒死体验研究者

穆迪博士在书中所述的研究将燃亮并确认我们两千年以来被告知的事实——死后仍然会有生命。

——伊丽莎白·罗伯斯库勒，濒死体验研究先驱，畅销书作家

本书开创出一个过去一直因事涉秘密而被科学界搁置一旁的研究大领域。

——黄荣村，台湾中国医药大学校长

著者简介

雷蒙德·穆迪（Raymond A.Moody），弗吉尼亚大学文学学士、文学硕士和哲学博士，后因对医学和科学的浓厚兴趣，继续到医学院学习并教授医疗哲学，并取得西乔治亚学院心理学博士学位。曾担任乔治亚州医学鉴识精神病学家，先后任教于西乔治亚学院、内华达大学拉斯维加斯分校等高校。首次提出"濒死体验"的概念，被《纽约时报》誉为"濒死体验之父"，并因其在该领域的卓越贡献，于 1988 年在丹麦获颁"世界人道主义奖"。如今，他仍在不遗余力地继续其事业，出版相关书籍十几本，在全球销售几千万册。并积极在各地举办相关讲座，普及濒死体验的知识。